胡波 主編
林青，陳強 副主編

從雲端演算到產業實踐，
深入探討自動駕駛技術的感測、
決策、控制與全面部署之道

AI驅動的自動駕駛

人工智慧理論與實踐

AI駕駛新浪潮──引爆交通運輸的變革

技術演進×產業全景×發展趨勢

從感測、運算到智慧決策，
完整剖析自動駕駛技術的研發脈絡與應用挑戰

目 錄

內容簡介　　　　　　　　　　　　　　　　　　　　　　005

序言 FOREWORD　　　　　　　　　　　　　　　　　　007

序言 FOREWORD　　　　　　　　　　　　　　　　　　009

前言 PREFACE　　　　　　　　　　　　　　　　　　　011

第 1 章　看車：概念與發展　　　　　　　　　　　　　015

第 2 章　造車：系統軟硬體基礎　　　　　　　　　　　055

第 3 章　開車：蒐集與預處理　　　　　　　　　　　　131

第 4 章　寫車：神經網路與自動駕駛應用　　　　　　　187

第 5 章　算車：效能提升與最佳化　　　　　　　　　　241

第 6 章　玩車：智慧小車部署與系統驗證　　　　　　　289

參考文獻　　　　　　　　　　　　　　　　　　　　　323

目錄

內容簡介

　　本書參照產業界自動駕駛技術研發的基本流程，充分借鑑產業界在自動駕駛技術領域中的實際研發經驗，以高效能的智慧小車和高度模擬的車道沙盤為實驗教具和執行環境，深入淺出地講解自動駕駛技術的原理與實際應用，為初學者打開一扇通往人工智慧世界的大門。本書以幫助初學者如何從無到有打造出具備自動駕駛功能的智慧小車為主線，內容分為看車（了解自動駕駛）、造車（設計智慧小車）、開車（蒐集訓練資料）、寫車（編寫自動駕駛模型）、算車（訓練和最佳化自動駕駛模型）、玩車（部署並驗證自動駕駛模型）6章。初學者可以透過邊學習理論知識、邊動手實踐的方式，系統化學習人工智慧的演算法理論和應用實例。本書沒有堆砌艱深晦澀的公式推導，力求將枯燥難解的演算法原理及模型進行直觀的講解，希望讀者在學習的過程中，了解現實中自動駕駛技術的發展，並獲得運用人工智慧解決自動駕駛難題的樂趣。

　　本書適合作為大專院校智慧科學與技術、人工智慧相關科系的教材，也適合作為人工智慧研究人員、開發人員的參考書。

內容簡介

序言 FOREWORD

The division of work between people and machines has continuously evolved for all of human history, but until the past few decades it was accepted that machines would help do the physical work, and even the repeatable simple comp uting work, but true intellectual work would be the domain of humans. With the advent of artificial intelligence technology, we are now in an era where machines can take over some of the thinking tasks and decision making for the first time. This is revolutionizing our world.

A great example is in transportation, where we are developing vehicles that can drive themselves autonomously. Real-time decisions are enabled by multisensory environments and artificial intelligence (AI) algorithms. This will change the cost of transportation, allow people to be more mobile and enable productivity while we travel. In the long term it will change the very concept of what is fixed and what is mobile in our physical world. Imagine a future where cities can reconfigure themselves or services can come to you in ways never possible before... powered by AI-based transportation systems.

Beyond autonomous vehicles, AI will change every other technological ecosystem from wireless to clouds. The future of wireless communications with 5G, and eventually 6G, is entirely dependent on shifting work to AI systems in everything from radio resource managed to optimization of capacity. The trillionuser internet of 6G cannot be built without the speed and scale enabled by the AI world. In the multicloud world we have already shifted tasks such as security analysis to AI systems; other tasks involved in operating

序言 FOREWORD

infrastructure are pushing most of the work to machines, leaving humans to supervise and make critical decisions only. This move has allowed us to scale the IT ecosystem at a rate that can keep up with the exponential data growth we are experiencing as we digitize the world.

AI is critical to our future and understanding it is critical for every technologist today. This book is an excellent resource for researchers, practitioners and students to learn from practical examples and related theoretical foundation. The authors address key topics in a unique way that is sure to inspire innovators —— emerging to senior —— to advance AI and its applications, keeping mindful of regulatory concerns, trust and ethics, and performance at scale in real-world scenarios.

John Roese[01]

President and Global Chief Technology Officer

Dell Technologies

---

(01) John Roese 是戴爾科技集團全球總裁兼技術長,負責為公司確立前瞻性技術策略並孵化技術創新,確保戴爾科技集團能夠憑藉對應客戶未來產品需求的突破性技術,令公司始終處於行業尖端。

序言 FOREWORD

　　在人類發展的歷史長河中，人與機器的分工一直在持續演進。過去幾十年，人們普遍認為機器可以幫助人類完成機械性的工作，甚至重複簡單的計算，但真正涉及「智慧」的工作，仍是人類的專屬。如今，隨著人工智慧（AI）技術的發展，人類在歷史上第一次邁入一個時代──一個機器可以完成部分思考和決策的時代──而這正在改變我們的世界。

　　典型例子是，在交通領域，人們正在研發可以自主駕駛的車輛，利用多重感測器和人工智慧演算法實現即時決策。這將改變交通成本，使人們在旅途中更具機動性和生產力，長期來看，甚至會改變人們對物理世界中「移動」與「固定」的觀念。設想一下，未來，可以重新規劃城市自身的功能，或者用在過去難以想像的方式，自動提供各種上門服務……這一切都源自於人工智慧驅動的交通系統。

　　不僅僅是自動駕駛，從無線通訊到雲端運算，人工智慧將改變技術生態系統的各方面。對於 5G，甚至 6G 無線通訊，無論是無線資源管理還是容量規劃，每一項功能都將完全依賴於人工智慧系統。沒有人工智慧技術，要支撐 6G 無線通訊中萬兆使用者量級的速度和規模，將是不可能的。在「多雲端」（multi-cloud）世界中，我們已經將諸如安全分析等任務轉移至人工智慧系統，也正在將大部分營運基礎設施所涉及的其他任務，推送給機器來完成，人類只負責監督和制定關鍵決策。在整個世界的數位化程序中，這種轉變使我們能夠快速擴展 IT 生態系統，以跟上指數級的數據成長速度。

　　人工智慧對我們的未來至關重要。對今天的每一位技術專家來說，理解人工智慧同樣至關重要。本書為人工智慧的研究人員、開發人員和

序言 FOREWORD

學生提供了實踐案例與相關的理論基礎。本書作者以一種獨特的方式講解關鍵課題，以激勵創新者（從新手到資深人士）進一步推動人工智慧技術的發展及其應用；同時在監督、信任與倫理的約束下，推動人工智慧在真實情境中的可延伸性。

John Roese

注：本序由 John Roese 所寫，本序譯者為陳強、李三平。

前言 PREFACE

　　毫無疑問，人類社會已經進入了智慧時代。人工智慧技術的發展迎來又一波熱潮，人臉辨識、語音辨識等技術的應用，已經融入日常生活的各個方面。各行各業——尤其是科技新興行業——對人工智慧領域的研發需求和應用人才的需求急遽增加。

　　作為向社會輸送人才的主要陣地，大學近年來也增設了人工智慧相關科系，以滿足各行業對人工智慧技術人才的需求。而在人才培養的過程中，我們發現人工智慧作為科際整合的項目，對學習者自身的專業基礎要求較高，前置課程（例如高等數學、工程數學、電腦原理與體系結構、資料結構、電腦程式設計等）的學習，會占用學生大量的時間和精力。一些學生曾向教師回饋：前置課程比較理論化，學起來枯燥，很多時候即使學完了，也不太清楚如何應用。由此可知，一些學生在還未真正開始學習人工智慧技術前，就已經覺得門檻太高，望而卻步。

　　在人工智慧技術的學習中，很多初學者最先接觸的是神經網路模型的相關理論和演算法，其中也有一些經典的模型（例如 MNIST 手寫數位辨識）作為實踐案例，但是經過多年的發展，類似手寫辨識、語音辨識、人臉辨識等應用案例已逐漸變得平淡無奇，無法激發學生更高的學習熱忱，且這些實踐案例大部分是基於電腦或手機平臺連結實現的，初學者很少有機會將人工智慧的學習與電腦或手機之外的產品連結起來。

　　隨著人們對智慧交通等生活需求的不斷提升，以及智慧汽車製造新勢力的不斷崛起，自動駕駛技術的研發和應用，已成為當今社會關注的焦點。自動駕駛技術不但對傳統汽車產業的升級十分重要，且是在終端產品中進一步提升晶片算力效能、發展高階積體電路技術的支撐，同時

前言 PREFACE

也是在高階生活消費品（智慧汽車）和智慧城市中實行人工智慧技術的重要突破口。無論產業界還是教育界，對自動駕駛技術的研發和應用都十分重視，因此將自動駕駛作為人工智慧理論學習和動手實踐的教學案例，更能激發初學者的學習熱忱，而且還能增加他們持續學習的意願。

自動駕駛技術的學習需要搭建一定的實驗環境，目前業界對自動駕駛技術的研發投入，動輒以億元為單位，顯然很多大學無法承受如此高昂的成本，用於搭建同等程度的實驗環境、進行實踐培養。一方面是業界對自動駕駛技術人才的亟需，和大學學生對學習相關技術的渴望；另一方面是人工智慧學習的高起點和自動駕駛實踐的高成本，這兩方面的矛盾，需要找到一種合理的解決方案。為此，我們整合大學和戴爾科技集團各自的優勢資源，為初學者提供了自動駕駛技術及人工智慧理論與實踐的教學方案和資源平臺。

戴爾科技集團為業界中超過半數的自動駕駛技術研發企業提供資料儲存和處理的基礎架構，幫助企業了解業界研發自動駕駛技術的基本流程和需求，企業專家也密切關注自動駕駛技術最新的公開資訊和技術發展。學界與戴爾科技集團共建的「虛擬實境自造者實驗室」，集中優秀的專業教師和業界專家，開設「自動駕駛」相關課程，打造適合大學教學的模擬實驗環境和虛擬實驗平臺，編寫適合初學者的自動駕駛學習資料，並向校內、外大學生開展教學實踐。透過多年的累積和一線教學過程中的回饋，在已有學習資料的基礎上，逐步完善並形成了本教材，希望能藉此幫助更多渴望學習人工智慧技術的初學者，在未來成為自動駕駛相關行業的重要人才。

在本書的編寫過程中，得到了戴爾科技集團多位專家的鼎力支持，很多專家不但親自撰寫內容，且積極參與相關教學課程的編製。除了本書主要編寫團隊之外，參加各章編寫工作的還有陳天翔（第 6 章）、高

雷（第2章）、李三平（第1、3章）、林小引（第1章）、倪嘉呈（第1、5章）、王子嘉（第1、6章）等。戴爾科技集團全球總裁兼技術長John Roese先生親自為本書作序，本書的編寫還得到了劉偉、陳春曦、賈真等集團高階管理者及孫文倩、曹賀等的關心和幫助，在此向他們表示衷心的感謝！同時也要感謝學校教務部門和戴爾科技集團研發中心的相關專家、老師和同仁的大力支持！

作為理論與實踐相結合的教材，本書難免存在不足，對最新技術和市場發展的追蹤和更新不夠及時和充足，受限於教學教具和實驗環境，對相關問題的表述和理論知識的講解可能存在疏漏，敬請諸位讀者批評指正。

編者

前言 PREFACE

第 1 章

看車：概念與發展

第1章　看車：概念與發展

1.0 本章導讀

　　春秋戰國時期，晉國、楚國、齊國、秦國曾號稱「萬乘之國」，戰車〔見圖1.1 (a)〕每乘載馭、弓、戈三人，代表著強大的戰力。車戰自夏朝、商朝就有文字記載，「馭手」駕駛車輛縱橫於野、往來衝殺。一晃數千年過去，馬車早已被汽車所替代，但「馭手」這個古老的職業，卻仍然還存在著，只不過現在已改稱為「駕駛」。在很多描繪未來的影視作品中，人們所乘坐的車輛，升級為飛行器〔見圖1.1 (b)〕，在天空中飛行往來、迅捷無比，這些飛行器上的「駕駛」職能，已被「自動駕駛系統」替代。

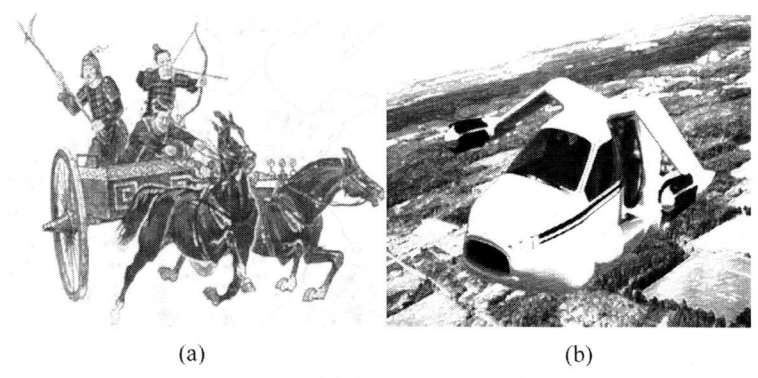

(a)　　　　　　　　　　　(b)
圖1.1 古代戰車與現代飛行器示意圖

　　近十年來，人工智慧（artificial intelligence，AI）的快速發展，促使自動駕駛技術不斷成熟，已存在數千年的「馭手」職業，或許在今後若干年中會被完全替代。如果自動駕駛系統得到廣泛應用，將為社會、交通和人們的生活水準帶來以下幾個方面的提升。

　　(1)提升駕車、乘車人員的體驗：自動駕駛系統替代了駕駛的職能，通勤過程中，駕車、乘車人員無須時刻關注車輛的行駛操控和所處的交通環境，進而可轉移注意力從事其他工作。

(2) 提升道路交通的安全性：成熟的自動駕駛系統還可以有效提升道路交通的安全性。據世界衛生組織統計，當前全球每年因交通事故死亡的人數超過百萬，其中相當大比例是因駕駛人員的失誤所引起。成熟的自動駕駛系統，能在相當程度上避免因人為超速、超車等行為所引起的事故。

(3) 提升道路的通行效率：道路上車輛的行駛透過指揮中心統一排程和分散式協調，不再由駕駛隨心所欲地操控，杜絕了插隊、隨意變換車道等不良行為，並能全局最佳化通行路線，讓城市的塞車問題得到有效解決，道路通行效率可獲得大幅提升。

(4) 提升資源的利用率：交通整體效率的提升，將減少社會整體資源的浪費，例如街道不再需要很多交通警察與義交現場指揮交通，不再需要設定大面積的臨時停車場，不再需要建設異常寬闊的車道等。

(5) 促進節能、環保：自動駕駛技術的實際應用，還會間接地產生一系列對環境的正面影響，例如車輛可以維持最佳行進速度以減少能源消耗，減輕車輛機械損耗，及道路地面的磨損等。

自動駕駛技術所發揮出的蝴蝶效應，勢必徹底改變人類的交通、甚至生活方式，這些長遠的影響，將在產業技術的進步、行業標準的更新、法律法規的完善、社會保障的加強中得到見證。

1.1 認識自動駕駛

1.1.1 什麼是自動駕駛

相較於傳統車輛，具有自動駕駛功能的車輛不需要駕駛人員的操作，就能自動完成車輛的駕駛。不同於全自動洗衣機等家用電器，也不同於全自動生產線等工廠設備，自動駕駛車輛所處的行駛環境，遠比面積有限的家庭環境和以固定設施為主的工廠環境要複雜。其複雜度主要表現為行駛路線的多樣性、道路障礙的隨機性等，同時，交通安全的嚴肅性更增加了車輛在複雜環境中的行駛挑戰。自動駕駛技術的發展目標，是完全替代駕駛人員操控車輛，在複雜環境中行駛、並順利抵達目的地，因此在定義自動駕駛之前，需要先確立駕駛人員在傳統車輛駕駛中所發揮的作用。

如圖 1.2 所示，傳統車輛整體上是一個典型的機電結構，其行駛過程本質上是一個物體在車輪驅動下的運動問題，涉及前進、後退、轉向及停止等運動狀態。

為實現這些運動狀態，車輛安裝了複雜的機電部件，其中包括能源轉換、動力輸出、機械傳動、轉向控制及煞車制動等一系列的車輛基礎機電裝置。由於車輛基礎機電裝置需要由駕駛人員進行操控，車輛還要搭載乘客及貨物等，因此車輛還需要加裝其他相關部件，其中包括座椅、方向盤、油門、煞車和反光鏡等駕駛裝置，還包括冷氣、音響、客貨艙等輔助裝置，如圖 1.3 所示。經過了近一個半世紀的升級，傳統車輛的基礎裝置、駕駛裝置和輔助裝置，已經發展得非常成熟。近幾十年，傳統汽車技術的發展主要集中在降低能源消耗與環保，提升機械效能與效率等方面，更加注重提升駕車、乘車人員的舒適性和安全性體驗。

1.1 認識自動駕駛

圖 1.2 傳統車輛的機電結構

基礎機電裝置　　**駕駛及輔助裝置**

☐ 能源轉換、動力輸出等　　☐ 操控：方向盤、油門、煞車等

☐ 機械傳動、轉向控制等　　☐ 觀測：反光鏡、儀表板等

☐ 煞車制動、避震防護等　　☐ 輔助：空調、音響、座位等

圖 1.3 傳統車輛的基本構成

　　如果隱藏車輛內部複雜的機電系統，將其簡化為一個受控的執行物件，那麼從控制理論的角度分析，車輛行駛的過程，是一個物體在控制系統作用下的移動過程。在這個過程中，如果沒有駕駛人員的介入，控制系統將處於不穩定的狀態，換言之，讓傳統車輛在沒有駕駛人員的情況下自行上路行駛，是極不安全的。如果希望控制系統穩定，通常的做法是為受控物件建立回饋環節，並進行閉迴路控制。因此傳統車輛的行駛必須配備駕駛人員，透過駕駛人員的介入，使車輛的行駛始終處於穩定的閉迴路控制之中，以達到安全行駛，並順利抵達目的地的最終要求。

　　如果忽略行駛過程中的路況環境、車輛狀態等複雜因素，僅完成按

指定路線行進的基本任務,則這個閉迴路控制系統中的基本參數,就是車輛的位置資訊。如圖 1.4 所示,對車輛位置的測量回饋,將透過駕駛人員的「觀測」完成;對行駛參照位置的設定,將由駕駛人員的「決策」完成;對車輛行駛位置的誤差消除,將由駕駛人員的「操控」完成。如果考量車輛行駛的路線規劃、交通規則、隨機障礙、車體狀態、荷重變化、能源消耗指標及突發事件等諸多因素,身為閉迴路控制中樞(控制器)的駕駛人員,還需要承擔「感知」環境、「預測」軌跡等相關任務。

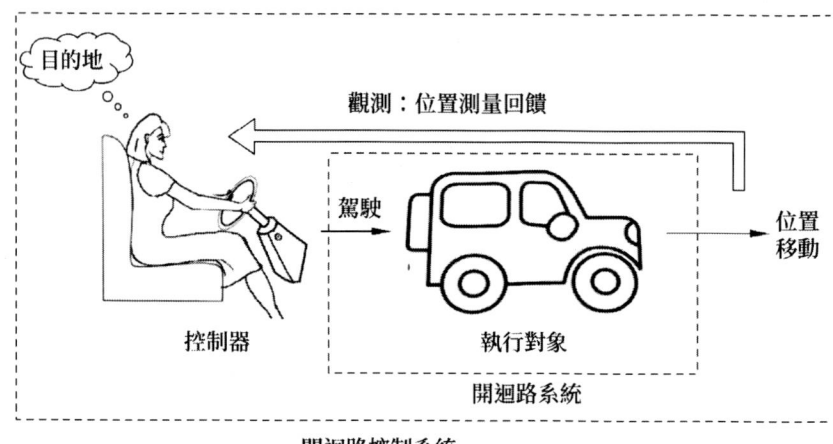

圖 1.4 車輛行駛的閉迴路控制系統方塊圖

在傳統車輛的行駛過程中,駕駛人員是控制系統的控制中樞,車輛是控制系統的執行對象,二者以回饋閉迴路的形式,共同應對複雜的交通環境,共同完成行駛任務。由此可見,自動駕駛車輛中的自動駕駛系統,必須能像駕駛人員一樣,承擔起閉迴路控制中樞的全部職能。類比駕駛人員操作車輛的全過程,自動駕駛系統也需要「觀測」車輛位置,「感知」周圍路況,「預測」障礙軌跡,「決策」車輛行駛路徑,「控制」車輛運動狀態。以上這些能力,皆應納入「自動駕駛」功能的定義範疇。

自動駕駛車輛需要保留傳統車輛的基礎裝置和輔助裝置，而專為駕駛人員配置的駕駛裝置，理論上可以簡化或完全去除，但由於目前的自動駕駛技術尚未完全成熟，在很多情況下仍需要駕駛人員進行干預，因此自動駕駛車輛仍然保留了傳統車輛的所有裝置，並在此基礎上，新增了自動駕駛的相關裝置。在自動駕駛技術完全實行之前，所謂的自動駕駛車輛，都屬於過渡產品，其控制中樞的功能，逐步從駕駛人員向自動駕駛系統過渡。

1.1.2 自動駕駛的分級標準

為實現完全替代駕駛人員這個最終目標，自動駕駛技術在實現過程中被劃分出多個階段性目標，即分級標準。如表 1.1 所示，目前國際上的分級標準主要有兩個：一個是 2013 年由美國運輸部下的美國國家公路交通安全管理局（NHTSA）釋出的自動駕駛分級標準，其對自動化的描述共有 4 個級別；另一個是 2014 年由自動機工程學會（SAE，又稱國際汽車工程師學會）制定的自動駕駛分級標準 J3016（〈標準道路機動車輛駕駛自動化系統分類與定義〉），其對自動化的描述分為 5 個等級。兩個分級標準擁有一個共同之處，即自動駕駛車輛和非自動駕駛車輛之間存在一個臨界點，即車輛本身是否能控制一些關鍵的駕駛功能，例如轉向、加速和制動（煞車），這個臨界點也決定了駕駛行為的責任主體是人類駕駛還是車輛本身（自動駕駛系統），這對自動駕駛車輛的量產非常關鍵。2018 年，SAE 對 J3016 進行了修訂，進一步細化每個分級的描述，並強調了防撞功能，目前它已經成為業界主要採用的自動駕駛分級標準。

表 1.1 自動駕駛分級的國際標準

自動駕駛分級 NHTSA	自動駕駛分級 SAE	名稱		駕駛操作	周邊監控	接管	應用情境
L0	L0	人工駕駛	由人類駕駛全權駕駛汽車	人類駕駛	人類駕駛	人類駕駛	無
L1	L1	輔助駕駛	車輛對方向盤或加減速中的一項操作提供駕駛，人類駕駛負責其餘的駕駛動作	人類駕駛和車輛	人類駕駛	人類駕駛	限定情境
L2	L2	部分自動駕駛	車輛對方向盤或加減速中的多項操作提供駕駛，人類駕駛負責其餘的駕駛動作	車輛	人類駕駛	人類駕駛	限定情境
L3	L3	有條件自動駕駛	由車輛完成絕大部分駕駛操作，人類駕駛需要保持注意力集中以備不時之需	車輛	車輛	人類駕駛	限定情境
L4	L4	高度自動駕駛	由車輛完成所有駕駛操作，人類駕駛無須保持注意力，但限定道路和環境條件	車輛	車輛	車輛	限定情境
L4	L5	完全自動駕駛	由車輛完成所有駕駛操作，人類駕駛無須保持注意力	車輛	車輛	車輛	所有情境

當分級標準完全達成之時，就是自動駕駛技術完全實現之日，人們交通、出遊的方式將會發生徹底改變，而現在，業界有數以萬計的人，正在不斷地為此而努力。

1.1.3 當前業界自動駕駛技術的主要進展

自動駕駛技術是業界目前競爭最為激烈的領域之一。如果僅按 L4 級的標準，目前並沒有哪一家公司已完美實現了相關要求，但在整體的發展趨勢上，已不難看出汽車行業的確正在進行一輪以自動駕駛、新能源為導向的大變革。圖 1.5 顯示了 2019 年和 2021 年全球十大汽車公司的市值，透過對比可以看出，僅相隔兩年的時間，新勢力就徹底改變了傳統的汽車行業格局。以成立不足 20 年的特斯拉（Tesla）為代表，它一家公司在市值上已超過所有傳統汽車大廠市值的總和。鑑於這個行業日新月異的發展，可以預測：在未來的 10 年內，汽車大廠的競爭格局仍將存在很大的變數。

汽車公司的市值主要展現出資本市場對其未來的看法，但業界真正達到的自動駕駛技術水準，還是需要透過更具體的技術參數來支撐。業界目前對自動駕駛有兩個重要的參考指標：一個是美國加州機動車輛管理局的自動駕駛汽車測試報告；另一個是 Navigant Research（簡稱 NR，該機構於 2020 年被整合進顧問公司 Guidehouse）每年釋出的自動駕駛競爭力排行榜。

第1章 看車：概念與發展

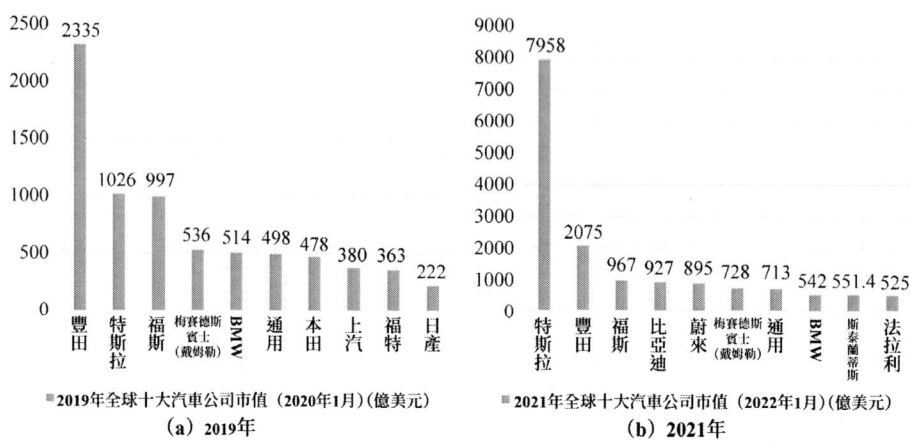

圖 1.5 2019 年與 2021 年市值前十名汽車公司的比較
（資料來源：根據同花順證券軟體公開的資訊整理）

美國加州機動車輛管理局每年會釋出自動駕駛汽車測試報告，該報告會詳細列出獲准在加州測試的自動駕駛汽車公司過去一年的駕駛情況，以及各公司的自動駕駛車輛多長時間就需要安全操作人員接管一次汽車（脫離自動駕駛）的具體資料。加州機動車輛管理局官方將「脫離（disengagement）」定義為「當檢測到自動駕駛技術出現故障，或為了車輛的安全執行，需要自動駕駛車輛測試駕駛人員（安全操作人員）進行干預，使車輛脫離自動駕駛模式，即自動駕駛模式被關閉」。換言之，平均每次「脫離」前所自動駕駛的里程數（或平均每英里（1 英里 ≈ 1,609 公尺）的「脫離」次數），理論上就反映了測試車輛自動駕駛的能力，車輛可以不依賴人類介入而行駛的距離越長，說明自動駕駛技術越完善。

根據 2022 年 2 月釋出的〈2021 年自動駕駛汽車的測試報告〉統計（如表 1.2 所示），28 家自動駕駛公司在上一年度（2020 年 12 月 1 日至 2021 年 11 月 30 日的資料）累計自動駕駛路測里程達到近 410 萬英里。相比 2020 年度的近 200 萬英里，測試里程倍增，而 2019 年，數據僅為 80 多萬英里。其中，Google 旗下的 Waymo 公司的測試里程超過 230 萬英里，

占總測試里程一半以上。這些資料也反映了當前業界的技術發展情況：在大量測試車輛和所累積的里程數據支撐下，領先的自動駕駛汽車公司在技術上，已相當程度可替代人類駕駛，但同時也仍存在少數情況，需要人類駕駛的介入。需要指出的是，單一的「脫離」指標並不能準確衡量自動駕駛的技術水準，也不適合用於公司之間的對比，因為不同公司的測試地點不一樣，遵循的介入協議也不同（例如 Cruise 在路況複雜的舊金山進行測試，Waymo 公司則在路況相對簡單的郊區進行測試；有些公司要求安全人員在校園周邊或附近有急救車輛時強制接管車輛，有的公司則沒有這樣的要求）。

表 1.2 美國加州機動車輛管理局 2021 年自動駕駛汽車測試報告的統計

製造商	測試車輛數量	脫離次數	總英里數	平均每次脫離所行駛的英里數	平均每英里脫離次數
Waymo	693	292	2325842	7965.21	0.00013
Cruise	138	21	876104	41719.24	0.00002
Pony.ai	38	21	305616	14553.14	0.00007
Zoox	85	21	155125	7386.90	0.00014
Nuro	15	23	59100	2569.57	0.00039
MER-CEDES-BENZ	17	272	58613	215.49	0.00464
WeRide	14	3	57966	19322.00	0.00005
AutoX	44	1	50108	50108.00	0.00002
DiDi	12	1	40744	40744.00	0.00002
Argo AI	13	1	36733	36733.00	0.00003

資料來源：https://www.dmv.ca.gov/portal/vehicle-industry-services/autonomous-vehicles/disengagement-reports/。表中為部分數據。

第 1 章　看車：概念與發展

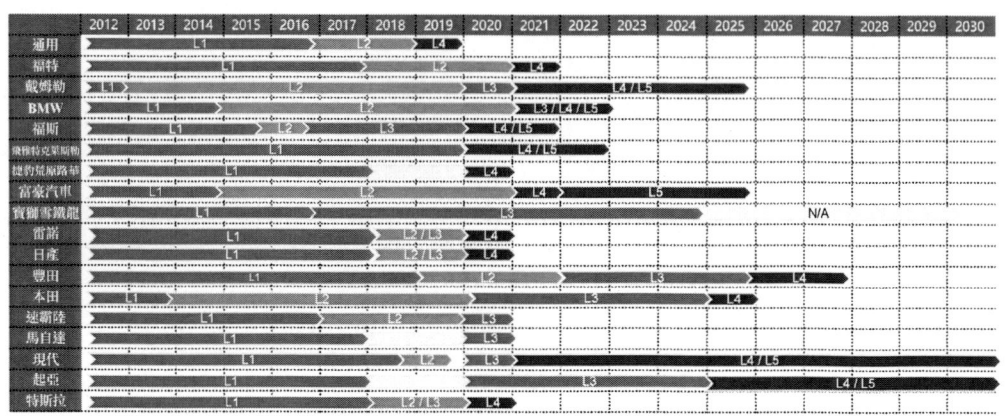

圖 1.6 著名品牌汽車廠商自動駕駛汽車投產時間圖
（資料來源：根據市場公開資訊整理）

由於自動駕駛技術對未來汽車市場格局變化的影響至關重要，主要的汽車廠商也都有相應的技術路線規劃。圖 1.6 是根據 2019 年市場公開資訊整理的著名品牌汽車廠商的自動駕駛汽車投產時間圖。從圖中可以看出，大部分汽車廠商將 L3 ／ L4 級自動駕駛量產計畫放在 2020 年。

圖 1.6 所示的資料顯示：儘管業界在自動駕駛上投入大量的研發人員和資金，且自動駕駛技術已歷經近 10 年的發展，但主要的研發仍集中在對 L3 以下輔助駕駛功能的開發上，與大眾所預期的自動駕駛還相距甚遠。從這個角度分析，儘管現在以 Waymo 公司為代表的頂尖自動駕駛技術在特定路測環境下已獲得不俗進展，但距離真正的大規模部署和普及還有差距，還面臨很多挑戰。

1.2 自動駕駛的實現

1.2.1 自動駕駛的核心問題

自動駕駛仍未實現大規模部署,主要因為目前的自動駕駛技術還不足以完全替代駕駛人員的角色,無法承擔車輛行駛過程中所需閉迴路控制中樞的全部職能,特別是無法應急處置很多突發情況。那麼,駕駛人員擔負哪些職能?如何替代這些職能?在技術上如何實現?這些都是實現自動駕駛的核心問題。

除了直接對車輛進行操控外,駕駛人員還要結合車輛自身狀態、判斷路況資訊,並作出合理的決策。駕駛人員駕駛車輛會產生兩方面的消耗:一是操控車輛時在體力上的消耗;二是處理資訊時在腦力上的消耗。近代車輛發展的重要方向之一,是為駕駛人員減輕負擔:①不斷改善操控裝置,例如為減輕操作力量而加裝的方向盤增壓器、煞車輔助增壓泵等;②不斷提升駕駛舒適度,例如對座椅增加避震、調溫及可調靠背設計,在車內安裝高品質音響設備,並主動降低噪音影響等;③不斷增強駕駛安全性,例如加裝寬視野防眩光後視鏡、超音波倒車雷達等。這些傳統的減輕負擔方式,顯然是針對減少駕駛人員體力消耗而設計的,但對於減少駕駛人員腦力消耗所發揮的作用並不明顯。駕駛人員的腦力消耗主要在應對、處理行駛過程中的各類資訊上,這些資訊主要來自車輛的互動介面和外部的行駛環境。發展自動駕駛技術的重要意義,在於使用自動化系統替代駕駛人員應對處理車輛內外部的資訊,真正減少駕駛人員的腦力消耗,並大幅提升社會的整體交通效率,最終實現對駕駛人員的完全替代。因此,自動駕駛的核心問題是透過自動化系統完全替代駕駛人員,來處理行駛過程中的相關資訊,即對車輛行駛資訊進行自動化處理。

車輛行駛過程中的資訊處理十分複雜,其基本流程包括資訊採集、

第1章 看車：概念與發展

資料傳輸、資訊辨識、資訊決策和資訊輸出等環節。而在處理這些資料之前，需要知道的相關資訊包括哪些？車輛行駛閉迴路的控制系統中，其基本參數是車輛的位置，位置參數是系統所需的主要資訊，其他資訊還包括車輛自身的顯性參數和行駛環境的顯性參數，以及車輛內部的隱性參數和環境的隱性參數。顯性參數一般指駕駛人員能夠直接觀測和感受到的資訊，例如車速、車體方向、車內溫度、附近的路面標示、紅綠燈、行人、其他車輛等；隱性參數一般指駕駛人員無法直接觀測和感受到的資訊，例如車內機電裝置的狀態、車輛輪胎的損耗情況、車外的風向和風速、超出視線等感知範圍外的路況資訊，以及其他無法即時獲取的環境資訊等。

傳統車輛行駛過程中，一般由駕駛人員負責處理這些資訊，例如駕駛人員觀察道路情況，根據車輛自身狀況，按照規劃路線操控車輛，最終完成車輛位置的變動。如圖 1.7 所示，駕駛人員直接參與對位置及其他顯性參數的處理：駕駛人員的感官負責資訊的採集，駕駛人員的身體和大腦負責資訊的傳輸、辨識和決策，駕駛人員的四肢負責資訊輸出，最後藉助車輛駕駛裝置，實現對閉迴路系統的穩定控制，即駕駛車輛。此外，有些導航輔助裝置可以幫助駕駛人員間接獲取一些隱性資訊（例如遠方道路塞車情況等），這些資訊也會輔助駕駛人員，為其提供決策參考，使部分隱性資訊顯性化。

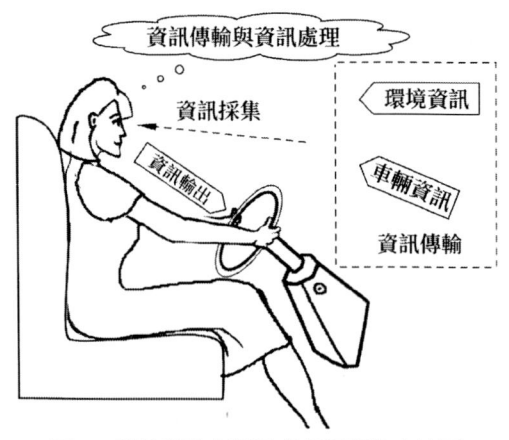

圖 1.7 傳統駕駛中資訊處理過程的方塊圖

從資訊處理的角度劃分，實現自動駕駛的自動化系統，可以達到三個不同的層次：第一個層次是運用運算，替代駕駛人員處理車輛駕駛的相關資訊，即替代駕駛人員；第二個層次是將駕駛人員接觸不到的隱性參數資訊，也納入運算過程之中，即超越駕駛人員；第三個層次是突破傳統的車輛構造和行駛方式，重新定義駕駛的含義，即顛覆現有車輛的形態。目前相關的產業技術研究和行業標準制定仍處於第一個層次，仍然圍繞著如何替代駕駛人員的問題開展研究，而業界對車聯網、智慧運輸方面的探索，正在引導技術，逐步進入第二個層次，第三個層次僅在科幻藝術作品中初露端倪，距離現實的生活仍遙不可及。

1.2.2 自動駕駛的技術實現

自動駕駛系統是以實現自動駕駛功能為目的的自動化系統，其關鍵是形成車輛行駛過程中穩定的閉迴路控制中樞。解決自動駕駛系統相關技術問題的主要路徑是運算。目前業界普遍認為：人工智慧運算是解決自動駕駛相關問題的關鍵，其在具體實現上存在著不同的路徑，例如「端到端」的一體化路徑和「非端到端」的模組化路徑等。路徑雖有不同，但都充分借鑑和參照駕駛人員處理車輛行駛資訊的流程，目前自動駕駛技術所涉及的主要問題，都包含在以下的五個環節之中。

(1)資訊採集：自動駕駛系統中，替代駕駛人員感官蒐集資訊的是感測器。透過感測器，將車輛行駛中的顯性參數和部分隱性參數轉換為數據資訊，部分隱性參數是車輛或道路環境中設備所產生的中間數據資訊，不需要再次經過感測器的轉換。資訊採集的過程，就是對這些數據資訊的生成和蒐集過程。

(2)資訊傳輸：不同於駕駛人員透過自身神經系統向大腦傳送資訊的方式，感測器採集的資訊，需要利用通訊技術向處理器傳輸。數據資訊

所產生的位置和被處理的位置,通常都是不同的,所使用的通訊技術也有所不同,因此自動駕駛的資訊傳輸相對複雜,包括車輛自身內部、車輛與行駛環境、車輛與雲端伺服器、車輛與車輛等資訊的傳輸。自動駕駛系統的資訊傳輸,主要依託於車載通訊技術和底盤通訊技術。

(3)資訊辨識:很多感測器產生的資料單獨分析起來並沒有什麼意義,例如圖像感測器傳入的圖像中存在一些亮點,這些亮點可能是遠方的燈光,也可能是近處障礙物的反光,僅僅分析這些單一的資訊,並無法形成準確的判斷,因此需要結合其他數據資訊進行綜合解析,這構成了資訊辨識的主要過程。對駕駛人員而言,可能很容易就分辨出前方是否有障礙物,而自動駕駛系統辨識障礙物卻需要進行大量的運算,其運算一般採用模式辨識等方法。資訊辨識是目前自動駕駛技術實現的瓶頸之一,資訊辨識的準確率和即時性,是保障自動駕駛安全的重要前提。

(4)資訊決策:目前車輛所處的行駛環境是以人類習慣和社會通則為基礎建構的,因此駕駛人員能據此快捷地做出準確的決策,以應對行駛過程中的各類問題。自動駕駛過程中,感測器所獲取的資料,經過資訊辨識後,將重新組織為類似於駕駛人員所感受到的環境參數(例如道路、行人、紅綠燈等),這樣自動駕駛系統就能充分借鑑駕駛人員的經驗、常識,做出類似的決策判斷。現有人工智慧技術中對決策演算法有大量的研究,這些演算法能夠幫助自動駕駛系統為車輛行駛提供「合理」的路徑規劃和處置決策。

(5)資訊輸出:駕駛人員將大腦中的決策,透過四肢的動作進行表達,從而實現對車輛的操控,這個過程就是資訊輸出的環節。資訊輸出同樣是自動駕駛系統中決策資訊的外部展現或執行環節,不同於駕駛人員的操控之處在於:自動駕駛系統可繞過方向盤和腳踏板等駕駛裝置,直接將資訊輸出給車輛的基礎裝置。由於駕駛人員在裝置操控的靈敏度

上存在著生物屬性方面的上限,所以自動駕駛系統的資訊輸出環節,能夠更輕易地突破人類駕駛對車輛控制靈敏度的極限。

如圖 1.8 所示,各個資訊處理環節和作為受控物件的車輛,共同構成了具有回饋迴路的閉迴路控制系統,虛線框內的資訊處理流程,展現出自動駕駛系統對車輛的操控,幾乎與駕駛人員的操控完全相同。

當前自動駕駛技術的進展,主要展現在對環境感知、智慧運輸、路徑規劃、軌跡預測、精準控制等具體問題的研究上。這些研究將具體情境或處理特性進行了歸類、綜合或簡化,根據實際需求,採用模組化的方式,以此為基礎,解決資訊處理相關環節中的聚焦性問題。

(1) 環境感知:此類問題涉及車輛行駛中對原生資訊進行採集、傳輸和辨識等多個環節,但根據數據資訊來源或所針對情境功能的不同,又形成了各自相關的具體問題。如圖 1.9 所示,車輛採用毫米波雷達、光學雷達、攝影機、超音波感測器、全球衛星導航、加速度感測器、陀螺儀等感測器獲取資訊數據,基於底盤通訊、車載通訊和衛星通訊等多種匯集資訊,透過感測器處理晶片、車載電腦或雲端伺服器等運算平臺進行辨識,形成車輛所處位置、自身狀態及周邊路況環境等綜合資訊,為後續決策提供必要的環境感知資訊作為依據。

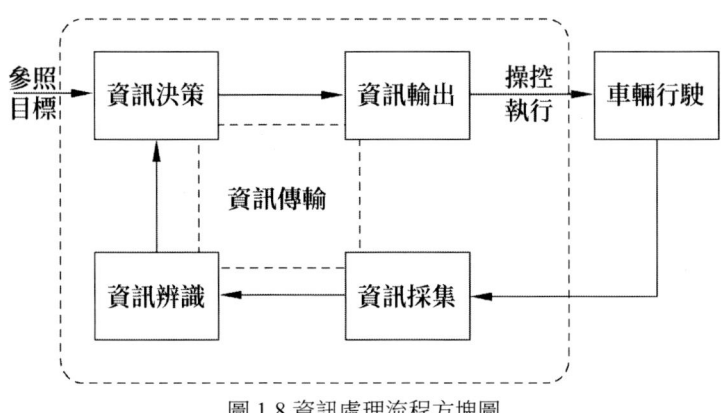

圖 1.8 資訊處理流程方塊圖

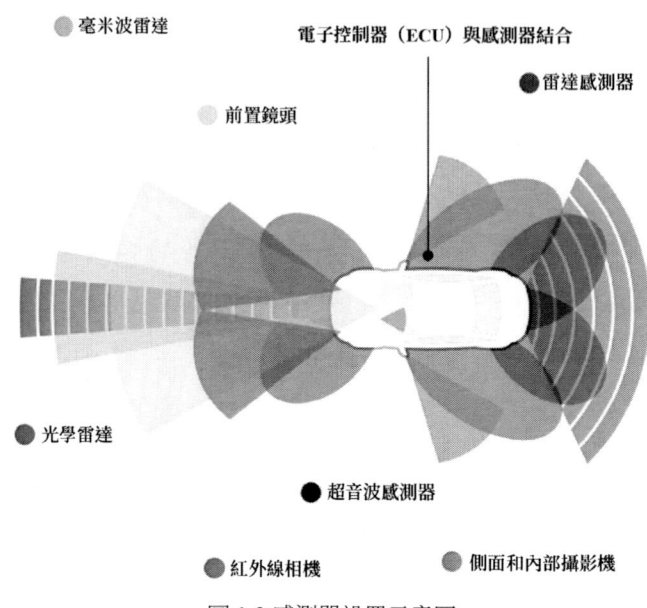

圖 1.9 感測器設置示意圖

(2)智慧運輸：為彌補部分車載感測器對環境感知精度、速度和範圍等方面的不足，透過在行駛環境中（特別是道路上）加裝輔助感測器，以提供更多參考資訊，透過這種方法構成智慧運輸。智慧運輸所提供的數據資訊中，包含大量隱性資訊（例如路面冰滑、前方事故等），這些資訊超越了駕駛人員自身感官的感知範圍和精確度，自動駕駛系統將這些隱性資訊納入運算過程後，將大幅提升車輛的行駛效能。

(3)路徑規劃：此類問題分為全局路徑的靜態規劃（全局規劃）和局部路徑的動態規劃（局部規劃）。全局規劃側重依賴高精度地圖資料，以求解抵達目的地最佳路徑為目標；局部規劃側重對環境的感知，以決策當前行動為目標，二者主要涉及資訊的傳輸、辨識與決策等環節。路徑規劃目前主要有基於取樣的演算法、基於搜尋的演算法、基於插值擬合軌跡生成的演算法，和用於局部的最佳控制演算法等。而在路徑規劃策略上，還要顧及使用者的不同偏好，例如時間優先、速度優先、里程優

先、舒適度優先和途經地優先等，採取不同的選擇策略，從而產生不同的路徑規劃結果。

(4) 軌跡預測：軌跡預測是影響車輛行駛中當前路線設計的關鍵技術，其中包括對車輛自身行進軌跡及障礙物運動軌跡的預測，主要涉及資訊採集、傳輸與辨識等環節，在辨識環節中一般會保留目標物的運動參數，為後續決策持續提供依據。軌跡預測的準確率和即時性，對車輛的行駛安全有重要影響。

(5) 精準控制：自動駕駛的效能，最終展現在對車輛的精準控制上。車輛精準控制的前提是資訊決策準確和及時，還需要受控車輛具有較高的運動控制精度和回應速度，且需要車輛行駛的閉迴路控制系統具備相當的靈敏度和穩定性。當前車輛的電動化已成為汽車的發展趨勢，電動車在運動精度和控制回應等方面，比傳統燃油車輛至少高一個數量級。精準控制不僅是對傳統車輛的技術升級，也是提升能源效率和駕車、乘車體驗的關鍵，有利於自動駕駛技術的普及應用。

除了以上列舉的這些技術問題外，目前尚有許多新問題急待解決，也還有許多技術瓶頸需要面對，如果這些問題完全得以解決，就意味著自動駕駛技術的真正成熟。隨著自動駕駛技術的逐步發展，自動駕駛系統作為車輛行駛的閉迴路控制中樞，也將逐步替代、甚至超越駕駛人員。

1.2.3 自動駕駛的研發流程

在工業界中，實際的自動駕駛研發流程相當複雜。自動駕駛的研發流程就像從沙中淘出金子，需要藉助複雜的步驟，從原始資料中提取出高價值的資訊。自動駕駛的研發流程，大致如圖 1.10 所示。

第1章　看車：概念與發展

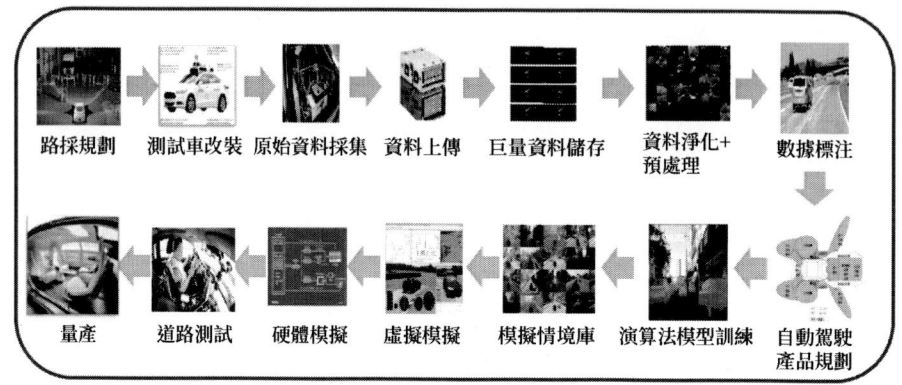

圖1.10 自動駕駛的研發流程

自動駕駛的研發流程中，各環節的要點介紹如下。

(1)路採規劃：該環節主要是對路採進行詳細的路徑規劃，例如在全國哪些縣市進行路採？採集什麼樣的路況和情境？有哪些代表性的天氣狀況需要採集？以及車隊的人員配備和管理。

(2)測試車改裝：該環節涉及測試車的功能規劃，感測器的選擇、安裝、標定，資訊獲取系統（包括感測器紀錄儀、預標注系統、儲存系統、車載電源等）的安裝偵錯。

(3)原始資料採集：該環節需要注意相關法規的監管。

(4)資料上傳：採集好的資料，需要從路測場地透過物流的方式，運輸回資料中心上傳。到達資料中心後，需要快速地將資料上傳到資料中心的資料庫中儲存，並將儲存裝置資料清除後，透過物流送回路測場地循環使用。

(5)大數據儲存：根據不同的目標和規劃，每天採集的資料量可能從數萬億位元組（terabyte，TB）到數百萬位元組不等，由於資料量巨大，因此資料中心的資料上傳應盡量採用自動化方式。資料中心應部署支援大數據規模的資料庫儲存設備，接收每日上傳的路採原始資料，同時應部署後設資料庫，對路採原始資料的後設資料進行管理。

(6)資料淨化＋預處理：一旦有新的原始資料進入資料庫，系統就可以開始資料處理的流程。先對資料做漂白（如去除車牌等敏感資訊）及座標系的轉換，再透過高效能運算，對資料進行淨化（去除鏡頭被遮擋等的圖像資料）和相應的預處理（亮度調節、對比度調節等）。

(7)數據標注：對於需要進行深度學習（deep learning，DL）訓練的資料，透過手動或半自動的標注平臺進行標注（labeling），以生成監督學習需要的真值資料。

(8)自動駕駛產品規劃：由自動駕駛的產品經理對自動駕駛的功能進行產品規劃，並針對不同功能的自適應巡航控制（adaptive cruise control，ACC）系統、自動緊急制動（autonomous emergency braking，AEB）系統、車道偏離警示（lane departure warning，LDW）系統等，制定不同的測試方案。

(9)演算法模型訓練：利用感測器資料進行物體辨識、語義分割、實例分割等基於卷積神經網路的深度學習訓練，將達到訓練精度的模型用於推理，從感測器資料中抽取出各種情境要素。

(10)模擬情境庫：使用抽取出來的情境要素生成情境庫，業界比較權威的情境庫是基於自動化及測量系統標準協會（association for standardization of automation and measuring systems，ASAM）規定的 OpenDrive 和 OpenScenario 情境庫。在後期的虛擬模擬中，此環節生成的情境庫，將用於為數位模型車生成虛擬的模擬情境。

(11)虛擬模擬：透過 Simulink、Prescan、Carsim 等虛擬模擬工具，對演算法進行「SiL」虛擬模擬，在模擬環節中，模擬道路路面、交通參照物、車輛、行人以及天氣條件下的環境資訊（例如雨霧或夜間照明時的路面資訊）。透過對各種基本要素的排列組合，形成各種複雜的情境，盡可能多樣化地覆蓋各種罕見情境（corner case），讓數位模型車在這些

複雜情境中做各種測試並記錄結果。每次測試完成後，利用測試結果，對數位模型車的演算法和參數進行最佳化，循環往復，直到得到滿足自動駕駛分級功能要求的結果。

(12) 硬體模擬：對 SiL 模擬過程中達到功能標準的演算法進行「HiL」模擬驗證。在 SiL 模擬過程的程式碼跑通後，再基於必要的 HiL 平臺，檢測程式碼在感測器、運算單元等硬體系統上執行中的錯誤和相容性問題。然後進行「ViL」模擬，將相關的軟、硬體系統整合到車輛平臺上，在封閉場地中完成相關測試，檢測程式碼是否出現問題。

(13) 道路測試：基於「DiL」，在測試場地和政府允許的公開道路進行場地測試，檢測自動駕駛系統的執行情況，獲得司機的主觀評價及驗證人機互動等功能。

(14) 量產：以上各項測試都通過後，就可以進入量產階段，在汽車成品中進行大量部署。

1.3 自動駕駛中的人工智慧

1.3.1 實現自動駕駛的智慧系統

當前實現自動駕駛的主流技術是人工智慧，自動駕駛系統是一個典型的智慧系統，該智慧系統執行自動化程序，替代駕駛人員的「智力」，完成車輛駕駛任務。自動駕駛系統能觀察車輛所處道路及周圍車輛、行人等諸多要素構成的複雜環境，決定車輛接下來需要的行動路線，並透過一系列的操作，最終完成將車輛安全行駛到目的地的任務。

自動駕駛系統完全 (或部分) 替代駕駛人員處理車輛的行駛資訊，如果將資訊處理流程中的資料傳輸隱含在其他環節中，那麼資訊採集、資訊辨識、資訊決策和資訊輸出就可以分別對應自動駕駛系統的四個主要部分，即感測 (sense)、感知 (perceive)、決策 (decide) 和執行 (actuate)。

這四部分代表著資訊處理的主要過程，而從人工智慧運算的角度來看，其分別需要完成不同的功能。

(1) 感測：該環節是用不同的感測器技術，將物理世界的狀態，轉換成電子訊號，最終轉換成電腦可以理解的數位訊號。例如，自動駕駛領域最常見的光學雷達感測器，可以提取周圍物體的距離資訊，並將其轉換為電腦能夠處理的點雲資訊。

(2) 感知：該環節是對感測器資料進行理解的過程，它是後續決策的運算依據。感知所解決的問題是：如何將原始的底層資料解讀為更高層次的環境資訊？例如在自動駕駛情境裡，輸入給感知模組的，往往是光學雷達的點雲或攝影機得到的圖像資訊，感知需要解決的任務是從這些原始資料裡提取出車輛周圍的道路、其他車輛、障礙物等環境資訊。

（3）決策：該環節是基於感知到的高層次環境資訊，對車輛後續需要執行的行為做出決策。決策通常包含多個層面的操作，例如預測其他交通參與者（車輛、行人等）的運動軌跡、規劃自身的行駛路徑和速度等。例如，如果前方是通暢的高速公路，相應決策則是將車輛加速到最高限速，並保持穩定速度前進；如果前方出現側向車道的車輛正在變換車道，相應決策則可能是適當減速，並準備避開。

（4）執行：該環節的作用是將決策最終落實到汽車的執行裝置上。對汽車的簡化模型而言，執行的過程就是透過方向盤、油門和煞車控制車輛的轉向角和加速度，從而實現按規劃好的軌跡和速度完成行駛任務。而實際上，車輛是一個複雜的機電系統，系統要控制的執行裝置，遠不止方向盤和油門，還包括變速箱的檔位、指示燈等所有原本需要由駕駛人員控制的裝置，甚至還需要接管一部分連駕駛人員都沒有許可權控制的底層模組，例如車身穩定系統等。

在實際的自動駕駛系統中，上述四部分的功能都一定存在，但並不一定可以清晰地界定出與實際系統中功能部件的對應關係。不同的系統，可能會對功能部件做出不同的劃分，例如有些系統在具體實現中，把感測器部件獨立在處理框架之外，將人工智慧的處理框架劃分為「感知 —— 決策 —— 執行」三部分。在當前以深度學習為主導的感知技術中，具體功能的劃分具有多樣性，由於神經網路既具有感知處理能力，也能實現高度複雜的決策邏輯對映，所以在一些自動駕駛系統實現方案中，也會將感知和決策的功能進行合併。

事實上，是否將功能進行合併設計，存在兩種不同的設計思路：一種是仔細地將系統拆分成不同的功能模組，且分別對每個功能模組進行最佳化；另一種是「端到端」地解決問題，即從原始的輸入端，經過一個「黑盒子」（黑箱）系統，直接形成最終的輸出。採用功能模組拆分思路

的優點，是可以分別單獨最佳化每個模組，並且在功能實現時，讓不同的研發團隊負責不同的模組，但如果拆分不合理，複雜系統的分塊，可能反而會降低軟體的執行效率和研發效率。採用「端到端」思路的優點，是能夠直接對最終目標進行最佳化，可以避免不同模組調整參數、以最佳化效能的複雜問題，但代價是幾乎無法對模型的中間環節進行獨立調整，當系統出現問題時，對問題進行定位和解決相對更為困難。在實際系統研發中，一般不會單純地採用上述任何一種思路進行設計，而是需要恰當地取捨，找到平衡點，進行綜合考量。對一些業界普遍採用的功能模組，例如攝影機的圖像分割這種已經具有普遍認可的評估體系和效能參考的模組，就應當作為一個獨立功能模組進行設計；而對一些零散的感測器資訊，其輸出的中間結果，並沒有多少實際的參考意義，此時就可以將這些感測器整合為一個更大的功能模組。而本書後續章節所給出的範例，則直接用一個深度學習模型合併、實現了「端到端」的所有功能。

1.3.2 自動駕駛與人工智慧

自動駕駛技術屬於人工智慧技術範疇。近年來，自動駕駛技術的快速發展，相當程度受益於人工智慧在電腦視覺等方面的技術突破。人工智慧讓機器可以從大量資料中學習，在面對新的輸入資訊時，能夠像人一樣執行多種任務。今天大多數人工智慧應用（例如 AI 圍棋選手、自動駕駛汽車），都高度依賴於深度學習技術。使用深度學習技術，可以訓練模型透過處理大量資料並辨識資料中的模式，完成特定任務。人工智慧是電腦科學的一個分支，涉及多門學科，目的是建構智慧機器，使其能夠執行通常需要人類智慧才能執行的任務。在過去的二十多年中，科學家已做了大量人工智慧方面的研究，並獲得了很多成就，但是直到最

近,人們才深刻意識到人工智慧的發展發生了巨大的轉變,這些轉變源自於時代所展現出的以下新特徵。

(1)大數據:隨著進入後資訊化時代,越來越多的資訊被轉換為數據,這使人工智慧的發展有了演算法所需要的巨量數據,從巨量數據中提取知識,且這些知識能夠被電腦理解和深度處理。

(2)技術進步:不斷提高的運算能力與儲存能力、先進的演算法、更快速的資料傳輸和更低的技術成本等因素,使深度學習有能力充分「消化」掉巨量的資料。

(3)商業模式:人工智慧技術在垂直行業和應用領域中的深度探索,及其在很多應用情境中的規模部署,使商業服務效率不斷得到提升,龍頭企業逐步形成核心競爭力,並建立技術壁壘,在獲取超額利潤的同時,不斷加大人工智慧技術的研發投入。

自動駕駛正是這個巨大轉變的獲益者之一。當前實現自動駕駛系統中人工智慧的主流路徑是:透過機器學習(machine learning,ML)模仿駕駛人員的感官,形成對環境的認知,參照駕駛人員的大腦思考方式,形成控制車輛行駛的決策。機器學習被視為人工智慧的一部分,機器學習演算法用樣本數據(訓練資料)訓練模型,將模型用於預測或決策。機器學習演算法通常可以分為以下三類(這裡僅做簡要的介紹,供讀者進行初步了解)。

(1)監督學習(supervised learning):該演算法基於有標籤的樣本數據對模型進行訓練,即在輸入樣本數據時,告知訓練模型其對應的期望輸出,透過大量訓練,完成函數(模型)的學習。該函數能將輸入空間(特徵空間)對映到輸出空間(標籤空間),學習演算法根據訓練樣本持續迭代對映函數的參數(模型參數),直到達到設定的信賴區間(最小化出錯機率)。監督學習主要分為回歸(regression)與分類(classification)兩種演算法。

(2) 無監督學習（unsupervised learning）：與監督學習不同，樣本數據沒有為演算法提供標籤，僅靠演算法來尋找輸入中的結構。無監督學習本身可以是目標（發現資料中的隱藏模式），也可以是監督學習的預處理步驟（特徵學習）。無監督學習可分為關聯規則學習（rule learning）和聚類（clustering）兩種。

(3) 強化學習（reinforcement learning）：強化學習是一邊獲得樣例一邊進行學習，在獲得樣例後更新自身模型，再利用當前模型指導下一步的行動，下一步的行動則是繼續獲得回饋，再依據回饋結果更新模型，這個學習過程不斷迭代重複，直到模型收斂。

近年來，機器學習中的深度學習逐步興起，深度學習演算法模型有很強大的表示能力和函數擬合能力，應用於自動駕駛的早期深度學習演算法，屬於典型的監督學習。利用深度學習實現自動駕駛的資訊辨識和決策，從融合所有感測器資訊的資料中，以駕駛人員的操作行為作為標籤，學習出有效的函數（模型）對映，藉此替代駕駛人員的部分功能，這是目前解決自動駕駛技術問題的一種非常可行的方案。例如利用深度學習理解駕駛的情境，即利用深度學習的演算法模型，對車載攝影機中的圖像進行障礙物檢測（object detection）和分類等，檢測和分類演算法，可以使用大量被標注了的實體圖像作為深度學習的訓練資料，經過訓練的模型，可以從新接收到的圖像中，辨識出類似的障礙物。

然而車輛在行駛中所處的交通環境千變萬化，自動駕駛的演算法模型即使在前期進行了大數據的訓練，在行駛中也很難應對所有情況。為解決這個問題，研究者提出一種改進的方法：利用強化學習的思路，對演算法模型不斷做出調整。強化學習的主要特徵包括：①沒有監督資料，只有回饋（reward）訊號；②回饋訊號不一定是即時的，很可能是延後的，有時甚至是延後很長時間的；③時間（序列）很重要；④智慧體當前的行

為會影響後續接收到的資料。為應對車輛複雜的行駛環境，自動駕駛的演算法模型需要具有自主探索的能力，以及自主適應的能力，這些要求恰好符合強化學習的特徵。

根據強化學習所應對情境的複雜程度不同，其演算法主要分為基於模型的 (model-based) 演算法和無模型的 (model-free) 演算法兩大類。如果情境很簡單（例如簡單迷宮），能夠遍歷出所有的情況，並同時給出明確的回饋以及策略，則此類情境可以進行完整建模。然而大多數真實情境無法滿足完整建模所需的理想條件，此時只能使用非完整建模的演算法。非完整建模需要使用一些估計方法，在新情況出現時提供「估計」的回饋作為結果、更新模型。顯然，自動駕駛的演算法模型所處的應用情境非常複雜，只能使用無模型的強化學習策略。

強化學習中常會遇到運算無法收斂的問題，運算無法收斂會導致學習的失敗，無法形成合適的演算法模型。為解決這個問題，研究者提出了模仿學習 (imitation learning) 演算法。模仿學習是基於專家給出的示範 (demonstration) 樣例（例如遊戲高手先過關幾次，把過關的過程記錄下來，形成示範樣例）進行強化學習的一種演算法，與強化學習本質上的差別是，模仿學習會給訓練者一組示範，而傳統強化學習則是讓訓練演算法自己探索，在探索過程中僅需確保訓練往對的方向前進即可。在模仿學習中，常見的方法有行為複製 (behaviour cloning) 和逆強化學習 (inverse reinforcement learning，IRL) 兩種，目前出現的另一些相關演算法，也是基於這兩種方法的拓展。

以自動駕駛為例，首先需要蒐集大量的資料作為範本，這些示範資料中，包含駕駛人員在不同交通環境中的操作紀錄，透過機器學習，使自動駕駛的演算法模型模仿駕駛人員的操作，逐步形成自身的功能。換言之，是讓自動駕駛演算法模型複製駕駛人員的行為。如果僅複製訓練

資料中所包含的交通環境情境及相應駕駛行為，這樣的自動駕駛演算法模型是有缺陷的，因為該模型並不能好好應對未知交通環境情境中出現的新問題。在通常情況下，透過增加訓練資料的方法，即不斷加入新的示範資料，可以改進演算法模型，但如果新加入的資料與原有資料的來源相似，則改進的效果就十分有限。此時逆強化學習的方法被提出，這種方法不再單純地對演算法模型進行行為複製，而是期望尋找示範樣例的背後原因，讓最終訓練出的演算法模型，具備解決未知情境問題的能力。對相關演算法，本書不再深入展開介紹，有興趣的讀者，可另行查閱相關資料。

第 1 章 看車：概念與發展

1.4 自動駕駛面臨的挑戰

1.4.1 技術層面上的挑戰

在技術層面，自動駕駛研發所面臨的挑戰仍是非常巨大的，還有很多現實的問題急待解決。例如：

（1）關鍵部件的冗餘度問題。車輛的安全設計要求遠高於對自動駕駛功能的實現，冗餘設計是傳統車輛安全保障的重要方式，而目前量產的很多自動駕駛控制模組缺乏周全的冗餘設計。為了滿足安全性的要求，車輛需要兩個同等功能的模組共同作用於系統，甚至包括執行裝置的電源，都需要進行冗餘備份。對原本已十分複雜的自動駕駛系統進行冗餘設計，不但增加成本，且其內部結構的設計，將會成為更加難以踰越的障礙。

（2）車端晶片的算力問題。自動駕駛系統離不開大量的人工智慧運算，車端（車載）運算平臺是人工智慧運算的媒介，為上層軟體提供算力支撐和執行環境。雖然積體電路技術的發展在不斷提升算力平臺的效能，但車端平臺的算力不足，已經成為自動駕駛技術發展的瓶頸之一。受制於算力上限，很多複雜的演算法無法執行，推理邏輯的運算精度無法提升。自動駕駛演算法如果無法在車端獲得足夠的算力支撐，會導致車輛自動行駛的安全性受到挑戰。自動駕駛等級每增加一級，對算力的需求就會有數量級的提升。當前車端運算的 POPS（peta operations per second，電腦處理速度單位，表示每秒千萬億次運算）時代已經到來，例如某新能源車就搭載了 4 顆輝達（NVIDIA）的 Orin 晶片，算力可達 1,016 TOPS（tera operations per second，表示每秒萬億次運算）。然而，如此強大的算力，也無法支撐 L4 級的自動駕駛技術完全實行。

(3)「軟體定義汽車」的架構調整問題。在軟體定義汽車的驅動下，智慧汽車的電子電氣架構（electronic electrical architecture，EEA）正在加速從分散式 ECU（electronic control unit，電子控制器）向集中式 ECU 演進，終極形態就是車載中央電腦。從分散式 ECU 架構到集中式 ECU 架構演進，算力開始集中，後者按照功能不同聚類，形成了「服務導向架構（service-oriented architecture，SOA）」，實現了軟體與硬體的解耦。透過高速乙太網替換傳統的 CAN（controller area network，控制器區域網）匯流排作為車內骨幹網進行互聯。該架構可以提供開放式軟體平臺，底層資源實現池化，並提供給上層共享，配合雲端運算，形成更大的協同式運算網路。車端的算力平臺是自動駕駛實現的媒介，因此電子電氣構架核心的演進，需要用到開放的、資源充足的車載硬體，讓車端軟體的開發更便捷、更高效能、更敏捷，目前能夠完全符合要求的架構系統尚待完善和實現。

(4)感測器成熟度的問題。目前毫米波雷達感測器、超音波感測器和高畫質視覺感測器已實現量產，其品質已大致滿足使用需求。但高線束的光學雷達及通訊單元等設備，仍然沒有經歷過大規模的量產，效能仍不夠穩定；在一些裝置指標上，包括雷射的線束數量及測量精度等，相對毫米波雷達和視覺感測器等，還有較大的發展空間；當前光學雷達的成本仍然過高，離普及還有很長的路要走。

對於自動駕駛技術的研發，還有許多涉及支撐和協同的問題，例如：

(1)軟體研發的迭代升級。自動駕駛研發的軟體程式設計方法，正在從「程式導向」到「物件導向」演進，以 TensorFlow／PyTorch 為開發框架的深度學習，主要採用了「可微分程式設計」的方法。敏捷開發等加速軟體功能迭代升級的雲端原生技術，也在快速普及。特斯拉的影子模式──採集資料＋Dojo（特斯拉自研的超級電腦）雲端訓練，在自動駕駛的研發流程中，盡可能地將流程自動化，形成閉迴路，加快軟體及演

算法的迭代速度。軟體研發的迭代升級仍在進行中，還有很多值得改善之處。

（2）高精度地圖的「鮮度」。對於自動駕駛系統所需的高精度地圖，地圖繪製最大的挑戰在於如何應對資料的更新——在地圖中融入時間維度。高精度地圖繪製必須蒐集最新的資料，且必須確保資料的實效性和可靠性，這就是地圖的「鮮度」。傳統圖商專業團隊採集資料的方法無法滿足地圖「鮮度」的更新頻率，因此業界普遍認為「眾包」（crowdsourcing，群眾外包）將成為高精度地圖繪製的終極模式，但如何將其商業化，是一個待解決的問題。

（3）罕見情境的長尾挑戰。對自動駕駛測試來說，最大的挑戰在於很難蒐集到所有罕見情境。在通常情況下，常見情境的蒐集處理，只需占用整個自動駕駛研發團隊20%的精力，但罕見情境的蒐集處理，可能需要花費團隊80%的精力。駕駛行為的罕見情境（例如汽車不慎沒入較深的積水中），一般需要經過長時間的累積才能獲得，樣本數量也不會太多。但是對於可能有上億參數的自動駕駛深度神經網路模型，如果罕見情境的樣本數量太少，就難以確保模型能夠學會這些情境。

（4）單車智慧與智慧運輸。目前業界自動駕駛基本上都以單車智慧開發為主，業界的普遍看法是：在道路和交通狀況複雜的區域，僅依靠單車智慧實現自動駕駛相對困難。但如果配合道路基建、5G技術及政府的統籌規劃進行智慧運輸，則是解決這個問題的合適方法。智慧運輸及智慧網聯汽車的發展，是大產業，必然面臨高層次的產業問題。產業最佳的商業化模式是什麼？如何做大蛋糕並分好蛋糕？如何在短時間內協調公共部門和商業實體之間的分工合作？這些還有待深入探索。

（5）自動駕駛的演算法突破。目前大部分的自動駕駛深度學習演算法基於監督學習，監督學習非常依賴數據樣本，由於數據樣本的錯誤，會汙染深度學習模型，從而讓系統造成損害，所以在自動駕駛的研發過程

中，需要依賴大量的人工來做標注。雖然現在很多平臺在人工智慧的輔助下，可以進行半自動的輔助標注，但最終還是需要人工進行最後的把關。使用大量人工，會帶來巨大的經濟成本和時間成本。而業界目前在積極探索，希望突破現有演算法的瓶頸，例如採用無監督學習或強化學習的方法，又如發展類腦運算和類腦晶片運算，借鑑人腦資訊處理的方式，打破約翰‧馮‧諾伊曼（John von Neumann）電腦架構的束縛等。

此外，在自動駕駛研發方面，還有很多諸如模擬難題等挑戰需要面對，而這些僅僅是技術層面上所面臨的問題，自動駕駛技術如果要全面實行，還有許多非技術層面上的問題需要解決。

1.4.2 非技術層面上的挑戰

除了技術層面，自動駕駛還會有許多涉及社會、倫理、法律等層面的問題需要解決，這些都是非技術層面的挑戰。車輛作為一個社會性的交通工具，行駛在一個開放的複雜環境中，在為生活帶來便利的同時，也會對生活造成一定的影響，例如交通事故、環境汙染，甚至車輛的停放及廢棄等。如圖 1.11 所示，相對於傳統的車輛駕駛，自動駕駛是一個新生事物，所產生的非技術問題，已經開始引起社會的廣泛關注和重視。

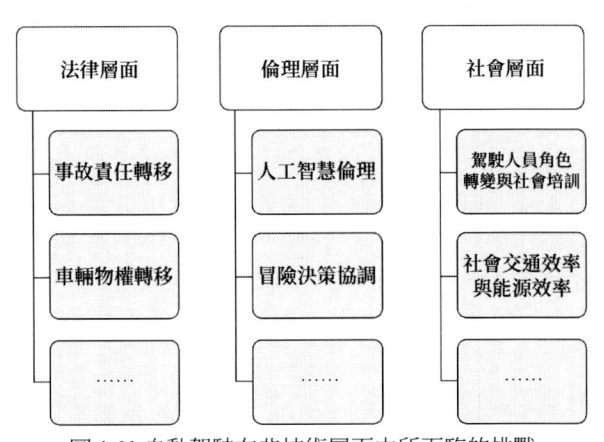

圖 1.11 自動駕駛在非技術層面中所面臨的挑戰

自動駕駛面臨的非技術問題有很多，本節圍繞一些主要的問題進行介紹。

（1）交通事故責任問題。車輛駕駛中發生交通事故，會按照交通法規對事故責任方進行問責，一般處理過程為先查明事故原因，然後根據原因確定責任主體，最後對責任主體進行處罰。傳統車輛駕駛的事故中，一般以駕駛人員為責任主體，只要車輛出廠合格，且受傷害對象未嚴重違法，車輛駕駛人員都要擔負全部（或部分）責任。對此，社會上已建立了以保險公司擔負第三方責任的理賠機制，該機制為駕駛人員分擔部分財產賠償的風險。然而，自動駕駛中由車輛部分（或完全）替代駕駛人員操控車輛，駕駛人員逐步過渡為車輛行駛的監督者，甚至僅身為乘客，因此交通事故的責任主體，也將從駕駛人員逐步過渡到車輛本身。作為物產，車輛本身是無法擔負事故賠償或承受處罰的，那該如何究責？如何理賠？由此對應的處罰方式和保險模式，也必然將發生相應改變，目前該方面的法規和實施辦法，仍需探索和完善。

（2）自動駕駛車輛的物權問題。傳統車輛的物權歸屬較為清晰，當消費者完成車輛購置後，車輛物權發生轉移，車主擁有車輛完全的財產處置權和使用權，包括車輛所涉的軟、硬體。生產商對車輛品質提供保障，服務商提供維修保障，保險公司提供財產服務，車主（駕駛）擁有車輛的財產權和使用權，幾方各司其職、各擔其責。然而，自動駕駛的介入，減少、甚至取消了屬於車主的部分權利，這些權利將重新轉回給生產商及服務商，並以長期服務的形式提供給車主。例如車主將不再擁有車輛行駛相關的絕對支配權，包括行駛資訊的分享、行駛軌跡的設定等，即生產商及服務商分享了車輛使用的控制權，參與了車輛使用的過程。使用權的共享，導致車輛的物權歸屬由完全私人轉向半公財的過渡傾向。

(3) 自動駕駛中人工智慧的倫理問題。隨著人工智慧的發展，人工智慧的倫理逐步成為一個重要的社會討論命題。艾西莫夫 (Isaac Asimov) 在 20 世紀中期的科幻作品中，曾提出過「機器人三定律」，在當時已引發人們對智慧機器人的倫理思考，而人工智慧在自動駕駛中的應用，也存在車輛傷害人類與自我傷害之間的倫理矛盾，尤其是在有可能違背車主本身意願的情況下發生的傷害。

(4) 因資訊不全所引發的決策問題。在傳統車輛駕駛中，駕駛人員經常會面對一些未知情況而被迫做出決策，例如野外探險、天氣突變、道路坍塌時是否需要規避當前路線。而自動駕駛過程中，很多突發狀況或未知資訊仍然會大量存在，不同於駕駛人員可以完全自負責任，自動駕駛所提供的即時決策，在事後是否會被判定為冒險？是否違背了車主當時原本的意願？以及這種行為所造成的後果應如何承擔？這些問題也是無法迴避的。

(5) 社會群體接受問題。自動駕駛技術的實際應用，會為當前的社會生活帶來巨大變化，社會群體是否對此認可？有多大程度的支持？這些問題也是無法迴避的。例如有人看見無人駕駛的車輛在道路上快速行駛會感到恐懼；有人會認為自動駕駛技術剝奪了自身駕馭車輛的樂趣；有人會認為交通出遊方式過於刻板，行駛路線一成不變、速度一成不變等。這些問題需要人們逐步適應，也需要社會管理機構逐步對相應的流程或情境進行完善。

此外，還有諸如駕駛人員完全轉變為乘客的角色，駕駛的資格培訓轉變為對乘客資格的培訓，自動駕駛對社會交通執行效率的改變，對能源效率的改變等問題，將促成社會的變化。這些非技術因素，勢必會引起社會的高度重視，最終在不斷的適應和協商中，為自動駕駛的全面部署尋求到適合的對策。

1.5 開放性思考 (02)

　　自動駕駛技術是人工智慧應用實行的一個重要的情境，汽車工業與消費類電子產品的結合，為市場發展帶來了巨大的預期空間，這個市場不但是很多傳統汽車產業的必爭之地，也是很多大型網路公司「覬覦」的一塊「大蛋糕」。很多地方政府對這個產業領域也進行正向、積極的引導，甚至投入大量資源，為相關企業的發展「護航」。雖然自動駕駛離真正的成熟尚有距離，但是相關企業、機構已「迫不及待」地大舉投入，市場上對相關人才的需求旺盛。這些人才需求不只限於自動駕駛技術研發方面，而是包括了與自動駕駛相關的金融投資、市場推廣、公司管理、法律顧問等多方位的人才。

　　自動駕駛相關行業的機遇和挑戰很多。如何看待這個行業的發展，在其中尋找屬於自身的機遇？如何應對伴隨而來的挑戰？這些都是值得思考的問題。讀者可就下列問題進行思考，並展開討論：

　　(1)具有自動駕駛功能的汽車為何成為產業發展的焦點？這些產業絕不僅僅局限於汽車產業，汽車智慧化還對哪些產業產生深遠的影響？這些影響具體展現在什麼地方？

　　(2)自動駕駛技術完全的實行仍需時日，身為人工智慧相關科系的學習者，應該在哪些方面進行累積和提升，才能投身於相關產業發展的潮流之中？對日後的研究方向或產業化方向有哪些思考？

　　(3)民眾對自動駕駛技術的認知，目前還僅停留在觀察、了解和小心嘗試階段，如何能夠像普及 UBike 一樣，讓大眾能逐步接受自動駕駛汽車的使用和普及？

---

(02)　每章的開放性思考中，下方有畫線的問題，可作為課後討論思考或動手實踐的練習。

(4) 從都市管理的視角分析，自動駕駛汽車所需的政策環境、經營環境和量產條件有哪些？在實施過程中將遇到哪些挑戰？可能的應對舉措有哪些？

上述問題僅為拋磚引玉的提示，讀者可就自動駕駛在技術和社會層面上的問題，進行更多的開放性思考。

第 1 章　看車：概念與發展

1.6 本章小結

　　自動駕駛技術的發展日新月異，是少數有可能在不久的將來，為社會帶來巨大變革的尖端技術。過去幾十年在學界和業界的共同探索下，人工智慧技術，特別是以深度學習為代表的機器學習，獲得了長足的發展，並推動自動駕駛技術在最近十幾年內獲得前所未有的進步。但是全自動駕駛的實現，還需要克服諸多技術、社會與法律的挑戰。

　　本書章節的編排如圖 1.12 所示，與自動駕駛技術研發流程相對應：依次介紹自動駕駛概論、自動駕駛系統軟硬體基礎、自動駕駛資料採集和預處理、自動駕駛神經網路模型、自動駕駛模型訓練與最佳化，以及智慧小車模型部署與系統偵錯。

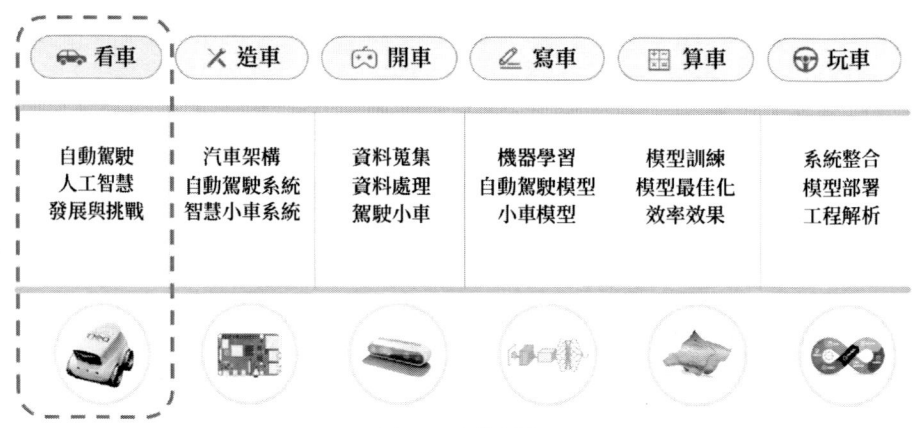

看車	造車	開車	寫車	算車	玩車
自動駕駛 人工智慧 發展與挑戰	汽車架構 自動駕駛系統 智慧小車系統	資料蒐集 資料處理 駕駛小車	機器學習 自動駕駛模型 小車模型	模型訓練 模型最佳化 效率效果	系統整合 模型部署 工程解析

圖 1.12 章節編排

　　第 1 章：「看車」部分是全書內容的導讀，整體介紹了自動駕駛的概念及產業發展。

　　第 2 章：「造車」部分講述了汽車的傳統基礎結構和自動駕駛系統的基本框架，並結合教學用智慧小車的特點，對其軟硬體平臺進行了整體介紹。

第 3 章：「開車」部分講述了機器學習資料集的基礎理論，包括資料集的淨化、處理與視覺化，並結合教學用智慧小車，介紹如何蒐集自動駕駛所需的資料，並進行相應的處理。

第 4 章：「寫車」部分講述了涉及自動駕駛系統的機器學習、神經網路等基本理論，並結合教學用智慧小車，介紹如何建構一個「端到端」的自動駕駛模型。

第 5 章：「算車」部分講述了神經網路的學習過程、超參數的最佳化，以及提升訓練效率與推理效果的途徑，並結合教學用智慧小車，介紹如何將資料集用於自動駕駛模型的訓練和最佳化。

第 6 章：「玩車」部分結合教學用智慧小車，介紹如何部署、整合與最佳化模型，以及最佳化自動駕駛效能的一些方法。

本書力求對自動駕駛的研發流程進行較為全面的介紹，包括所涉及的基本原理和研發方法，但由於自動駕駛技術發展迅速，本書無法為讀者一一更新到最新的尖端技術，對此有興趣的讀者，還請自行查閱資料。考量本書的受眾基礎，在具體技術實現上，選擇較為簡單且容易實現的「端到端」神經網路模型作為教學用智慧小車自動駕駛的軟體核心，並以開放性思考的形式，提出若干問題，希望讀者能夠在理解本書內容的基礎上，動手完成實踐訓練，在對自動駕駛技術形成基本體驗的同時，對自動駕駛技術本身的發展有所思考。

第 1 章　看車：概念與發展

第 2 章

造車：系統軟硬體基礎

第 2 章　造車：系統軟硬體基礎

2.0 本章導讀

為滿足人類自身駕車、乘車的各種需求，汽車從代步的機械化設備，發展成為高階的消費品。豐富的電子功能，讓汽車在使用過程中，為駕車、乘車人員提供了極佳體驗的環境，包括且不限於音樂、影片、空氣淨化、按摩座椅等舒適性功能，不但大大提升汽車產品的附加價值，且催生出一個上億規模的大產業。21 世紀的今天，汽車產業進入了新的發展階段，汽車產品更是邁入智慧化時代。從行駛輔助、煞車輔助到自動停車，特別是 L3 級別的自動駕駛功能已經快速普及；在互動介面上，從機械按鍵到觸控操作，從抬頭顯示到自然語言對答，也逐步成為汽車的標準配置。無論是替代人類完成駕駛任務，還是人機互動，汽車產業都正在發生日新月異的變化。汽車智慧化可說是綜合了雲端運算能力、人工智慧技術、軟體工程技術、網路通訊技術、新能源技術等多方面發展成就，並應運而生的時代浪潮。

智慧化技術與自動化技術在汽車工業領域的碰撞，促進了自動駕駛技術的快速發展，自動駕駛已成為「人工智慧」技術在現代交通情境中急待實行的一項重要應用。自動駕駛技術一旦實際應用，會對傳統汽車產業造成翻天覆地的變化，具有自動駕駛功能的汽車，逐步淘汰傳統手動操控的汽車，成為未來的發展趨勢。當然，未來即使具備自動駕駛功能的汽車，或許也還會保留手動操控的裝置，畢竟手動操作也是很多人開車的樂趣所在，且在一些突發或意外的情境中，手動操作也是一種必備的後備方案。這意味著，汽車在未來發展的長階段中，仍然將以傳統汽車的軟硬體系統作為基本構成，透過部分改造或功能升級，來完成對汽車整體效能的提升。目前仍處於不斷研發完善中的自動駕駛汽車，同樣無法脫離現有傳統汽車的基本結構，特別是在目前尚無法完全實現 L5 級

技術能力時，更需要完整保留汽車的手動操作能力。因此，在進入自動駕駛人工智慧的相關學習前，本書有必要對傳統汽車的基本結構進行介紹。在此基礎上，讀者還可以了解到：為實現自動駕駛的功能，自動駕駛汽車相較於傳統汽車增加或改變了哪些重要部件；在汽車的軟硬體系統設計上，有什麼不同的考量，以及遇到了什麼樣的新問題等。

本章在對比傳統汽車與自動駕駛汽車基本軟硬體系統的基礎上，以 Dell Technologies ADAS（advanced driving assistance system，高階駕駛輔助系統）智慧小車（後面簡稱智慧小車）為例，進行分析討論，幫助讀者逐步了解並進入自動駕駛的人工智慧世界。

第 2 章　造車：系統軟硬體基礎

2.1 汽車底盤結構

　　傳統車輛從手推車、馬車發展到蒸汽汽車、內燃機汽車和電動汽車，經歷了數千年的時間，而車本身的結構變化卻不大。車輛的出現，得益於「車輪」這個非常偉大的發明，車輪將物體移動的滑動摩擦，轉換為阻力更小的滾動摩擦，使物體移動的效率得到大幅提升。為不斷提高執行效率，人們不斷發明出新的技術，這些新技術的整體發展方向，分為三個：進一步減少車輛移動時系統內在的阻力（例如使用滾珠輪軸及潤滑油等）；進一步修築平坦的道路（例如高速公路等）並提高路面與輪胎間的摩擦力；進一步增強車輛動力系統的工作效率和效能（例如汽油發動機和馬達等）。此外，為提供車輛使用者更舒適的駕乘體驗或提高安全性，傳統汽車的設計也在不斷地更新，使用大量的現代化技術（例如電子技術、自動化技術和新材料技術等），然而在自動駕駛技術尚未發展成熟之前，傳統汽車唯一沒有太大變化的設計，就是仍需要駕駛人員進行操作。因此，圍繞駕駛人員操控的基本結構設計，是傳統汽車的主要象徵之一。

　　如圖 2.1 所示，世界上第一輛蒸汽驅動的三輪車誕生於 1769 年，是法國人 N. J. Cugnot 研製成功的一臺行進速度只有不到 4 公里／小時的蒸汽車。這臺車的車身長 7.32 公尺，最前部有一個鍋爐，鍋爐為汽車提供前進的動力。由於鍋爐的效率很低，導致機車每行駛 10 多分鐘就要停下來加熱 15 分鐘。行駛時，三輪車前面的獨輪，由鍋爐的蒸汽提供動力，並帶動整個車體前進，而車輛前進的方向，也是透過這個動力輪進行轉向，這樣的設計導致車輛操控起來非常困難。在一次試車途中的下坡路上，整輛汽車一頭撞在前方的石牆上，成為一堆破銅爛鐵。就這樣，世界上第一輛蒸汽車在人類的第一次「機動車交通事故」中報廢了。

圖 2.1 世界上第一輛蒸汽驅動的三輪汽車

三輪蒸汽汽車的誕生，象徵著人類開始嘗試擺脫人（畜）力的限制，藉助機械所提供的強大動力操控車輛。儘管車輛自身十分笨重，操控也很困難，但其技術發展的方向是正確的，雖然其行進的速度比步行快不了多少，但卻堅定了後世人們製造出高速載具的信心。後世製造出的汽車雖然更加複雜，但其基本結構卻沒有擺脫三輪蒸汽汽車的基本框架。

傳統汽車是一個典型的機電系統，對車輛的操控就是讓這個機電系統整體作為一個物體發生移動。車輛內部提供動力，驅使車輪轉動，車輪轉動時利用路面摩擦提供的反向作用力，驅使車輛完成前進、後退、轉向及停止等運動。為實現這些運動，車輛安裝了複雜的機電裝置，包括能源儲存轉換、動力傳動、方向控制及煞車制動等一系列車輛基礎裝置。由於車輛基礎裝置需要由駕駛人員進行操控，車輛還有搭載乘客及貨物等載荷進行運輸的需求，因此車輛還加裝了很多與之相關的裝置，包括座椅、方向盤、油門踏板、煞車踏板和反光鏡等駕駛裝置，還包括冷氣、音響、客艙或貨艙等輔助裝置。這些裝置按照功能，分別安裝在車輛的不同部位，與車輪支架和車身外殼共同構成了傳統汽車。

基礎裝置中的能源儲存轉換和動力輸出部分，也就是油箱（儲能電池）、汽油引擎（馬達）等系統相對十分複雜，相關技術不但能應用在車輛上，也廣泛地被應用在飛機、輪船等交通載具及其他很多工業、民生、軍事設備之中，其發展的歷史更早，應用的領域更廣泛，本書在此

不再進行展開介紹。如圖 2.2 所示，動力傳動、車輛懸架、轉向控制、煞車制動等部件裝置，都包含在汽車底盤系統中，汽車底盤連接著發動機系統、操作控制系統和車輪，是承載和安裝車輛車體和所有車載系統的關鍵部件，其效能將直接影響車輛的行駛功能。為實現車輛的自動駕駛功能，自動駕駛系統必須要將車輛底盤的結構和效能參數等一併納入其整體的設計之中。

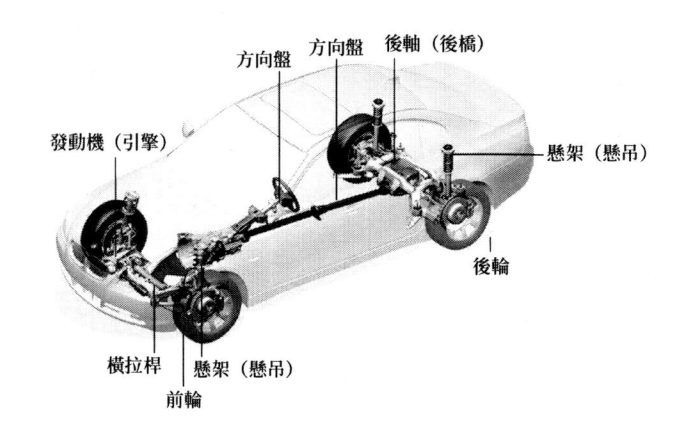

圖 2.2 汽車底盤系統示意圖

2.1.1 動力傳動裝置

汽車的動力傳動裝置發展至今已大致成熟，目前主要有三類，分別是燃油動力傳動、混合動力傳動和純電動力傳動。如圖 2.3 所示，動力傳動裝置的主要功能，是將發動機輸出的動力傳遞到車輪上，讓車輪轉動，以確保車輛的行進。動力傳動裝置是使汽車上路行駛的基礎部件之一。在發動機輸出同等功率的前提下，動力傳動裝置的效能對汽車的驅動力和車速有決定性的影響。

燃油動力傳動是傳統汽車最常見的裝置，其工作的基礎原理是利用傳動桿進行傳動。汽油引擎、柴油引擎都是內燃機，其工作基本原理是

利用燃油與空氣充分混合後爆燃的氣體膨脹產生作用力，驅使內燃機中燃燒室的活塞發生運動。燃燒室透過吸入油混空氣、壓縮油混空氣、點燃油混空氣和排出燃燒廢氣等循環過程，持續驅動活塞運動，透過曲軸連續輸出動力。這個循環中的四個過程，需要按順序依次進行，任何一個過程被打斷或順序發生錯誤，都會導致內燃機停止工作。因此車輛無論在何種路況上行駛，其車輪以何種方向轉動或以何種速度轉動，都不應該對內燃機的工作循環產生干擾。動力傳遞裝置是連結發動機與車輪傳輸動力的部件，不但能將發動機的動力傳動到車輪上，還應具備保護和維持內燃機正常工作循環的能力。

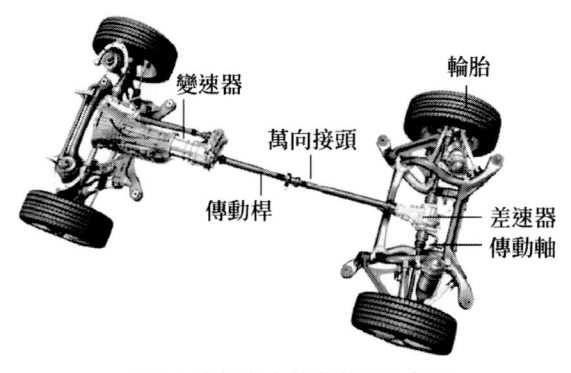

圖 2.3 車輛動力傳動裝置示意圖

燃油動力傳動系統包括離合器、變速器、萬向傳動、驅動橋等主要部件結構。離合器是連接或切斷發動機與後續傳動裝置連結的機械裝置，其主要功能是當汽車在起步、換檔、停止等狀態中，動力需求發生跳變時，快速調整動力連接，使發動機自身的工作循環不受影響，並限制施加在傳動系統上的最大轉矩，保護傳動系統、防止過載。變速器即汽車中的變速箱裝置，是一組齒輪（有段式）或液力等無段式的傳動機械，其主要是改變傳動比，改變傳動方向（倒車）和換檔等功能。萬向傳動主要由萬向接頭和傳動軸組成，其主要功能是解決傳動軸向發生變動時動力傳輸的問題，特別是當汽車轉向輪也是驅動輪時，就需要萬向

第 2 章　造車：系統軟硬體基礎

接頭為處於方向轉動中的車輪持續提供驅動力。驅動橋位於汽車傳動裝置的末端，直接連接車輪，其主要功能是傳遞轉矩，降低轉速，增加扭力，並解決車輪轉向時內外側車輪差速等問題。

燃油動力傳動系統的整體結構與發動機和驅動輪在車輛上的布置相關，整體上可以分為前置發動機後置驅動輪、前置發動機前置驅動輪、後置發動機後置驅動輪、中置發動機後置驅動輪及四輪驅動等幾種結構。目前小型燃油車通常採用前置發動機前置驅動輪的方式，這種結構縮短了傳動系統的尺寸，有利於最佳化小轎車的空間布局。公車等燃油車通常採用後置發動機後置驅動輪的方式，這種結構能夠將車輛重心整體後移，在提高載客量的同時，還有利於減輕前軸轉向輪所承載的壓力。重型燃油卡車通常採用前置發動機後置驅動輪的布局，這種結構有利於最大化提升車斗的載荷容量。越野車為增加在複雜環境中的通行能力，通常採用四輪驅動的方式，這種結構中的動力傳動系統會將動力分配在車輛的四個車輪上，以防止有單一車輪懸空時車輛無法移動的特殊情況發生。

純電動力傳動是電動車特有的基礎裝置，相對於燃油車，具有結構簡單、使用效率高、維修保養簡單等特點。由於純電動力傳動系統中使用的是馬達驅動，而馬達相對於燃油發動機具有很多優勢，不但工作時噪音小、無排放，且更為重要的是，其體積小、能源效率高，結構成本低。目前純電動力傳動系統主要有兩類：一類是仿照傳統燃油汽車的布局，採用中央馬達驅動車輪的結構；另一類則是採用分散式馬達與驅動輪直接結合的電動輪結構。

中央馬達驅動的結構是用大功率驅動馬達，直接替換傳統的燃油發動機，動力傳動系統仍部分保留燃油動力傳動中的主要部件，例如離合器、變速器、萬向接頭和驅動橋等。但基於馬達的特性，傳動系統還可以進行簡化，例如利用馬達無須像內燃機一樣保留四個循環過程，可以直接啟

動、停止，因此可以去掉離合器；馬達調速範圍較大，經過特殊設計後，能夠具有較高的啟動轉矩和後備功率，因此可以省掉變速器；馬達體積較小，也無須配套內燃機的化油器、油管、進氣管、排氣管等附屬裝置，因此可以直接與車輪輪軸一體化設計，從而省去萬向接頭等。

電動輪結構是將馬達直接製作在車輪中，這項技術在目前的電動腳踏車中已非常普及，通常電動腳踏車的後驅動輪就是輪轂電動輪。這種電動輪採用的是輪轂馬達，也就是在車輪的輪轂上安裝磁鋼轉子，輪轂本身也就成為馬達的外轉子。輪轂電動輪的馬達和驅動輪之間沒有機械傳動裝置，沒有機械傳動損失，整個車輪就是一臺馬達。輪轂電機的空間利用效率很高，但是對電機的效能要求較高，需要有較高的啟動轉矩和後備功率。在一些電動車或大型電動載重自卸貨車中，驅動輪體積較大，其內部可用空間比較充足，能夠將馬達與固定速比減速器同時安裝在其中，這種電動輪沒有傳動軸和差速器，傳動系統做到最精簡的程度，同時也可提供更大的功率。

對於電動輪汽車，一般至少需要安裝兩個電動輪，對於一些大型載重電動車，需要安裝多組電動輪。這類汽車的動力是分散式系統，分散在多個車輪中。這種結構好處很多，可以精簡或取消傳動裝置，但也有缺點：一是成本相對高；二是多個驅動電機的控制較為複雜。但隨著現代電子技術的發展，多電機控制技術已非常成熟，如今已不再成為限制電動輪汽車發展的瓶頸。

混合動力傳動系統是綜合了內燃機和馬達兩種方式的優點的車輛傳動裝置，通常有串聯型、並聯型和串並聯混合型三種結構。串聯型主要解決的是電動車電池容量較小、無法長途行駛的問題，這種車輛用小型內燃機連接小型發電機，穩定運轉、持續發電，車載電池作為電能蓄水池，動態調節發電量和馬達的用電量，這種結構節省燃油，整車製造成

第 2 章 造車：系統軟硬體基礎

本較低。並聯型是同時安裝燃油動力和電動兩套系統，這兩套系統皆可獨立驅動車輪，也可同時聯合驅動車輪，傳動系統相對複雜，可根據不同狀況，採用不同的最佳化策略，例如在低速、輕載狀態或電池電量充足時，可以採用純電力驅動策略；在高速或過載狀態下，可採用內燃機單獨工作方式，以達到最經濟的行駛效率；在大負載或爬坡等狀況下，可採用馬達助力內燃機聯合工作的方式，提供車輛最高的驅動能力；此外，還有制動能量回收模式和行車充電模式等多種組合行駛。串並聯型是二者的結合，馬達和內燃機同時工作，動力輸出的比例在二者間動態調節，以適應不同狀態的工作條件，電池組也隨時處於充電或放電驅動的動態調節狀態。混合動力傳動系統是兩種系統的綜合，結構相對更加複雜，是解決目前電池容量和充電效率不足等問題的無奈之舉。

傳動系統的結構布局對車輛的操控方式有直接的影響，特別是當電動汽車採用分散式驅動時，車輛輕微的轉向調整，甚至不用方向盤的介入，只需調整兩側車輪形成轉速差就能夠實現。自動駕駛汽車在設計過程中也必須充分考量不同傳動系統裝置的特點，根據實際的情況進行適配性設計，特別是針對控制策略和執行器的設計。

2.1.2 車輛懸架裝置

在車輛行駛過程中，為確保駕車、乘車人員的舒適性及承載貨物的安全性，車輛在設計時，需考量減少路面顛簸所帶來的衝擊。路面不平導致車輪運動時會受到垂直方向的作用力，而透過懸架裝置，能最大限度地吸收這種垂直方向的作用力，使駕車、乘車人員及載貨艙所遭受的衝擊減小。如圖 2.4 所示，懸架裝置是連接車架（車身）與車橋（車軸）的一系列傳動裝置，即能夠讓車架與車輪形成一個整體進行移動，又能吸收來自車輪上的衝擊力。

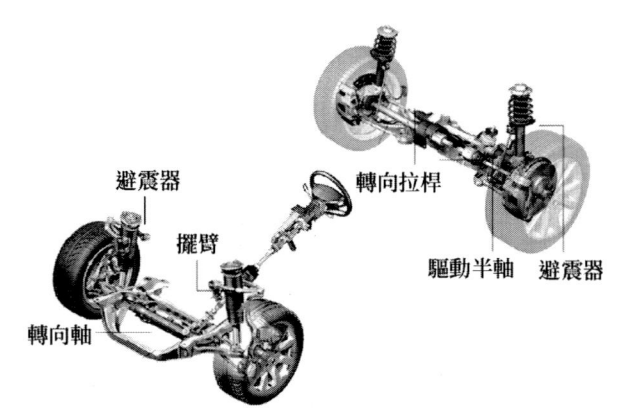

圖 2.4 車輛懸架裝置示意圖

懸架裝置有不同的設計，但通常為了吸收衝擊力而多採用彈性元件構成，同時透過避震器對週期性振動形成阻尼，為配合車輪轉向運動，還設計有導向器等結構。懸架需要能承載車身和乘客及貨物的所有重量，藉助彈性元件傳遞負荷重量在車輪上，同時透過壓縮彈簧或釋放彈簧，將車輪傳遞的衝擊力轉換為彈簧位能加以吸收；避震器能夠對彈簧的週期性振動形成阻尼，將彈簧振動的位能變化轉換為熱能進而釋放，有助於衰減和限制車身與車輪的振動；導向器多用於方向輪的懸架上，在吃重的狀態下，還能確保車輪相對車身進行靈活的偏轉運動。有些載重汽車的後懸架對避震要求較低，驅動輪不承擔轉向任務，因此在結構設計中可以進行大量簡化，例如只保留彈性元件，而無須避震器或導向器等。

汽車懸架裝置大體上可分為兩類：一類是非獨立式懸架結構，使用一根車軸（車橋）連接兩側的車輪，懸架彈簧直接安裝在這根車軸上；另一類是獨立式懸架，每個車輪都單獨使用一根車軸（車橋是斷開的），懸架彈簧分別安裝在每一根車軸上。非獨立式懸架結構較為簡單，缺點是當一側車輪顛簸時，會對另外一側車輪和整個車軸產生影響，而獨立式懸架結構則不會因為一側車輪的顛簸對另外一側產生影響。

非獨立式懸架因其結構簡單，堅固可靠，因此在對顛簸不敏感的貨運汽車上被廣泛應用，在一些經濟型客車的後懸架上也有應用。鋼板彈簧結構在非獨立式懸架中最為常見，由多層長度不同、彎曲程度不完全相同的厚鋼板疊放而成，這些鋼板按長度由短到長、對齊中心位置，由下而上依次疊放，透過 U 型螺栓進行固定。鋼板彈簧懸架整體上像一條扁擔，中間的鋼板層數多且厚，兩端鋼板層數逐漸減少。「扁擔」的中間被固定在車軸（車橋）上，兩端透過避震器固定在車架（車身）上。利用鋼板彈簧的特性，懸架能吸收來自車輪上的衝擊，同時因為鋼板的承載能力很高，能夠將車體載荷有效傳遞到車輪上。由於鋼板彈簧懸架是由多層有曲率的鋼板層疊而成，當承重時，每層鋼板都會發生形變，形變導致每層鋼板之間相對滑動，進而產生摩擦，因此各層鋼板之間需要潤滑，以避免層間摩擦力過大，影響彈簧避震效能。

除了鋼板彈簧之外，非獨立式懸架所使用的彈性元件還有螺旋彈簧、空氣彈簧、油氣彈簧等不同類型，這些彈簧相對結構要複雜一些，承重能力也各不相同，整體上成本都高於鋼板彈簧，但避震效能普遍優於鋼板彈簧。

獨立式懸架雖然在結構上更為複雜，但由於其對每個車輪都是獨立避震，因此雖然成本相對較高，但效能明顯優於非獨立式懸架。現代汽車──特別是對駕車、乘車舒適度有要求的小客車──多採用這種結構。獨立懸架結構安裝車輪運動形式可分為橫臂式、縱臂式、滑柱連桿式和單斜臂式等四種。獨立式懸架能夠在一定程度上消除路面不平引起的振動，有助於減少轉向輪偏擺的現象，增加車輪與路面接觸的驅動力，提升車輛的平均行駛速度和行駛平穩度。

對於追求更高效能的車輛，除了上述兩類被動避震的傳統懸架系統之外，還有一種可以主動避震的電控懸架。類似近年逐步流行的主動降

噪耳機，電控懸架能透過感測器檢測到車輛行駛的速度、車身的振動、操控狀態等數據，再由控制器運算出各車輪懸架應該調整的剛度和阻尼，透過懸架上液壓或伺服裝置完成調節，讓車輛車體始終保持平穩。這種調節方式的成本相對較高，無論懸架本身還是維護修理的成本，都不是普通轎車所能承受的，因此多見於高檔汽車中。還有一種策略是僅調節各個懸架支點彈簧的阻尼係數，不涉及彈簧剛度的調整，這樣的結構無須額外為懸架裝置提供動力和能源支持，雖然避震效果弱於前一種，但成本可以大幅降低，具有很好的應用前景。

懸架裝置對車輛的駕駛效能也有很大影響，例如為確保駕車、乘車的舒適度，在通過不同路況時，採用不同懸架結構的車輛，能夠允許其行駛的最大速度也不同，因此車輛懸架裝置對自動駕駛系統的設計也會產生影響。

2.1.3 轉向控制裝置

如圖 2.5 所示，轉向控制裝置（轉向系統）是汽車的基本裝置之一，汽車在行進時需要沿道路或指定路線移動，此時必須掌控方向。汽車沿特定路線行進時，透過轉向輪的變化調整方向，改變轉向輪的軸向，需要依靠轉向控制系統來完成。駕駛人員通常操作方向盤控制車輛前進（後退）的方向，方向盤產生轉矩，透過轉向系統驅動轉向輪實現軸向的改變。由於車輛行進路線是複雜多變的，每次轉向時的角度、時機和車速都是相關的，轉向系統需要保持非常高的靈活性和準確性，這是汽車安全行駛的重要保障之一。

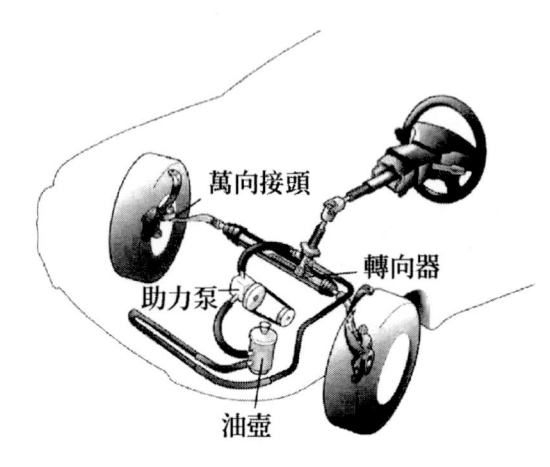

圖 2.5 汽車轉向控制裝置示意圖

　　這裡的轉向器與傳動裝置都有萬向接頭，但功能有差別：傳動萬向接頭的主要功能是將行駛動力傳遞給車輪，即使車輪發生軸向變化時，也能確保不中斷動力的傳輸；而轉向系統中的萬向接頭功能是透過方向盤改變轉向輪軸向角度，不負責傳輸前進動力。在現代前驅車中，前輪既是轉向輪又是驅動輪，所以會同時配置有轉向器和傳動裝置。通常，汽車轉向輪軸向的轉角範圍小於 180°，而方向盤轉動的角度可以超過 360°、甚至更多，因此在這個轉向過程，轉向裝置帶有轉矩變換的功能，這一方面可以減輕轉向時人力操作所需的力量；另一方面，還可以增加對轉向輪角度的控制精度。車輛轉向需要克服慣性影響，但由於人力轉動方向盤時力量是有限的，以純機械裝置為主的轉向系統使用起來會非常吃力，既不靈活又不安全，因此轉向系統中通常會增加助力系統，將機械轉向裝置升級為動力轉向系統。

　　汽車中目前應用較多的機械轉向結構分為齒輪齒條式、循環球式和蝸桿曲柄指銷式等幾類。其中齒輪齒條式轉向器的應用比較廣泛，它與獨立式懸架系統較能匹配，且本身結構簡單、轉向靈敏，成本較低，質量也較輕，轉向效率更高，方便在車輛上進行設置，所以目前在小型汽

2.1 汽車底盤結構

車中應用較為廣泛。其他類型的轉向器也能透過對齒輪齒條式進行改進（例如增加一些結構連接部件，以減輕轉向器操作時的阻力等），使其轉向更加靈活、更加省力（例如循環球式轉向器採用滾珠來減少轉向螺桿與轉向螺帽之間的摩擦力）。儘管透過各種方法盡量減少裝置內部的阻力，但駕駛人員長時間使用純機械裝置的轉向系統，仍然會感覺吃力和疲勞。隨著現代汽車工業的發展，人們對汽車操縱的舒適度、靈敏性、安全性的要求越來越高，為了減輕駕駛人員的體力負擔及提高操作準確度，汽車普遍增加了助力轉向裝置。

　　常見的助力轉向裝置主要有氣壓助力、液壓助力和電動助力這幾種結構。液壓助力轉向系統利用汽車發動機提供的能量，在壓力罐中儲存高壓液體，實現能量的儲存，當駕駛人員操控方向盤時，根據駕駛人員轉動方向盤的方向，提供額外的轉向動力，幫助轉向裝置完成轉動。當方向盤停止轉動時，助力系統同時關閉。顯然，這是一個從動控制系統，也就是當方向盤轉動時，藉助發動機提供的能量提供輔助力量，減少對人力的消耗，而方向盤停止轉動時則中斷輔助，甚至協助保持轉向輪的轉角。電動助力轉向裝置的原理大致相同，只不過它所使用的能量並不是透過高壓液體儲存源自發動機的能量，而是使用汽車蓄電池的電能，透過蓄電池提供的電流驅動助力轉向馬達提供動力。不同於液壓助力轉向系統，電動轉向裝置不需要液壓罐和配套的強壓管路及運動活塞等複雜的機械裝置，而是透過電流控制器驅動馬達，相對結構更加簡單。在方向盤做出角度變化時，透過感測器測量方向盤的轉動參數，以一定的演算法，控制轉向助力馬達完成對轉向機械裝置的加力過程。電動轉向助力裝置的控制相對較複雜，它的複雜展現於控制電路本身及一些控制演算法上，而液壓助力轉向系統的複雜，則展現在其機械結構和附屬裝置上。

第 2 章　造車：系統軟硬體基礎

傳統轉向系統的基本結構包括機械裝置和動力轉向助力裝置，隨著技術的發展，產生很多新的轉向動力技術，例如電控液壓助力、電動液壓助力、前輪主動轉向和線控轉向等，這些都是目前汽車中應用較多的輔助轉向系統。這些裝置在之前的基礎上，綜合利用了電動和液壓結構，利用電控或馬達完成液壓轉向等技術，製造成更加靈活靈敏、更加精確安全的系統，大大提升了駕駛人員操作汽車的舒適度。而對於自動駕駛系統，對車輛方向的自動操控，則需要依靠車輛配置的轉向助力系統來實現。

2.1.4 煞車制動裝置

煞車制動裝置（制動系統）是保障汽車安全行駛的重要裝置。煞車實現了對車輛的制動，讓汽車穩定在停止狀態，或者由運動狀態逐步減速到停止的穩定狀態。如圖 2.6 所示，對汽車進行制動需要提供內在制動力，制動系統是產生制動力的關鍵部件，通常制動系統包括制動器（俗稱煞車器）和制動驅動兩個組成部分。

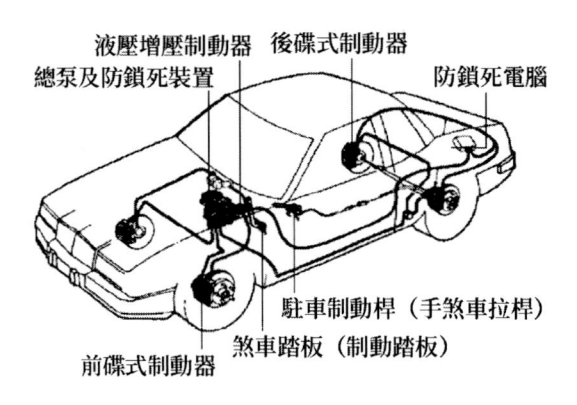

圖 2.6 汽車煞車制動裝置示意圖

制動裝置可分為多種類型，按照不同應用情境，可分為汽車行進過程中的制動裝置、汽車靜止狀態下的制動裝置、在前兩種制動失靈情況下的輔助制動裝置等。之所以設計這種備用的制動系統，是因為汽車行

駛的安全事故大部分是由於失速、失控造成的，如果能讓汽車及時處於靜止狀態（停車），或能迅速減速到可接受的程度，交通事故等安全問題一般都能被預防或被阻止。

制動系統按照驅動能量的來源分類，可分為三類：第一類是手動制動，也就是以駕駛人員自身的操作為制動系統提供動力，例如手剎；第二類是動力制動，也就是使用汽車自身能源來為制動系統提供動力，這種動力制動是現代汽車主要使用的裝置，它能避免因人力不足所帶來的制動隱患；第三類是伺服制動，這是一種混合的制動方式，綜合使用人力和車輛自身能量，現在比較常用的有真空伺服制動器等。在車輛行駛過程中，當踩下煞車器時，駕駛人員會感覺煞車踏板很「軟」，煞車反應很靈敏，但在冷車（車內水溫表顯示沒達到正常水準）狀態下，汽車沒有發動起來，如果希望將煞車踏板踩到同樣的位置，則會耗費很大的力氣，感覺煞車踏板非常「硬」，這其中的差別就在於伺服裝置是否發揮作用。在汽車發動後，連接在煞車踏板後的真空罐，將在發動機提供的能量作用下，把罐內的空氣抽走、形成負壓，此時踩下煞車踏板時，除了人力提供的踩踏力量外，真空罐提供的負壓，使踏板在大氣壓的影響下，同時提供了煞車的助力。在大氣壓的幫助下，消除一部分踏板向下運動過程中加給制動器的力，因此感覺會比較省力。

制動系統按照內部結構，可分為單迴路和多迴路制動系統。通常制動系統依靠發動機能量提供制動驅動力，藉助氣壓、液壓或馬達等媒介，形成一個迴路具體執行。但如果僅採用這種單一的迴路結構，一旦發生氣壓或油壓管路洩漏，就會導致整個制動系統失靈。雖然單迴路制動系統結構簡單、成本低，但往往存在安全隱患，為了避免這種情況發生，現代汽車通常採用雙迴路制動。雙迴路等多迴路系統將氣壓或液壓分成兩個（多個）彼此不連通的迴路，即使有一條迴路因意外洩漏而失

靈，其他迴路仍能確保汽車得到有效的制動。

汽車常見的制動器有兩種：一種是鼓式制動器；另一種是碟式制動器。鼓式制動器由煞車鼓、煞車片構成。這種制動器的外形像一面側立的鼓，鼓形外殼連接在車輪上，隨車輪一起轉動，鼓的內部安裝有煞車片，煞車片固定在車軸上或懸架裝置上，不隨車輪轉動。當需要煞車時，內部的煞車片在制動驅動裝置的作用下向外擴張，向外撐（蹬）在煞車鼓的內壁上，由於煞車片固定不動，而煞車鼓隨車輪轉動，因此二者之間將發生滑動摩擦。制動驅動力越大，煞車片與煞車鼓內壁就壓迫得越緊密，摩擦力就會隨之急遽增加，對煞車鼓轉動產生的阻力也會隨之加大，車輪將隨著煞車鼓一同減慢轉速，直到最後停止。

碟式制動器的工作原理與此類似，差別是用煞車盤替代煞車鼓，用煞車鉗替代煞車片。金屬的煞車盤自轉軸與車輪轉動軸固定在一起，隨車輪一起旋轉，而煞車盤邊緣的煞車鉗，則固定在懸架系統等裝置上，不隨車輪轉動。煞車盤的邊緣嵌入在煞車鉗的鉗口中，鉗口兩側的內表面上裝有煞車片，當需要煞車時，煞車鉗將在制動驅動力作用下夾緊煞車盤，由兩片煞車片分別與煞車盤的兩個盤面產生摩擦，能夠有效減緩煞車盤的轉動。隨著夾力的增加，對煞車盤的摩擦力也會急遽上升，完成對煞車盤連帶車輪一起的制動過程。碟式制動器的製造精度及對其部件的剛度要求比較高，系統結構相對更複雜，成本相對更高一些，但優點也很多。現代汽車多採用碟式制動，其制動效果比較穩定，散熱效率更高。車輛的制動原理是透過在制動器內部產生滑動摩擦阻力，讓車輪停止轉動。由於車輛具有很大的慣性，因此車輪制動時，將會把車輛運動的動能轉換成煞車器內部摩擦帶來的熱能進行損耗發散，也就是在轉換過程中，煞車盤上或煞車鼓上會產生大量的熱能。由於煞車盤更易於散熱，也不容易發生形變，因此制動效果更好。車輛行駛的環境比較複

雜，當通過有積水的路面時，煞車器往往會受潮或進水，對於鼓式制動器，如果進水，積水很難被及時排出，而碟式制動器是一個開放式結構，煞車盤上不會存有積水，有效克服了積水對制動器效率的影響。

汽車的制動力大小是非常重要效能指標，理論上煞車力量越大，制動效能越好，汽車就能更快地減速。但在一些特殊情況下，反而要限制汽車的制動力。如果制動力過大，在汽車運動沒有完全停止前，車輪就已經停止了轉動，這會導致汽車成為一個在路面上做滑行運動的物體，純粹的滑行不利於汽車在制動過程中進行方向調整，甚至無法保持住其沿直線方向進行的運動。這種情況就是煞車「鎖死」現象。車輛發生「鎖死」後，在路面上滑動不但無法調整其行進方向，且對側向力的抵抗能力也會減少，有時不但會向前滑動，也會發生側滑現象，所以汽車煞車應盡量避免出現「鎖死」現象。為此，在煞車過程中需要動態調節制動力，使制動力在一定的限度內，不要讓車輪完全長時間地停止轉動。

現代汽車通常配有制動力調節系統，常見的是制動防鎖死系統（ABS）。在常規制動時，ABS並不工作，當檢測到汽車未靜止，但發現某個或某幾個車輪產生鎖死時，ABS就會啟動，減少被鎖死車輪的制動力，暫時讓其恢復轉動。如果此時車輛仍處於制動控制狀態下，ABS在短暫減小制動力後，仍然會在適當時機恢復對車輪原有的制動力，以求達到最大的制動效果。ABS能夠讓車輛始終處於最佳制動狀態，但在長距離制動過程中，ABS對車輪頻繁地減小和恢復制動力，會導致煞車器產生高頻率的振動及噪音，煞車踏板也會產生強烈的震顫，駕駛人員會因此感到踏板在「彈動」。

作為對ABS的改進，現代汽車透過電控制動力分配（EDB）系統，瞬間測量各個車輪與路面之間的摩擦力大小，並利用處理器高速運算出不同車輪所需的制動力，分別對各個車輪施加「恰好」的制動力，即使車輪

發生「鎖死」情況下，EDB 與 ABS 的配合，也可防止車輛發生「甩尾」或「側滑」，以達到平穩煞車的目的。對於路面結冰或積雪等特殊路況，現代汽車會配有驅動防滑系統（ASR），透過減少和調節發動機的轉速和動力輸出，將車輪的滑轉率（打滑狀態下的轉動速率）控制在一定範圍，讓車輛仍然能夠在這種特殊環境下緩慢行駛。高檔汽車還將 ABS、EDB 和 ASR 等系統進行綜合設計，綜合成車身電子穩定系統（ESP）。ESP 能夠綜合判定路況及車輛行駛情況，透過採集轉向輪速、側滑、橫向加速以及控制單元各方面的狀態和感測器數據，按照不同狀況下的預設情形，採用最佳煞車制動方案，以達到車身穩定的目的。例如，在車輛轉彎時因路面出現特殊情況，導致轉向過度或轉向不足的情況下，ESP 可以讓汽車在不踩煞車的情況下，對某側車輪進行制動而無須駕駛人員「補打」方向盤，以確保車輛不會偏離車道。

在自動駕駛汽車的設計中，對傳統制動裝置的協同是非常重視的，一方面是汽車行駛安全的硬性需求；另一方面是對車輛速度完美控制（例如自動駕駛車輛在減速時需要將制動時間和制動力都作為參數進行精確運算）的追求。

2.2 汽車電子電氣架構

在近百年汽車技術的發展過程中，汽車電子電氣架構的變化速度，遠勝於其機械結構的改進，這得益於現代電子技術的蓬勃發展。現代電子技術的發展，特別是已普遍應用的線控技術，讓汽車從機械底盤全面過渡到線控（電子）底盤，讓汽車的操控效能和成本控制有了大幅度的提升。線控技術將汽車的不同系統裝置間的連結，用電子訊號對拉線（拉桿）等機械裝置進行替代，電子訊號的傳輸媒介是各種線纜，因此稱之為線控技術。線控技術的出現，意味著電子電氣架構已成為現代汽車系統中最重要的基礎結構。

2.2.1 汽車線控底盤

相對於傳統機械底盤，線控底盤主要包括線控節氣門（發動機油門）、線控轉向、線控換檔、線控制動以及線控懸架這 5 類裝置。其基本原理是用感測器採集駕駛人員的操控資訊，形成數據，透過電子線路傳遞數據給 ECU（電子控制器），再將 ECU 運算生成的控制資訊，傳遞給底盤各個裝置，以實現對車輛的駕駛控制。透過線路傳遞數據，連接操控者、ECU 和各個執行部件，能夠大大減少原本機械底盤各部件之間的連接複雜度，有利於整體提升汽車的控制效能，但是電子訊號容易受到干擾，ECU 運算會產生延時，因此線控系統替代機械連接的一個必要前提，是應具有足夠的即時性和安全性。線控技術的即時性和安全性隨著電子技術的發展而不斷提高，採用更快速的 ECU，採用冗餘設計等，都是提高效能的必要方法。

傳統汽車實現加速的過程：透過踩下加速踏板，踏板透過拉線調整發動機節氣門（俗稱油門）的開度，改變發動機燃油混合氣體的進氣量，

第 2 章　造車：系統軟硬體基礎

　　從而加大發動機的功率輸出、提高車速。節氣門是控制發動機功率的重要部件。線控節氣門則透過在節氣門部位安裝微型馬達來調節其開度。線控底盤汽車的加速過程為：踩下加速踏板時，不再使用拉線傳遞踏板位移資訊，而是透過踏板上的位移感測器來採集加速踏板的位移力度，並將這些資訊數據傳遞給 ECU，由 ECU 將運算結果傳遞給節氣門部位的微型馬達來調整節氣門的開度。現代汽車的線控（電子）節氣門技術發展已非常成熟，幾乎成為燃油汽車的標準配置。電動汽車沒有燃油發動機，自然沒有節氣門，控制數據可直接傳輸給馬達控制電路。

　　線控換檔是將傳統的機械手動檔位改成類似按鈕的電子感應操控裝置。線控換檔對燃油汽車而言，只是對傳動裝置中變速箱電氣化的改造，技術難度較小，發展得也非常成熟，而對電動車而言，更是基本配置，甚至已升級為無級變速。線控懸架主要是透過具有主動避震功能的電動懸架裝置，根據車輛車體的狀態變化數據，來調整懸架避震器的效能，以達到減少顛簸，提高駕乘舒適度的目的。

　　線控轉向是在方向盤與車輪轉向器之間不再使用萬向接頭、螺桿等連接方式，而是由感測器檢測方向盤轉動的角度和轉速，並整合為電訊號，然後透過線路傳輸，由 ECU 控制轉向裝置完成對轉向輪驅動。傳統方向盤轉向過程中，駕駛人員可以感受到汽車改變方向時方向盤傳回的力回饋，而線控轉向沒有機械力的回傳回饋，讓駕駛人員缺乏了對這種力回饋的感受，因此部分線控轉向裝置還會根據實際路況，將轉向力回饋透過方向盤輔助轉向電機，呈現給駕駛人員。而對於採用電動輪驅動的車輛，只需要改變 4 個電動輪的轉速就可以完成轉向，線控轉向更是最佳的搭配方案。

　　線控制動的過程：踩下煞車踏板時，透過感測器採集踏板被踩下的力度和速度，並轉換為電訊號，電訊號透過線路傳遞給 ECU 後，由 ECU 直接透過電子線路控制制動裝置，實現車輛的制動。為了讓駕駛者仍有

傳統汽車腳踏板踩下的力回饋感覺，部分線控制動系統也會根據路面狀況，提供制動資訊的反向回饋。線控制動目前較成熟的是電子駐車制動系統（EPB）和電液線控制動系統（EHB）。EPB 用於車輛停止行駛時的制動，相對較為簡單。EHB 目前已在量產車輛上應用，具有較好的效能，與 ABS、ESP 等可以進行良好的匹配，能夠整體提升車輛的制動效能。此外，電子機械制動系統（EMB）技術也在不斷完善，EMB 系統中沒有油路液壓等部件，電訊號控制回應也較為快速，但目前成本和可靠性等問題，還有待進一步解決，在未來將擁有廣闊的市場應用。

2.2.2 控制器架構模式的發展

現代汽車以線控技術為基礎構架，線控技術的控制核心是 ECU。隨著汽車工業的發展，汽車內部的結構愈加複雜，各種電子功能部件和電氣化新結構的出現，對汽車的電子電氣架構的發展也產生了影響。很長時間以來，汽車的功能由 ECU 提供，每一個功能由一個 ECU 及其軟體提供。汽車內部使用 ECU 的部件也越來越多，眾多 ECU 不但需要各負其責，彼此之間也要協同合作。

如圖 2.7[1] 所示，汽車的電子電氣架構由需求分析分解出各種功能，組成功能邏輯層。每個功能分別由硬體層、網路層和線束層的相應模組支持實現。每層模組分別由不同的 ECU 控制。汽車中基於 ECU 的功能模組，既在不同的功能層內部進行劃分，也可以在不同功能層間進行劃分，形成一種分散的模組化架構模式。這種架構模式就是分散式 ECU 架構模式，具有如下特點：

(1) 各 ECU 系統由一級（Tier1）提供商提供，由車廠作整合組裝；

(2) 各 ECU 系統獨立開發，有獨立的硬體和軟體，系統不開放；

(3) 軟體依附於硬體產生價值，軟體可重用性差；

第 2 章　造車：系統軟硬體基礎

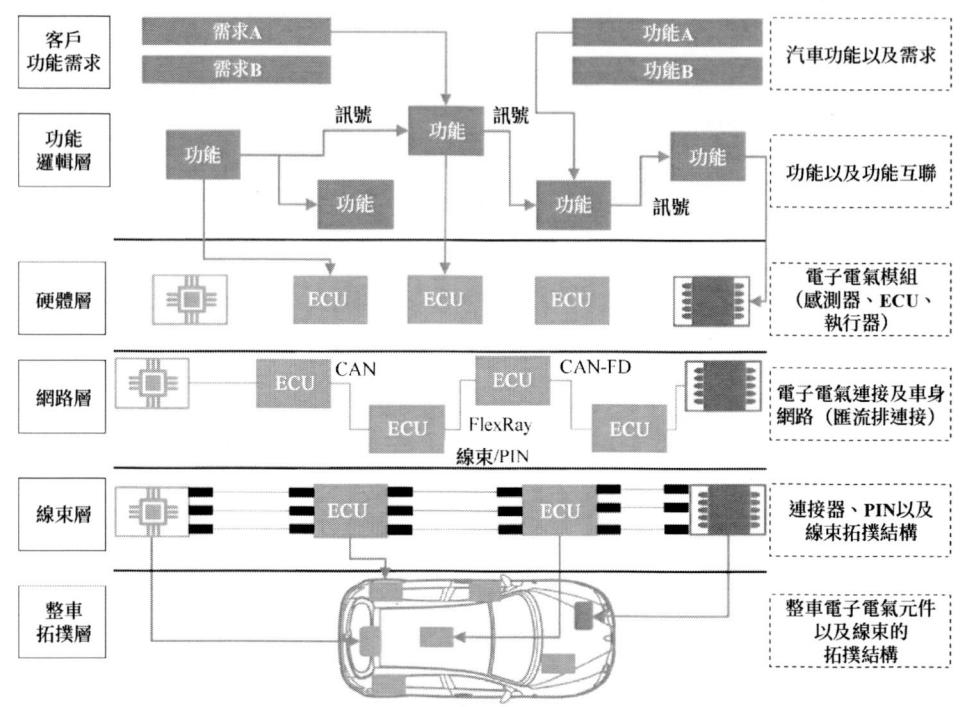

圖 2.7 基於分散式 ECU 的架構模式
（圖片來源：2021 智慧駕駛核心軟體產業研究報告，
億歐智庫，https://www.iyiou.com/research）

（4）ECU 運算能力差，不利於複雜軟體功能的實現；

（5）無法適應更大量、更複雜功能的整合。

為了解決複雜功能整合的問題，現代的電子電氣架構引入乙太網，按 ECU 控制的各種功能，分別將其組成不同的域，並引入了域控制器（domain control unit，DCU）集中管理一個功能域中的多個 ECU，如安全域、車身域、底盤域、動力域等。如圖 2.8 所示，這種集中式的域控制器方式，在功能上具有更高的整合度，彌補了分散式 ECU 的各種不足，形成了基於域控制器的架構模式。

2.2 汽車電子電氣架構

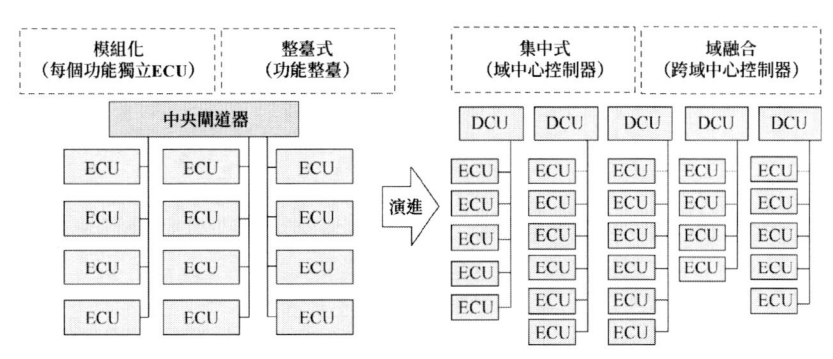

圖 2.8 ECU 到 DCU 的架構模式發展

隨著自動駕駛汽車的快速演進，更先進的變化是引入車載中央電腦，透過重新最佳化設計車內的布線，引入強大的電腦系統，統籌管理全車的資訊蒐集、運算和指揮，形成了如圖 2.9 所示的、基於中央電腦的架構模式。自動駕駛汽車還能夠融合雲端運算和車聯網等功能，從外界獲取資訊、操控指令和算力服務。

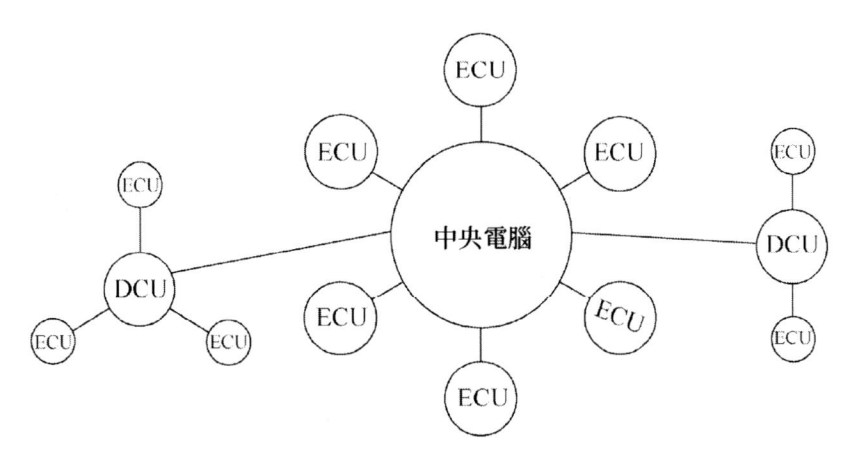

圖 2.9 基於車載中央電腦的架構模式

從汽車硬體架構模式的發展中不難發現，其變化的根源來自於汽車對自身功能（特別是電子電氣功能）不斷豐富的需求，是為了追求更高的算力、更精準的操控和更豐富的多媒體互動，所做出的適應性提升。

079

2.2.3 汽車開放系統架構

隨著 ECU 的大量使用，汽車內部控制系統中使用的軟體演算法程式也越來越多，越來越複雜，這些軟體大多是嵌入式軟體。根據汽車電子電氣架構本身的設計思路，各個部件由很多廠商分別進行封閉式開發，這造成大量嵌入式軟體的設計規範、架構標準不完全統一。現代汽車軟體架構發展的重要思路，是建立統一的軟體平臺，用標準協議層覆蓋底層的 ECU 物理層。尤其是汽車的功能越來越多，內部的軟體系統占整車的成本，已從傳統汽車的 10% 逐步上升至 40%。相對於硬體部件的改進，汽車中軟體創新已成為新車升級換代的主要象徵。

如圖 2.10 所示，汽車開放系統架構 (automotive open system architecture，AUTOSAR) 建立的初衷，是為了統一當前汽車電子電氣架構的複雜多樣性，以現存的開放工業標準為起點，實現一致的汽車電子電氣架構標準，為將來的應用和軟體模組，建立一個基礎的管理架構。其優點如下：

(1) 提高軟體的可重用性，尤其是跨平臺的可重用性；

(2) AUTOSAR 分層架構的高度抽象，使汽車嵌入式系統軟硬體的耦合度大大降低；

(3) 標準化軟體介面和模組，減少了設計錯誤，減少了手動程式碼量，提高了軟體的品質；

(4) 統一標準，方便各公司合作交流，便於軟體的升級與維護。

2.2 汽車電子電氣架構

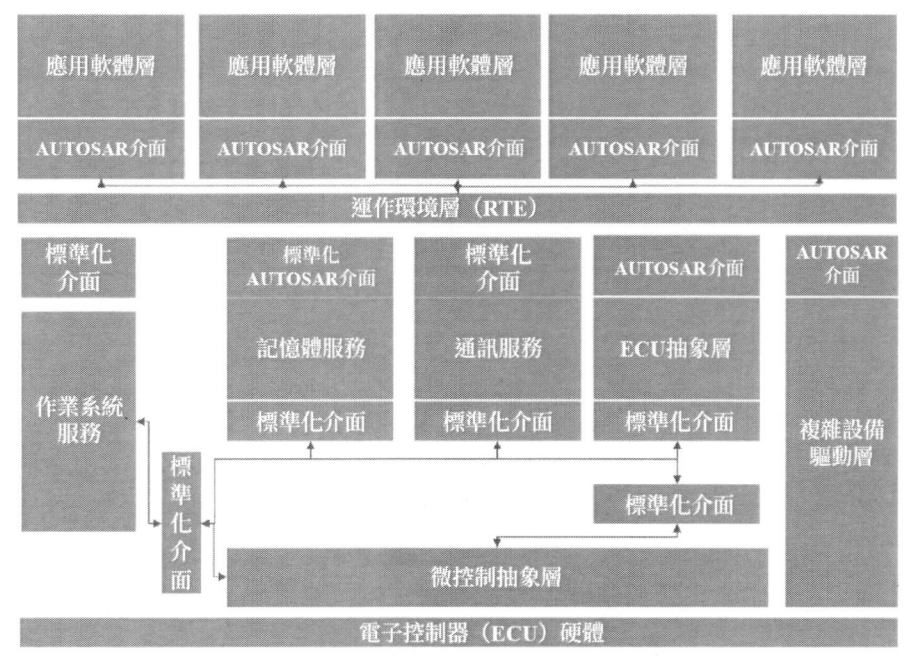

圖 2.10 汽車開放系統架構
（圖片參考來源：AUTOSAR 官網 www.autosar.org/）

如圖 2.11 所示，各大汽車廠商普遍使用福斯 MEB（電動車模組化）平臺軟體的 AUTOSAR 架構，這個框架在 Adaptive AUTOSAR（自適應平臺的 AUTOSAR）上建立了自己的軟體開發框架 ICAS（in-car application server，車載應用伺服器）。由於 Adaptive AUTOSAR 基於 SOA，使新功能的開發不但解耦於具體的硬體，且可以方便地將新功能增加到執行的軟體框架中，實現了新功能的隨插即用。這種框架展現出很強的更新能力（updateability）、可升級性（upgradeability）、可重用性（reusability）和可移植性（portability）。

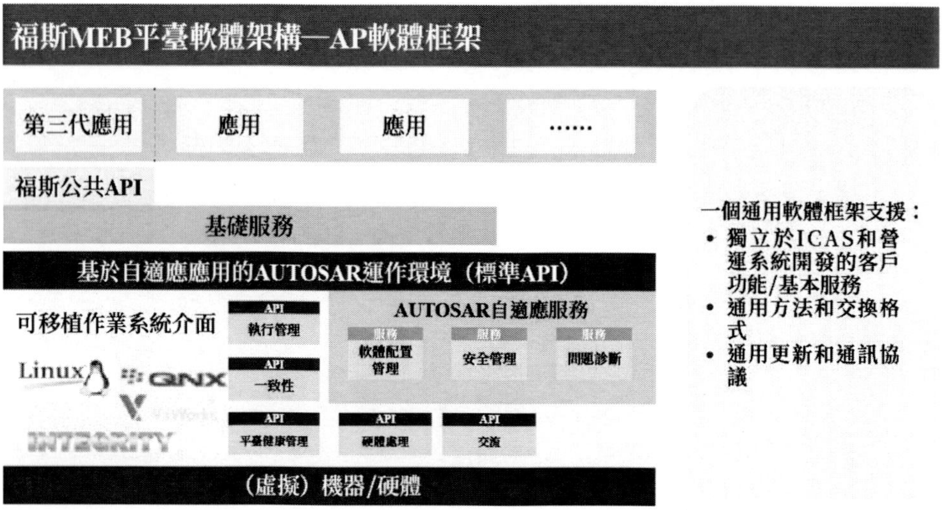

圖 2.11 福斯 MEB 平臺軟體架構
（圖片來源：福斯汽車集團 https://www.vw.com.cn/）

為了讓汽車早日進入完全自動駕駛時代，大量的新技術正在湧現，透過持續的智慧化改造和升級，以現有的汽車軟體平臺為基礎，車控軟體系統的發展也逐步迎來新的機遇。

2.3 自動駕駛汽車系統

隨著自動駕駛系統實用性和準確性的不斷提高，自動駕駛快速向 SAE 定義的完全自主駕駛方向發展。對人類駕駛的替代，是自動駕駛技術的最終目的，而這種替代仍需要遵循社會通行的準則，自動駕駛系統要按照人的認知習慣和操控規範駕駛車輛。人類駕駛是車輛閉迴路系統中的控制中樞，主要負責觀察環境、決策行進路線和操控車輛，因此自動駕駛系統必須具備相同的能力，才能完成替代。

自動駕駛系統是一種自動控制系統，透過多種感測器、決策控制器和執行器，模仿人類駕駛，代替人對周圍環境進行感知和互動，並根據周圍的情況，進行駕駛決策與控制操作。如圖 2.12 所示，自動駕駛系統如果要替代人類駕駛，則在功能上必須具備感知、決策和執行這三種能力。對自動駕駛系統的三種能力（三個層次），具體描述如下：

(1)感知：感知層解決的是「我處在什麼位置？」「前方是否有障礙物？」「周圍路況是什麼？」等問題。感知層可類比於駕駛人員的眼睛等器官，採用多種感測器蒐集當前車輛的位置、車況和外部路況環境等資訊，而自動駕駛系統通常需要對這些資訊進行融合運算，以獲得對環境及自身狀態更為準確、細微的感知。

(2)決策：決策層要判斷「周圍情況可能會發生什麼變化？」「我接下來要怎麼做？」等問題。決策層可類比於駕駛人員的大腦，基於感知層輸入的資訊，透過運算平臺和演算法進行環境建模，用於預測行人、車輛的行為，形成對全局的理解，並作出決策，發出操作車輛的訊號指令（例如加速、轉向、減速等）。

(3)執行：執行層可類比於駕駛人員的手和腳，對車輛進行操控，將自動駕駛系統的決策轉換為車輛的實際行為。執行層更偏向於機械控

制,透過輔助駕駛裝置,將決策層訊號轉換為汽車的動作行為(例如超車、變換車道、煞車等)。

如圖 2.12 所示,為實現自動駕駛系統的這三種功能,相較於傳統汽車,自動駕駛汽車增加了一些硬體裝置,其中包括毫米波雷達、光學雷達、攝影機、紅外線探針等感測器,以及處理決策控制等功能的複雜運算硬體,此外還對傳統汽車中的制動器、轉向助力等輔助裝置進行必要的加強和提升,讓其具備自動駕駛系統所需執行器的功能。

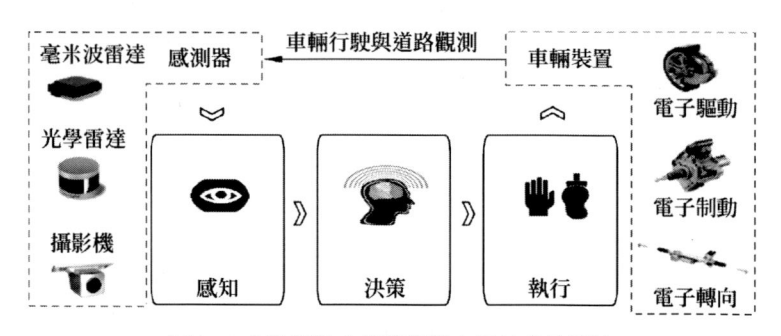

圖 2.12 自動駕駛系統與駕駛人員的功能類比

2.3.1 自動駕駛相關硬體

1·車載感測器

如同人類駕駛,自動駕駛系統必須具有感知環境的能力,能夠預測事物(例如車輛、動物、行人等)的行為反應,能根據不斷變化的環境條件(例如雨、雪、冰等)改變車輛的操控,自動駕駛汽車需要使用的感測器,比傳統汽車上常見的感測器要多得多。

車載感測器主要分為三類:①車輛狀態感測器,例如胎壓監測器、引擎溫度監測器及輪速器等,用於測量車體各個部件的狀態參數;②車體運動感測器,例如線性加速度計、角速度計等,用於測量車體運動的狀態參數;③感知探測感測器,例如光學雷達、攝影機等,用於探測車

體所處環境的資訊。

車輛狀態感測器多屬於傳統車輛使用的感測器，通常用於監控車輛自身狀態，對自動駕駛的貢獻相對較小，本書不再詳細展開介紹。

車體運動感測器採用的主要是慣性測量元件，這類感測器精度高、取樣率高，但用於車輛位移測量時，存在一些無法克服的問題：①感測器漂移問題。感測器受到周圍環境和自身結構的影響時，即使在輸入不變的情況下，輸出也會發生變化，這種現象就是感測器漂移。慣性測量元件普遍存在感測器漂移現象，容易受到環境溫度等因素的影響，尤其是車載感測器，其工作環境非常惡劣，因此測量產生的誤差通常比較大。②測量誤差的時間累積問題。在將感測器測量的資料轉換為車體的移動方位時，車體方位誤差會隨時間的累積而急遽增加。由於這類感測器所測定的物理量是相對於位移的高階量（例如加速度、角速度等），位移運算要根據這些高階量對時間求取積分，由於感測器自身必然存在測量誤差，且測量誤差無法透過感測器自身予以消除，其結果就是讓位移的運算誤差隨時間累積而逐漸增大，最終導致方位運算的嚴重偏移。

為克服這種情況，車輛的位移測量使用全球衛星導航系統。全球衛星導航系統會在地球軌道上發射很多導航衛星，車輛透過接收器，接收導航衛星傳來的同步訊號，利用三邊測量法、三角測量法等，可以得到車輛在導航衛星所構成的座標系中的位置，透過不斷增加同時能接收到的衛星訊號數量及提高演算法精度，車輛就能不斷提高自身的定位精度。利用全球衛星導航系統提供的定位資訊，能夠直接運算出車輛方位，而不是車輛自身加速度等位移的高階量，因此受誤差隨時間累積的影響較小。然而車輛使用全球衛星導航系統會受到環境的局限，例如空中雲層較厚、雷電天氣或汽車進入地下隧道時，車載接收器往往無法接收到衛星訊號，無法對自身進行定位。而對自動駕駛汽車而言，自動駕

第 2 章　造車：系統軟硬體基礎

駛系統需要時刻掌握自身的方位，一旦出現自身位置數據缺失的情況，輕則會使汽車偏離行駛路線，重則會嚴重影響車輛的行駛安全。因此作為備用方案，車輛還需要使用其他方法，以獲取自身的位置資訊，而最容易想到的方式，就是像駕駛人員觀察本地環境那樣進行環境感知定位。環境感知需要使用感知探測感測器，目前常見的主要有毫米波雷達、光學雷達和攝影機等。

　　(1)毫米波雷達：毫米波雷達是雷達的一種，是利用無線電波（電磁波）進行探測和測距的一種感測器。雷達發射無線電波，無線電波在傳輸過程中遇到障礙物被反射，雷達透過接收反射的無線電波，來測定障礙物與感測器之間的距離和方位。毫米波雷達所發射的電磁波頻率非常高，波長在毫米量級，但其在空氣中的傳播損耗較大，所以適合檢測較近距離的目標。毫米波雷達用於車載感測器的優點是對車輛行駛的天氣環境具有高穩定性，不容易受雨雪等不良天氣的影響，缺點是沒辦法形成垂直解析度，無法測量目標橫向移動速度和生成 3D 圖像。

　　(2)光學雷達：為了克服毫米波雷達的缺點，車載感知感測器還會使用光學雷達感測器，這種基於光探測的感測器與雷達類似，但它使用的波段是紅外線，其波長更短，具備了光的傳播特性，可用於距離探測和速度探測。例如用窄脈光測定光脈衝回波的飛行時間，來測定目標與汽車之間的距離，也可以透過估計脈衝之間的差異，測量目標速度等。它的優點很明顯，能夠測量目標的尺寸，包括寬度、高度及橫向的速度，能夠生成被測物件的 3D 圖像，且能形成環境對映，能精確地探測到深度資訊，比雷達的解析度還高。但它也有缺點，例如對黑色物體不敏感，感測器製造成本較高，數據傳輸率要求高，沒有目標的對比度和顏色資訊，容易受到一些環境的干擾（例如在下雨天中表現不佳）等。

(3) 攝影機：攝影機（感光元件）是目前應用最廣泛的感測器，感光元件像人類的眼睛，被用於觀察和了解環境。由於人類的駕駛習慣和交通規則都是在社會環境中逐步形成的，因此自動駕駛系統也必須適應和遵循這些已有的習慣和規則。使用攝影機有助於自動駕駛系統獲取與人類一樣感知到的環境資訊，這些資訊能轉換成人類可以解釋的語義環境，例如行進道路是否通暢？道路交通號誌表示什麼含義？感光元件有單通道、雙通道或廣角魚眼等不同類型，可獲取複雜的環境資訊。但是感光元件也有很多缺陷，例如沒有辦法直接獲取目標的位置和速度資訊，需要透過大量的運算，才能區分出目標物體和環境背景，需要有足夠的照明條件等。它的解析度也比毫米波雷達要高，本身的體積較小，成本也不高。

表 2.1 分別對這幾種感測器從範圍、解析度、視野、感知、目標特徵、天氣敏感、成本和體積等方面進行比較，很明顯，攝影機有較多優勢，但它對目標位置和速度的感知較弱，也容易受環境的影響，因此自動駕駛系統會選擇將不同種類的感測器綜合應用，形成優勢互補。

表 2.1 感測器特徵表

感測器	毫米波雷達	光學雷達	攝影機
範圍	很大	中等	較大
解析度	較低	較高	很高
視野（角）	較小	很大	較大
速度感知	很敏感	中等	較低
三維感知	較弱	很強	中等
目標特徵	較弱	中等	很強
天氣敏感	不敏感	中等	較敏感
成本	較便宜	很昂貴	很便宜
體積	較小	較大	較小

2·車載感測器的應用

不同層級的自動駕駛對車載感測器的要求不同,通常隨著層級的提升,所使用的感測器就越多,需要處理的資訊也越複雜。

(1) L0 級的盲點預警:汽車車體的兩側屬於人類駕駛的視角盲點(不方便觀察),此處安裝超音波感測器(或毫米波雷達)用作電子眼,可以監測到相鄰的車道空間,使盲點預警系統能覆蓋駕駛人員視覺的盲點區域。如果一輛車在行駛過程中,另一輛車進入了監控的盲點區域,盲點預警系統會向駕駛人員發出警告,如果駕駛人員未能及時回應,那麼盲點預警系統就會根據收到的超音波探測數據,按照預設方案,對車輛進行一些自動操控,例如煞車、減速等。

(2) L1 級的自適應巡航控制(ACC):自適應巡航控制系統安裝在車輛的前部,可以長時間監測前方的道路,只要前方的道路通暢,ACC 將保持駕駛人員設定的車速前進。如果系統監測的道路前方,發現有車速較慢的車輛,則會透過釋放油門或主動煞車來緩慢降低前行車速。如果前方車輛加速或變換車道,ACC 系統會自動加速,恢復至駕駛人員需要的速度。自適應巡航控制系統需要探測前方較遠一段距離的目標,特別是車速較快時,需要提前探測預警的距離就會更遠(為 30～300 公尺),系統通常採用長距離雷達和超音波感測器共同實現。很多車輛安裝自適應巡航控制系統,能夠幫助駕駛人員在較通暢的高速公路上適當放鬆踩踏油門的雙腳,但方向盤仍需由駕駛人員時時刻刻進行操控。

(3) L2 級的車道保持輔助系統(LKA):LKA 一般與 ACC 協同工作,LKA 使用攝影機檢測車輛前方的車道標記,並監控車輛在其車道中的位置。如果車輛到車道標線的距離低於規定的最小值,系統將介入。在配備電動助力轉向系統的車輛中,它會緩慢但明顯地反向轉動,使車輛保持在車道上。在沒有電動助力轉向的車輛中,它透過利用 ESP 制動單側車輪

來達到相同的效果。配置有 LKA 的車輛，能夠讓駕駛人員在通暢的高速公路上，暫時性放鬆雙手雙腳。駕駛人員可以隨時接管該系統功能，但駕駛人員為了超車或避讓而改變車道或轉彎時，LKA 系統則不會干預。

（4）L3 級的高階輔助駕駛系統（ADAS）：ADAS 能夠完成很多輔助任務，例如探測感知道路前方的交通號誌（紅燈停車、綠燈啟動），檢測車道，檢測行人，主動控制車輛做規避，檢測車輛是否偏離等。高階輔助駕駛系統需要安裝使用更多的感測器，在車體前方、側面、後部等位置都可安裝，所安裝的感測器種類較多，例如超音波感測器、長距離探測雷達、雙通道景深攝影機、光學雷達等。

層級越高的自動駕駛系統，需要使用感測器完成的感知探測任務就越複雜，這些任務面臨的主要挑戰是：當照明條件不足，天氣情況不佳及道路環境複雜時，如何準確探測周邊環境？怎樣判斷出靜態障礙物？這些障礙物是否會構成威脅……等等。這裡所使用的不同感測器，有各自的優點，但其缺點也不容忽視，而自動駕駛對車輛行駛安全性的要求極高，所以必須想辦法增強車輛環境感知的準確度和穩定性。

自動駕駛系統透過使用多樣化的感測器來增加車輛行駛整體的安全性。由於不同的感測器有不同的物理特性和工作原理，所以需要對不同的感測器進行融合，透過使用相同或不同類型的感測器、重疊驗證測量值等方式，能夠有效增強車輛行駛的安全性。

3. 運算硬體和執行器

除了感測器外，自動駕駛系統還包含負責運算的處理器和負責執行決策命令的執行器等硬體裝置。

自動駕駛對運算效能的要求非常高，需要對大量的數據進行即時處理，因此自動駕駛運算處理框架需要做一些調整，需要對算力布局進行不同的安排。自動駕駛系統中的運算，分為離線運算和線上運算兩種。

離線運算一般用於訓練模型、最佳化模型,通常部署在伺服器端;而線上運算則需要即時處理駕駛資訊,通常部署在車輛上。離線運算對效能的要求非常高,從訓練數據的角度來看,數據儲存容量即使是入門級(L0 級)的,容量也以 PB(petabyte,千兆位元組)為單位,從 L2 級到 L3 級的自動駕駛,數據儲存容量的需求,從 10PB 增加到 100PB;從訓練所需算力的角度來看,自動駕駛演算法模型研發過程,需要幾千核到上萬核的算力支持。線上運算對車載運算處理也有較高的要求,但運算部件大部分是由廠商根據車輛效能要求和成本核算進行自主配置,有的採用運算架構供應商(例如輝達等)提供的成熟方案,有的採用自行研發的專用處理器(例如特斯拉)等。這些運算硬體與各個廠商的設計和具體部署密切相關,非常具有個性化,本書不再一一介紹。

執行器是負責執行自動駕駛系統決策命令的裝置,自動駕駛系統根據感知決策的結果,生成對車輛橫向或縱向運動控制的變數,並把這些變數轉換成對執行器的指令,執行器藉助車輛自身的電子機械裝置,實現對車輛的控制。執行器是基於車輛輔助裝置(例如轉向助力系統、制動助力系統等)衍生出來的控制器,現在大多數車輛都已經裝備這些輔助裝置。

自動駕駛車輛主要有三類執行器控制部件,分別是加速部件、轉向部件、減速部件,透過這三類部件,就可以實現對車輛行駛的完全控制。在當前的汽車電子電氣架構中,執行器通常採用線控驅動的方式對車輛進行控制(利用線控底盤),但為了確保可靠性,車輛仍保留了必要的機械連接,作為安全冗餘備份。對於加速部件,大多數汽車的油門驅動是採用線控方式實現的,即 2.2.1 節介紹的線控節氣門技術;對於轉向部件,大多數汽車採用 2.1.3 節介紹的電子助力轉向裝置;對於減速部件,車輛的制動助力系統也正在向 2.1.4 節介紹的電子機械式發展。執行器應具有很高的安全性要求:當發生系統故障或錯誤操作時,需要讓汽

車及時恢復到安全狀態;需要達到與傳統人工駕駛系統同等的可靠性;需要採取冗餘或多樣化的方式,實現對安全性的保障。

2.3.2 自動駕駛系統框架

自動駕駛系統的目的是替代駕駛人員,如果要讓一個自動化系統能夠替代駕駛人員的操作,那這個系統也必須具備駕駛人員的能力。自動駕駛系統用感測器感知外部的環境特徵,透過攝影機拍攝到前方及周邊的環境,透過 ECU 直接讀取車內的狀態參數,這些功能替代了駕駛人員的感知能力,且自動駕駛系統對駕駛人員手和腳功能的替代路徑也比較明確。自動駕駛系統雖然能夠比較輕易地完成資訊輸入及對車輛的操控,然而所面臨的重要挑戰是:自動駕駛系統如何替代駕駛人員理解和分析車輛所處的行駛環境,並作出「正確」的決策。

從功能替代的角度,自動駕駛系統可以分為感知、決策和執行三部分,其中決策還可以細分為預測和規劃兩個環節。如圖 2.13 所示,系統要做出「正確」決策並實現自動駕駛功能的流程如下:首先需要及時感知到環境的資訊(例如其他車輛、交通號誌、道路、行人和障礙物等);然後需要做出準確的預測(例如判斷行人前進的方向、速度,其他車輛的路線等),並作出恰當的策略(規劃自身行進的方向、速度和路徑等);最後還需要控制車輛執行既定的計畫。自動駕駛系統操控車輛做出的「正確」決策,應該盡量模擬人類駕駛的習慣,只有這樣,才能符合社會的交通規則,才能最大程度地融入現實生活。

在圖 2.13 中,整個自動駕駛系統的核心可以視為一個「黑盒子」,也就是把它視為一個端到端的模型,一端是攝影機等感測器的資料輸入,另一端則是對轉向、加速、減速的操控輸出。這個端到端路徑中的「黑盒子」,理論上可以與圖中的分模組路徑中的「軟體棧」(解決方案堆疊)

進行完全的功能替換，其實現也可以利用一個非常複雜的深度學習神經網路模型作為媒介，然而在實際應用中，這樣做的風險卻很大。駕駛人員在操控車輛時也會犯錯，但如果出現事故，可以在事故中尋找、分析原因：是沒有「看清楚」的感知錯誤？還是沒有做出正確判斷的決策失誤？是沒有及時做出恰當操作的問題？還是車輛自身控制器的問題⋯⋯等等。這些問題都可以透過駕駛人員的回顧反思和車載紀錄進行剖析。透過每次對事故的剖析，能夠提高駕駛人員的駕駛能力，改進車輛的效能，但如果使用的是一個端到端的「黑盒子」，則很難清楚分析中間的過程，無法確切尋找到其中的原因，從而也無法進一步改善系統功能。

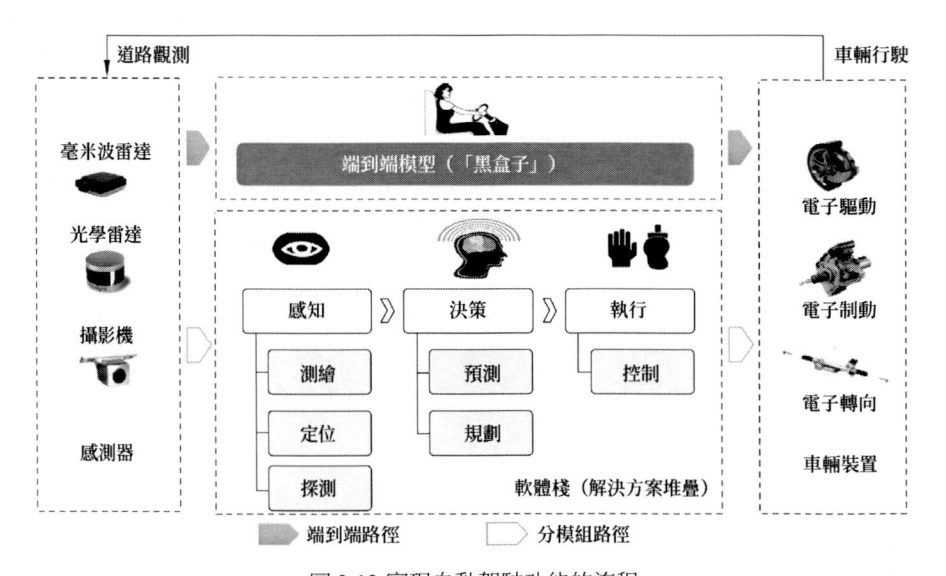

圖 2.13 實現自動駕駛功能的流程

車輛安全行駛是至關重要的交通原則，自動駕駛系統也不允許反覆出現一些未知因素導致的交通事故。為了使自動控制的過程清晰明確，讓決策過程符合人類的邏輯判斷，及時查明並分析事故原因，現實中的自動駕駛系統通常不會採用端到端的流程框架，而是採用如圖 2.13 下部所示的流程，將其分解成感知（測繪、定位和探測）、決策（預測和規劃）、執行（控制）三個主要部分。

自動駕駛系統中的感知，可以實現車輛對自身定位和自身狀態及周圍環境的判斷。定位是讓車輛知道自身所處的位置，這是實現車輛駕駛的基礎。透過使用高精度地圖，感知模組可以將自身位置透過全球定位或環境特徵相對定位等方法，在地圖上標定。在車輛運動過程中，需要連續標定自身的位置，這些連續變化的位置，是車輛移動路徑的參考依據。全球衛星導航系統可以幫助車輛實現全球定位，但它的定位精度有限，且容易受到天氣和地理環境的影響而中斷，因此要實現不受干擾的連續定位，就要綜合考量使用多種定位方法。利用環境感知形成的本地相對定位，是一種很好的替代方案。環境感知可以透過感測器發現環境中的一些特徵，來確定車輛自身的位置，不但要確定自身位置所處的點座標，還要判斷車輛自身的狀態（例如車頭方向、移動速度等），環境感知需要使用多種感測器融合的資訊，以避免感測器自身的一些缺陷，並提高定位精度。環境感知還能探測交通路況的實際情況，不必完全依賴高精度地圖上的資訊，因為道路及周邊環境可能時常會發生改變（例如道路施工、突發土石流等），而高精度地圖的更新相對較慢，因此要求車輛能夠自主辨識道路上的特徵（例如落石阻擋、路面斷裂等）。環境感知還要對道路環境中的資訊進行語義分析，例如辨識交通號誌，自動駕駛系統也必須遵守交通規則，當檢測前方有紅燈，車輛必須在停車線前停車，當綠燈亮起時，車輛必須起步通行等。這些語義特徵通常是固定的標示物或先驗的知識資訊，但對環境感知更高的要求是：是否能夠及時感知並準確辨識異常突發的情況（例如突然有人或動物橫越馬路），這尤為重要。

　　如果對環境進行了有效感知，感知到一些物體是靜止的，例如車道兩邊的樹、路邊建築物、橋梁等，這些物體本身不會運動，車輛只是從旁邊經過，整體上對正常行駛沒有影響，但在感知到一些會移動的目標時，例如行人、車輛或動物等，一旦發現這些移動目標會對車輛行駛產生影響，車輛就需要對其運動方向和軌跡做出預測。一般來說，要根據

其移動意圖以及將要到達的位置進行預測，然而這種預測具有不確定性，所以只能做到盡量準確，並及時進行資訊的迭代。當這些目標的運動軌跡與系統預測產生偏差時，要及時修正預測演算法和結果，盡最大可能避免事故發生。然而也不能因目標正在移動，車輛就完全停止不動，使自動駕駛的效率降低。如何對目標的運動資訊進行回應？如何操控車輛行進？這些屬於規劃的問題。有了預測之後，車輛要規劃自身的行進軌跡路線，規劃又分為全局規劃、本地規劃和行為規劃。全局規劃相對簡單，當車輛確定出發點和目的地時，在地圖上找出一條最「合理」的路徑，在車輛行駛過程中，不斷根據全局路況資訊修正和最佳化路徑選擇，就形成了全局規劃。全局規劃更加依賴地圖和全局路況資訊。本地規劃是一種對車輛局部行為的決策判斷，例如行駛在車道上，車輛需要知道有哪些車道，是否需要進入轉向車道或保持在直行車道上？如果有兩條可通行車道，是保持在現有車道上，還是變換到另一條不塞車的車道上？行為規劃涉及對車輛行駛的精細控制，例如遇到轉彎，需要如何轉向才能順利通過？如果前方有障礙，車輛控制到底是減速還是避讓？這些都屬於行駛中對車輛局部狀態微小控制的決策。預測和規劃構成了自動駕駛系統對車輛控制的決策功能。

　　系統決策的結果，透過車輛控制，落實到行駛狀態的改變上，即執行環節的展現，對車輛的控制原本是駕駛人員的職責，在自動駕駛車輛中，這屬於自動駕駛系統的功能範疇。執行裝置的效能（回應時間、穩定度、精確度等）直接影響車輛行駛的結果，同樣影響自動駕駛系統中環境感知、操控決策等環節的下一步行動（迭代）。車輛駕駛是一種閉迴路控制系統，在行駛過程中，車輛的每一步行為都會經過不斷調整，自動駕駛系統或駕駛人員都要透過感知進行新一輪的判斷，這個過程始終循環，透過不斷的資訊迭代和最佳化調節，最終完成對車輛的駕駛。

2.3.3 自動駕駛系統研發

1. 自動駕駛系統研發基礎

自動駕駛系統的研發非常複雜，涉及硬體開發整合、軟體開發整合、軟硬體系統整合等，還需要經過反覆迭代開發和驗證。如果從資訊處理的角度進行概括，自動駕駛系統研發流程分為四個主要階段：①資料蒐集階段，包括路採規劃、測試車改裝、原始資料採集、資料上傳和儲存等；②資料處理階段，包括資料淨化、數據標注、資料增強等；③模型訓練和測試階段，包括產品功能規劃、模型設計、模型訓練、模擬情境訓練模型、真實道路測試等；④量產階段，包括開發完成、產品交付、大規模部署等。量產並交付也是產品後續生命週期的開始，作為軟體化、網路化的自動駕駛汽車，上路的量產車也可以繼續進行資料路採的工作，繼續透過軟體升級，不斷提升自動駕駛的能力，不斷完善自身功能，這也可以視為另一個開發迭代的開始。

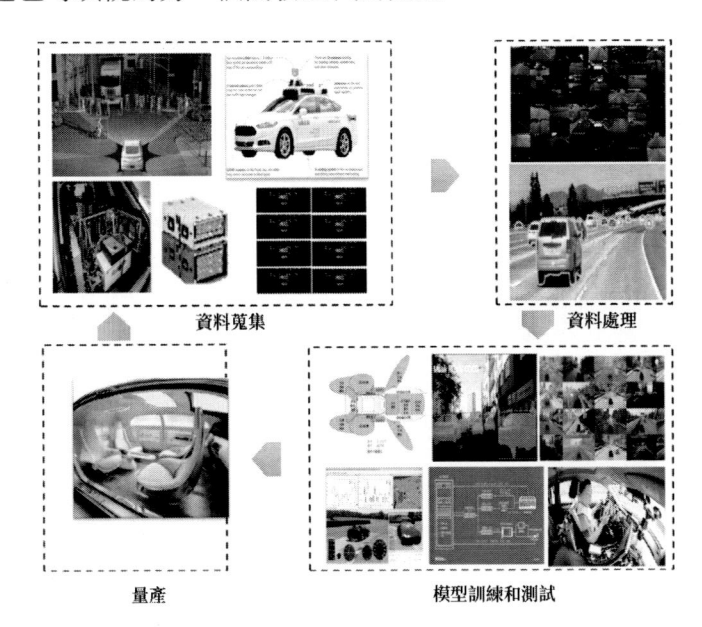

圖 2.14 自動駕駛系統研發流程（按資訊處理過程劃分）

第 2 章　造車：系統軟硬體基礎

在資料蒐集階段中，測試車輛的感測器包括攝影機、超音波感測器、雷達、光學雷達、GPS 等，感測器能夠蒐集資料並產生數據，有些感測器產生的數據量很小，而有些感測器每時每刻都在產生大量的數據，特別是攝影機。傳統車載攝影機的解析度通常在 480～1,080P，但隨著高解析度攝影機的普及，當前已有 4K，甚至 12K 高解析度的攝影機。4K 高解析度攝影機每秒鐘產生的資料量，通常是普通攝影機的幾十倍，資料量的急遽增加，使資料蒐集任務變得更加艱鉅。由於測試車輛通常使用車載可移動儲存器即時儲存資料，隨著捕獲資料量的急遽增加，儲存器的更換頻率也隨之提升，每天、甚至每個班次都需要更換。換下來的儲存器會運送到資料中心，接入伺服器、上傳資料，這些資料像河流一樣匯入資料庫。資料庫中儲存著巨量的訓練資料，為自動駕駛模型的訓練提供支持。

在資訊處理階段中，巨量的原始資料需要被預處理，以便在開發和驗證階段之前，對其進行轉換和驗證。根據資料的不同用途，資料預處理的要求有所不同，包括審查、標記和新增後設資料（例如天氣和交通狀況）等。資料預處理包括解壓縮原始資料，並驗證相應的感測器輸入值；將紀錄的資料按雷達、攝影機等不同感測器分類，以適合模擬器的要求；將所有資料進行組合或編排，以適應不同工具的要求，並供其使用。在對數據進行標注時，需要把來自測試車輛的感測器數據標注出來，以便自動駕駛系統能夠辨識該數據。數據標注大多是半手工完成，為了加快速度，可能需要多工、高並行的重新播放影片、完成數據標注工作。用於深度學習的圖像資料，送入深度學習網路之前，需要對原始圖像資料進行預處理轉換，通常需要經過檔案解析、JPEG 解碼、裁剪、旋轉和調整大小、調整顏色等處理過程。與資料蒐集和預處理相關的內容，將在本書第 3 章中進行詳細介紹。

模型訓練和測試階段中的模型結構設計和訓練方法,是自動駕駛技術研發的主要內容,相關廠商的研發各具特色,本書不一一介紹,但其中的基本知識,將在第 4 章和第 5 章進行介紹。對模型有效測試,是加快自動駕駛技術實行的關鍵,本階段中的軟體在環模擬系統,能利用模擬輸入資訊(可以透過模擬工具生成或透過蒐集的實際資料產生)測試系統或子系統模型,這種方法不受限於物理硬體的模擬速度,可透過加速執行,縮短開發週期,且軟體在環模擬使用軟體模擬各種昂貴的設備,還可以節省成本。硬體在環模擬系統是一種對複雜即時嵌入式系統(例如車輛的 ECU、DCU 和車載中央電腦等)進行開發和測試的系統,能夠對被測硬體進行閉迴路測試,可以大幅度地提高硬體測試的效率。為了能對即時性很高的汽車功能部件進行真實有效的測試,硬體在環模擬系統必須提供高效能的訊號處理能力,包括即時模型較短的執行時間、硬體與即時模型之間的低訊號延遲等。儘管如此,其測試的速度仍然會受到被測設備實際速度和模擬設備效能的限制。

測試工作多見於正在嘗試實行自動駕駛技術並希望量產的廠商,量產階段的相關內容涉及各廠商不同的產品部署策略和商業模式,本書對量產相關內容不多做介紹。

2. 自動駕駛系統的模擬測試

模擬測試技術關係到自動駕駛演算法模型的訓練和品質評價,對自動駕駛技術的實際應用非常重要,好的模擬測試系統能大幅度降低研發成本,加快研發進度。在各大汽車廠商的相互競爭和相互學習中,較為成熟的自動駕駛模擬測試系統,已經逐步被產業認可。

圖 2.15 為軟體在環模擬測試系統架構,多臺高效能電腦(high performance computing,HPC)組成高效能電腦群,建立訓練和模擬器模擬環境,ECU 在模擬器中執行,模擬器可以同時支援多組並行測試,模擬

過程還可以不受物理設備的限制而加速執行（例如不受限於攝影機影格速度上限，不受限於 ECU 的真實效能等）。軟體在環模擬使系統在硬體設備到位之前，就能夠開展軟體模擬測試工作，大大提高研發效率，並降低了研發成本。

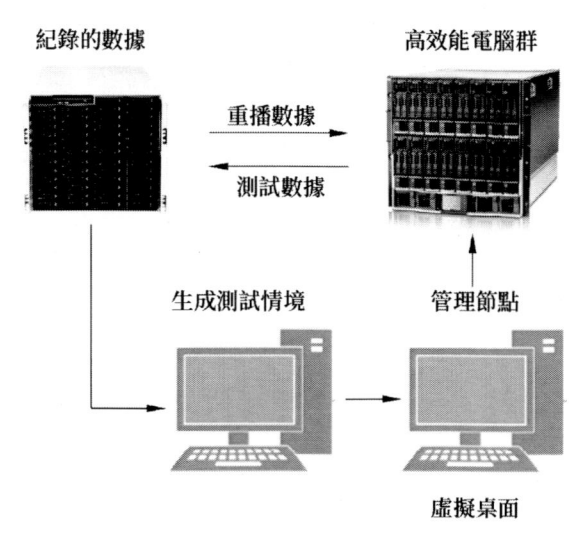

圖 2.15 軟體在環（SiL）模擬測試系統架構
（資料來源：戴爾科技集團）

圖 2.16 為硬體在環（HiL）模擬測試系統架構，硬體在環模擬有下面兩種。①對車輛和交通資訊的模擬。用安裝了應用程式的電腦主機，從儲存器上讀取感測器或 CAN 匯流排傳出的資訊文件，應用程式根據檔案生成測試使用案例，並將測試案例輸入系統模擬器，進行即時的模擬測試。模擬測試資訊透過 CAN 匯流排傳回給被測試的 ECU，以驗證結果是否正確。②視覺模擬。電腦主機從儲存器上預先讀取影片檔案並進行重播，影片透過顯示器，被車載攝影機捕獲，車載處理器分析影片，並發送燈光指令給燈光 ECU，由 ECU 根據指令對車頭燈進行模擬控制，測試軟體根據情境驗證 ECU 的反應是否正確。

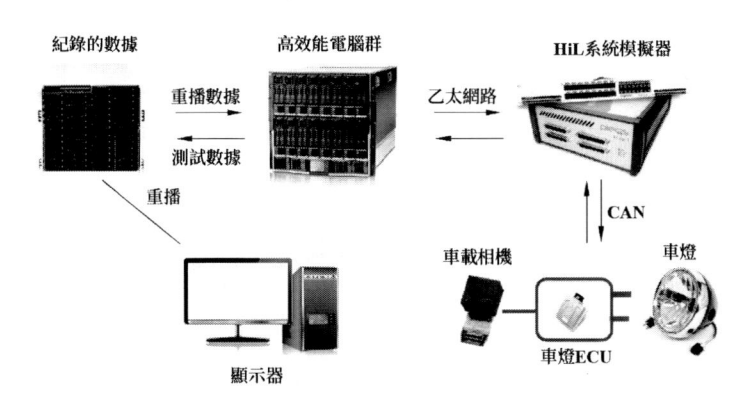

图 2.16 硬體在環（HiL）模擬測試系統架構
（資料來源：戴爾科技集團）

　　硬體在環模擬測試系統要求重新播放來自儲存器的所有數據，進行模擬測試，並用實體 ECU 進行驗證，因此各個模組通常需要以實際速度執行，無法進行快轉模式的播放，其測試效率低於軟體在環模擬測試系統。即使以硬體執行的實際速度進行測試，在並行多個測試任務時，硬體在環模擬測試所需的即時資料流頻寬，也會對系統形成巨大的壓力。除此之外，IT（information technology，資訊科技）基礎架構所面臨的挑戰還有很多。

3. 自動駕駛技術研發對 IT 基礎架構的挑戰

　　自動駕駛的 AI 演算法模型訓練時需要使用大量資料，對資料儲存的需求是巨量的，同時訓練時對算力的需求也非常大，自動駕駛的模擬測試對系統的 IT 基礎架構提出了新的挑戰。測試里程隨著各廠商的研發程式不斷累積，與這些巨大里程數對應的是感測器蒐集的大數據。以幾種常見的感測器為例，其每秒產生的資料量就有上百萬位元組。隨著越來越多廠商的研發程式邁向自動駕駛的 L3 甚至 L4 級，其所需的資料量將是 EB（exabyte，10^{18} 位元組）量級的，而需要的算力更是達到 10 萬核的量級。

如表 2.2 所示，儘管不同感測器常見速率不同，但每秒的資料量都在 100MB 及以上。

表 2.2 感測器的常見速率

感測器	常見速率
毫米波雷達	～100MB／s
光學雷達	～250MB／s
攝影機	4K 解析度
	高解析度
	普通解析度

注：～100MB/s 表示速率上限是 100MB/s，下限不確定。

如表 2.3 所示，自動駕駛的算力需求和資料量會隨自動駕駛級別的提升而快速增加，對完全自動駕駛（L5 級）所需的算力和資料量，學界和業界至今尚未有嚴格的定論。

表 2.3 自動駕駛的算力需求和資料量

自動駕駛級別	L2	L3	L4	L5
需要的路測里程（km）	～200000+	～1000000+	～20000000+	～1000000000+
需要的算力及資料量	1K～5K 核 ～4～10PB	5K～25K 核 ～50～100PB	～100K 核 ～1～2EB	未知

注：TB（Terabyte，1,024GB）；PB（Petabyte，1,024TB）；EB（Exabyte，1,024PB）。

如圖 2.17 所示，從工程角度來看，自動駕駛汽車的研發過程，對軟體工具鏈和 IT 基礎架構的設備、功能、效能及標準都提出了新的需求和挑戰。自動駕駛汽車是繼電腦、智慧型手機之後的第三大運算終端。自動駕駛技術的研發和實現，不僅僅對社會交通和人們的生活產生巨大的影響，也對 IT 產業產生巨大影響。自動駕駛是一個瘋狂消耗算力、消耗頻寬、消耗儲存量的主流終端運算，未來可期的巨大市場規模，將為交通產業和 IT 產業的發展，注入一劑強心針。

2.3 自動駕駛汽車系統

感測器資料採集 → 原始資料上傳 → 原始資料預處理 → 後設資料管理 → 監督資料生成 → 開迴路模擬仿真 → 閉迴路模擬仿真 → 分析評估 → 交付

圖 2.17 自動駕駛汽車研發工程示意圖

4. 自動駕駛的研發進展

自動駕駛技術經過多年的發展，不斷有新的汽車廠商陸續加入日益龐大的研發隊伍，整體加速了研發的進展。在感知層，從攝影機、毫米波雷達、光學雷達、超音波雷達到衛星導航定位系統，眾多的廠商提供豐富的硬體，使自動駕駛汽車在機器視覺、距離檢測、定位等方面有充足的支援。在決策層，可以分為系統演算法支援和運算平臺支援兩個方向。

各廠商提供的自動駕駛方案各有不同，又各有相似的地方。一個比較有名的、關於自動駕駛解決方案的爭論是：特斯拉堅持以視覺為主研發自動駕駛系統，而其他某些廠商則採用以光學雷達為中心的研發方案。但更多廠商認為自動駕駛技術方案應採用多個和多種感測器，利用多重感測器資訊融合（Multi-sensor Information Fusion，MSIF）技術，把自動駕駛過程中的攝影機、光學雷達、毫米波雷達、超音波雷達等感測器蒐集到的資料進行融合，然後利用電腦技術，將來自多重感測器的資料，在一定的準則下，自動進行分析和綜合，以便更加準確、全面地描述外部環境，利用多方面輸入的綜合資訊，提高系統決策的準確度。

表 2.4 是目前市場上部分廠商已上市汽車中，用於自動駕駛的感測器的主要配置資訊，可以看出自動駕駛汽車中的感測器不但種類多，且數量也很多。

第 2 章　造車：系統軟硬體基礎

表 2.4 部分汽車中與自動駕駛相關的感測器配置

車型	感測器數量／個	感測器配置
特斯拉 Model S	20	三鏡頭攝影機 1 個、盲點攝影機 2 個、B 柱攝影機 2 個、倒車鏡頭 1 個、超音波雷達 12 個、77G 毫米波雷達 1 個、車內攝影機 1 個
奧迪 A8	23	光學雷達 1 個、前視攝影機 1 個、環視攝影機 4 個、長距離雷達 1 個、中距離雷達 4 個、超音波雷達 12 個
BMW iX	28	光學雷達 1 個、毫米波雷達 5 個、超音波雷達 12 個、高畫質攝影機 10 個
福特 Mustang Mach-E	23	高畫質攝影機 6 個、超音波雷達 12 個、毫米波雷達 5 個

資料來源：根據汽車產業官網、億歐智庫網公開資料整理。

如圖 2.18 所示，在運算平臺部分，輝達、英特爾等公司在主控晶片方面很有影響力，在汽車電子零組件方面，也有很多著名的供應商。

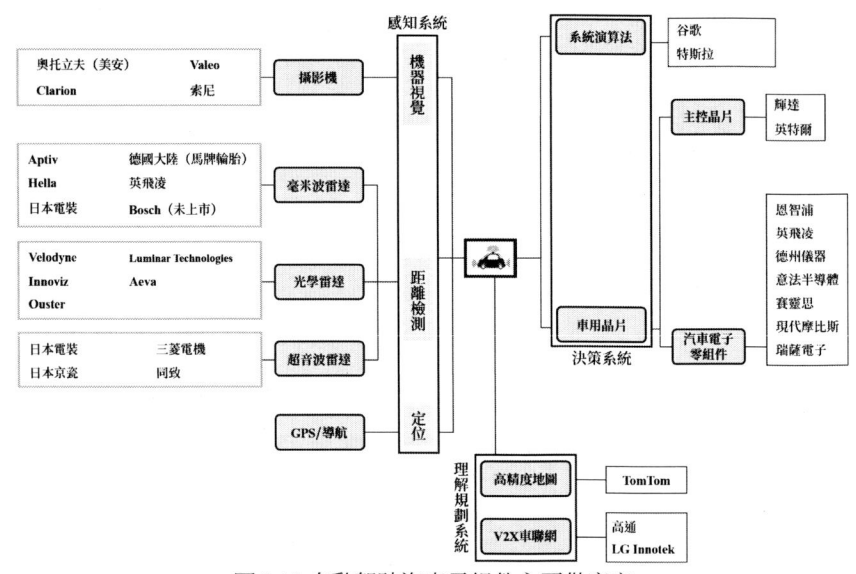

圖 2.18 自動駕駛汽車零組件主要供應商
（圖片來源：Gartner、中信證券研究部公開資訊）

汽車的快速智慧化，特別是自動駕駛技術的蓬勃發展，讓汽車的電子電氣架構發生了變化，從小運算量的分散式運算，向更強大、更通用的集中式運算逐步演化。集中式運算使用一臺車載中央電腦控制汽車上的各種功能，包括蒐集多個感測器資料、進行資料的融合處理、完成人工智慧的運算、實現路徑規劃和決策操控等。集中式運算架構對汽車處理器的算力需求大幅度提高，處理器晶片在自動駕駛汽車中變得舉足輕重。如表 2.5 所示，自動駕駛汽車晶片的峰值算力已成為比較自動駕駛汽車硬體能力的一個重要指標。

表 2.5 部分汽車晶片算力配置參數

晶片（SoC）	算力／TOPS	功耗／W	製程／nm	搭載代表車型
FSD				特斯拉 Model Y
R-CAR V3U				暫無

資料來源：根據汽車產業官網、億歐智庫網公開資料整理。

由於各種新技術的支持及迅速發展的市場，自動駕駛汽車廠商已推出具有很多功能的產品，例如自適應巡航、前向碰撞預警、自動緊急煞車、紅綠燈辨識、車道偏離預警、自動車道保持、自動變道、全自動停車、導航輔助駕駛……等產品，這些產品的功能級別，處於自動駕駛 L2、甚至更高的級別。

自動駕駛汽車是這幾年 IT 產業上游科技革命略顯疲態之後的一劑強心針，是少見的、集 ABCDE5G──即人工智慧（AI）、區塊鏈（Block）、雲端運算（Cloud）、大數據（Data）、邊緣運算（Edge）、5G 為一體的科技媒介，是未來運算的主要情境，是「能源＋通訊＋交通」新一代要素的組合，是下一輪經濟大繁榮的要角。

2.4 智慧小車系統

Dell Technologies ADAS 智慧小車（以下簡稱「智慧小車」）起源於戴爾科技集團研發中心在 ADAS 產業的研發需求。全球 ADAS 產業的參與者，主要有整車廠商（例如 BMW、賓士、奧迪等）、部件廠商（例如 Bosch 等）、自動駕駛軟體廠商（例如 Znuity 等），這些廠商的底層 IT 基礎架構，全部採用戴爾科技集團的產品搭建。為了更能服務這些廠商，戴爾科技集團從這些廠商的應用入手，模擬客戶需求，將自動駕駛汽車進行小規模重現。「Dell Technologies ADAS 智慧小車」因此誕生。智慧小車系統的背後，展現出大數據的處理、模型訓練、演算法實現及最佳化等頗具技術難度的步驟。

如圖 2.19 所示，智慧小車系統是一個具有人工智慧教學實踐和科學研究功能的綜合系統，由智慧小車、儲存伺服器與 AI 算力伺服器、模擬車道沙盤等組成，三者的系統性結合，模擬了汽車自動駕駛研發的環境。

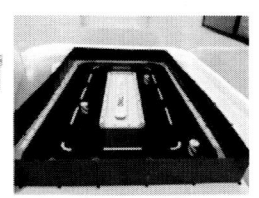

智慧小車　　儲存伺服器與AI算力伺服器　　模擬車道沙盤

圖 2.19 Dell Technologies ADAS 智慧小車系統

2.4.1 智慧小車整體架構

如圖 2.20 所示，智慧小車軟硬體系統可分為硬體平臺層、系統軟體層、開發框架層和應用程式層，智慧小車採用了與自動駕駛汽車幾乎完全相同的系統架構，但是在具體實現上，做了大量的功能簡化。

2.4 智慧小車系統

智慧小車的硬體採用了類似圖 2.9 架構模式的簡化版：①以 AI 主控處理器為車載中央電腦處理大量圖像資料和自動駕駛演算法模型的相關運算；②以高頻多核的微處理器（MCU）為 DCU 實現對智慧小車運動的整體控制；③以內嵌在每臺步進馬達驅動電路中的 MCU 為 ECU，回應 DCU 對智慧小車四個車輪的轉動控制；④以內嵌在攝影機模組中的 USB 控制器為 ECU，回應中央電腦輸入圖像資料的需求。

智慧小車同樣採用現代智慧汽車的設計思路，將軟體功能與硬體系統部件相結合，內含智慧汽車架構模式，按功能要求，對軟硬體架構重新進行分層整理，其所形成的架構，十分接近嵌入式系統的軟硬體架構。如圖 2.20 所示，為了在智慧小車上實現感知整合、決策與規劃和人機互動等應用功能，需要在開發框架下呼叫系統軟體層的相應工具，而嵌入式系統的軟體層，能實現對底層硬體的封裝，以避免底層硬體的多樣性或隨插即用等特性所引起的呼叫方式的頻繁變化。

從整體上看，智慧小車的軟硬體系統主要有如下特點：

(1) 可以實現在封閉場地上的高階自動駕駛，且可以和交通基礎設施，例如紅綠燈進行智慧互動，可以完美地展示自動駕駛車輛的正常行駛、障礙物的規避、突發事件的處理等情景。

(2) AI 主控晶片使用輝達（NVIDIA）的 Jetson 系列處理器晶片（Jetson Nano／NX 等），藉助該系列晶片，可以在車載端實現強大的推演運算能力，從而使智慧小車具有真正的視覺辨識能力。

(3) 運動和感測器控制部分使用高頻多核 MCU，透過客製化的底層控制系統，實現對車輛運動部分的即時精確控制，配合 AI 主控晶片，實現車輛行駛、避開障礙等功能。

第 2 章　造車：系統軟硬體基礎

應用程式層	感知整合	決策與規則	車聯網	控制執行	…	人機互動

開發框架層	mycar（感知、決策、執行、網路），開發API

系統軟體層
- JetPack SDK(TensorFLOW、Caffe、Pytorch、Keras、MXNet), Flask, CV2
- Ubuntu/相機驅動，I/O裝置驅動

硬體平臺層
- Dell ADAS智慧小車（mousika）硬體系統
- Jetson Nano/NX ｜ MCU Wi-Fi+BT SoC ｜ UART/Modbus/PCIe

圖 2.20 智慧小車軟硬體系統架構

（4）採用步進馬達驅動技術及差速轉向技術，實現執行速度、轉向角度的精準控制，使車輛在場地上非常穩定地執行，靈活地避開各種障礙物，做出各種精確的動作。

（5）可以外接多種感測器，包括攝影機、雷射感測器、光學雷達等，從而豐富了車輛的功能，為更多物體的辨識、更加穩定的執行及更多的可程式設計性提供了可能。

（6）作為教學用車，車輛可拼裝，部件可模組化，最大化車輛的耐用度。車輛安裝了麥克納姆輪（Mecanum wheel），可實現全方位轉向，提升學習的趣味性。

智慧小車系統用於教學實踐，能夠參照業界開發自動駕駛的幾乎全部環節，系統運用了模擬車道沙盤提供的簡化版路採資料，並透過智慧小車，而不是測試汽車來完成對自動駕駛系統感知、決策和執行等功能的模擬，使教學實踐成本大幅降低，為人工智慧相關科系的教學實踐活動，提供了 CP 值較佳的方案。

2.4.2 智慧小車硬體系統

智慧小車具備自動駕駛汽車所需的三大核心功能層，即感知層、決策層和執行層。

(1)感知層：由單鏡頭、雙鏡頭、三鏡頭、景深攝影機、光學雷達（LiDAR）感測器、ToF（time of flight，飛行時間）雷射測距感測器、Wi-Fi、藍牙等感知「器官」，解決「我處在什麼位置？前方是否有障礙物？周圍路況是什麼？」等問題。

(2)決策層：由 NVIDIA 的 Jetson Nano ／ NX 嵌入式系統提供 4 ～ 6 核的 CPU 算力、128 ～ 384 核的 GPU 算力，由 NVIDIA 的軟體堆疊 Jetpack SDK 提供支援，囊括幾乎所有主流的機器學習框架 TensorFlow、Caffe、PyTorch、Keras 和 MXNet 等，開發者可以基於這些框架開發 AI ／ ML 演算法，接收和處理感知層輸入的環境資訊（行人、車輛的行為），形成對全局的理解，並作出決策判斷，發出車輛執行的訊號指令（加速、超車、減速、煞車等）；決策層還配置了微控制器（MCU）ESP32 晶片，對藍牙、Wi-Fi、馬達、ToF 雷射測距感測器等進行控制，配合 NVIDIA 的 Jetson Nano ／ NX 嵌入式系統，形成既有複雜運算能力的「上位神經系統大腦」，又有快速反應的「下位神經系統中樞」。

(3)執行層：巧妙地使用步進馬達和麥克納姆輪的組合，將決策層的訊號轉換為智慧小車的行為，實現了車輛轉向、煞車、加速等行為。

1. 感測器模組

與實際自動駕駛汽車相對應，智慧小車也配置了豐富的感測器，且隨著開發的進度及需求的變化，會有越來越多的感測器加入。

攝影機：攝影機有單鏡頭、雙鏡頭、三鏡頭、四鏡頭及景深等多種類型供使用。單鏡頭、雙鏡頭和多鏡頭攝影機採用廣角鏡頭、USB2.0，

第 2 章　造車：系統軟硬體基礎

最高支援 1920×1080 解析度與 30FPS 的取樣率，可以看清前方較為詳細的視覺圖像，配合攝影機支架，形成對地面 25°的傾角，能夠配合實際環境中模型訓練所遇到的路況。攝影機透過 USB Type-C 與主機連線。

雷射測距感測器：主要提供 ToF 雷射測距感測器，採用高精度 ToF 雷射測距感測器進行前方障礙物距離的輔助判定，最大測距距離為 2m，工作發光強度範圍為室內發光強度。與主機連線採用 USB Type-C。

光學雷達感測器：是其中最昂貴、複雜，也是功能最強大的感測器。透過它，可以方便地獲取四周的障礙物位置資訊，完整繪製周邊障礙物 3D 圖像。測量儀 10m 以上，掃描頻率可調，與主機連線採用 USB Type-C。

2. 運算模組

智慧小車採用 NVIDIA Jetson 系列 AI 處理器（Jetson Nano ／ NX）作為核心控制器，全面支援 CUDA（compute unified device architecture，運算統一設備架構）加速邊緣運算功能，擁有多核並行運算能力。智慧小車採用高頻多核的 MCU 作為輔助控制器，輔助控制器除了控制車體運動之外，還同時具備 Wi-Fi 和藍牙連線通訊的能力。

核心控制器與輔助控制器組成的核心模組，支援最高 4S ／ 14.8V 動力電池供電輸入，設計為常規 3S ／ 11.1V 動力電池輸入。核心模組擁有 4 路動力模組供電 USB Type-C 介面、3 路攝影機 USB Type-C 介面、4 路感測器擴展 USB Type-C 介面、2 路 2.0 HUB USB-A 介面、1 路 1,000Mb/s 全雙工 RJ45 乙太網介面、1 路 TF（T-Flash，快閃記憶卡）讀卡機擴展介面、1 路電源輸入介面。此外，還包括 Jetson Debug USB Host Type-C 介面和 Jetson Debug UART Type-C 介面。

基於核心模組，智慧小車支援 1,000Mb/s Base RJ45 乙太網和 Wi-Fi 連線及藍牙連線。乙太網介面一般在開發偵錯過程或初始化設定時使用，而 Wi-Fi 連線需要透過乙太網介面連線後，登入智慧小車，並設定

路由器 Wi-Fi 連線密碼後才能使用，一旦設定完成，智慧小車將自行記錄 Wi-Fi 連線參數，後續使用就可以用 Wi-Fi 連線登入智慧小車，無須再使用有線乙太網。利用藍牙功能，既可以在手動模式下對智慧小車進行遙控操作，也可以與智慧車道進行資訊互動，為「車——車互聯」提供資料連結互動通道。

3. 執行控制器

智慧小車採用 4 臺步進馬達和麥克納姆輪組成的動力系統，提供電子驅動功能、電子轉向功能和電子煞車功能。使用步進馬達可以準確控制速度，也可以透過程式控制對汽車不同檔位的驅動和煞車進行模擬。使用麥克納姆輪則簡化了轉向結構，便於透過程式控制，完成對汽車各方向轉向動作的模擬。此外，還能實現一些有趣味性的獨特操作方式，例如平行橫移、原地調頭等操作。

執行控制器的步進馬達驅動模組使用最多分成 128 份的驅動晶片 THB6128 提供驅動，支援最高 3A 電流的持續輸出，並能支援數位細分、數位電流控制等特性，其驅動模組內含的微控制器，可以使用匯流排進行通訊，最高支援 256 級驅動級聯。模組使用 USB Type-C 進行連接，同時支援「單線供電＋匯流排資料傳輸」模式，與運算模組進行通訊和控制操作。不同馬達可以透過撥檔開關設定數位地址，從而確定馬達在車身所屬的位置（左前、右前、左後、右後）。

麥克納姆輪由主輪及附著在主輪上的多個可自由轉動的輪軸組成。輪軸轉動方向與主輪轉動方向有 45°夾角。如圖 2.21 所示，在主輪轉動的過程中，輪軸隨著主輪轉動時與地面摩擦產生自旋，藉此可把主輪轉動方向的力分解為前向和側向兩個分量。

單個麥克納姆輪無法正常使用，因為輪軸向前的轉動會轉變為斜向 45°的運動。但是如果把兩個麥克納姆輪連結到車體上，並注意讓它們的

輪軸傾斜方向相交。這時，兩個麥克納姆輪同時向前轉動，如圖 2.21 所示，輪軸分解的側向力將相互抵消，車體將向前運動。

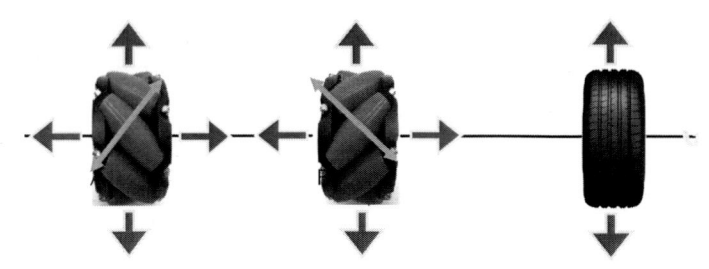

圖 2.21 麥克納姆輪工作原理

智慧小車前後安裝有 4 個麥克納姆輪，如圖 2.22 所示，只需正確放置不同輪軸方向的麥克納姆輪，透過分別控制每個輪子的轉向和速度，就能產生不同的前向力和側向力組合，可以實現四麥克納姆輪智慧小車的全方位轉動。

4. 能源系統

智慧小車採用 3S 動力電池模組作為動力來源，使用 18,650 電池確保電池組的安全效能及放電效能，放電電流最大為 5A（電壓為 12V 時），充電電流最大為 1A，模組有輸出開關和 3S 平衡充電埠，可進行電池的平衡充電及維護。

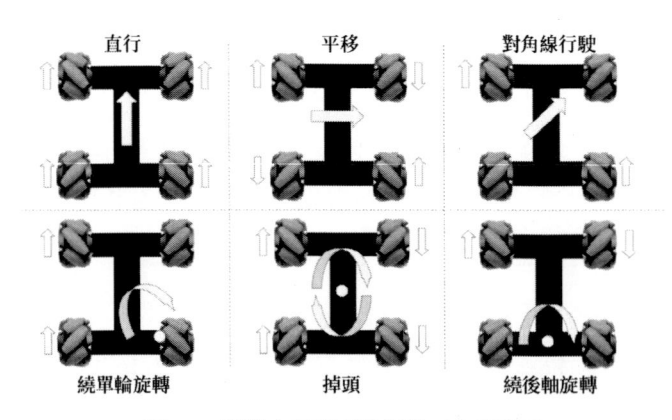

圖 2.22 智慧小車麥克納姆輪工作示意圖

2.4.3 智慧小車軟體系統

智慧小車以 NVIDIA Jetson 系列的 AI 處理器作為核心控制器，該控制器類似一個通用的電腦系統，其上可安裝執行 Ubuntu（一種 Linux 作業系統）。使用者可以透過常見開發方式，在智慧小車的軟體作業系統上開發自動駕駛軟體，例如透過 SSH 登入智慧小車的 Ubuntu 系統，進行軟體安裝、資料下載與上傳，以及系統管理配置等開發工作。

為了便於使用，智慧小車為使用者搭建了一個基本的工具軟體庫 mycar，這個軟體庫作為一個較為完備的參考，使用者既可以直接用其進行自動駕駛過程的資料蒐集、模型測試，也可以在其上修改、增加相應的功能。使用者還可以在 Ubuntu 和 NVIDIA 的軟體堆疊 Jetpack SDK 上完全自行實現自動駕駛軟體。

mycar 具備完備的自動駕駛智慧小車軟體功能，提供基於物件導向技術建構的自動駕駛軟體系統框架、基於 Web 的 GUI 介面、基於命令列的控制方式、相關感測器的基本互動程式及封裝好的 API，還提供了基於 CNN（卷積神經網路）的圖片分類和目標檢測演算法模組、麥克納姆輪的控制演算法模組、遙控搖桿互動程式等。

1 · 軟體系統框架

智慧小車的軟體系統建構在 Ubuntu 系統上，其框架如圖 2.23 所示。攝影機（相機）等各種感測器透過 Linux 底層 I/O 裝置驅動的支援，可以利用 Linux 系統工具進行管理，例如藍牙管理、Wi-Fi 管理、網路傳輸等。此外，智慧小車軟體開發還可以運用框架中 Linux 系統自帶的開發工具、文字工具及第三方軟體庫工具等。第三方軟體庫工具包括 Python 語言與開發庫、專用處理影片圖片的工具庫 CV2、支援 GPU 的 CUDA 軟體工具，以及在此之上自主開發的 mycar 軟體庫等。

第 2 章　造車：系統軟硬體基礎

　　mycar 以物件導向的設計方法，把智慧小車的各種功能統一成介面相容的部件，是實現車體物件、操作控制等很多涉及自動駕駛功能的核心工具軟體庫。mycar 軟體庫包含了兩個比較核心的物件：

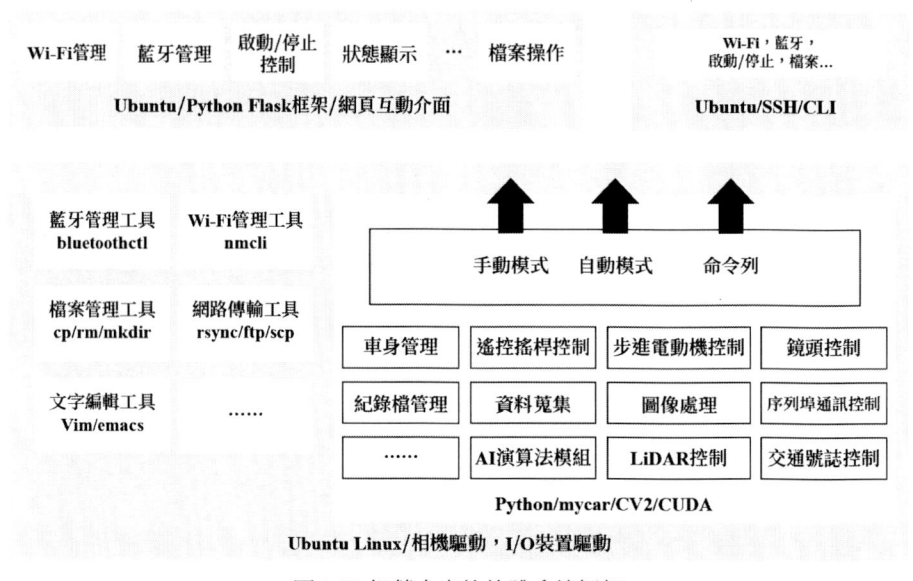

圖 2.23　智慧小車的軟體系統框架

　　(1) 車體物件 vehicle。它是裝載其他各個模組和部件的容器，透過載入車身管理、遙控搖桿控制、步進馬達管理、感測器控制及圖像處理等功能程式碼，實現了對智慧小車整體功能的程式碼封裝。以物件導向的程式設計視角，vehicle 物件就是一輛具備自動駕駛功能的「汽車」，其內部擁有「自動駕駛汽車」所需的各個功能部件（程式碼），這些部件使用統一的介面呼叫，協同完成相應的功能。

　　(2) 開車物件 drive。它是實現和表達開車流程的功能模組。啟動 drive 物件就能啟動整個智慧小車的執行，例如 drive 物件中有呼叫 vehicle 物件步進馬達的控制命令，能夠控制小車完成行進、轉向等行為。drive 物件中有手動駕駛模式和自動駕駛模式兩種模式，可以分別呼叫並整合 vehicle 物件中的不同部件和功能，以實現駕駛功能。

軟體系統框架中的互動介面是使用者與智慧小車系統進行互動的通道，例如使用者可以從兩種不同的入口，即命令列（CLI，Command Line Interface）或圖形使用者介面（GUI，Graphic User Interface）啟動 drive 物件。其中命令列的啟動較簡單，使用者可以透過 SSH 登入到智慧小車～/mycar 目錄下，透過輸入命令，啟動智慧小車。GUI 基於 Flask 框架開發，能夠對應實現大量命令列相關的功能，操作更為友善、方便，使用者可以免學習直接上手。同時 GUI 還設計一些有趣的功能，例如用 GUI 上的虛擬按鍵手動遙控智慧小車，在 GUI 上即時顯示智慧小車攝影機視角的路況景象等。如果藉助高頻寬、低延遲的網路，還可以實現對智慧小車的遠端遙控路採等操作。

2. 程式碼位置及組織

透過 SSH 登入智慧小車的 Linux 系統，智慧小車 mycar 軟體庫位於「～/mycar」資料夾（軟體庫主目錄）下，其程式碼檔案如圖 2.24 所示。主目錄下的 drive.py 檔案是「開車物件」的主程式（開車程式），包含手動駕駛和自動駕駛兩種模式。config.py 檔案內可自定義配置智慧小車的執行參數（配置程式）。主目錄下的 dellcar 資料夾為智慧小車的檔案庫所在地，包含了「車體物件」的主程式 vehicle.py 以及執行智慧小車各個元件的相應設定檔，這些檔案中的程式碼提供統一格式的介面，便於呼叫。載入在「車體物件」中的各個功能元件（程式），被放置在 parts 資料夾中，包括攝影機圖像處理、藍牙連線管理、資料採集與保存等與自動駕駛功能相關的檔案。

第 2 章　造車：系統軟硬體基礎

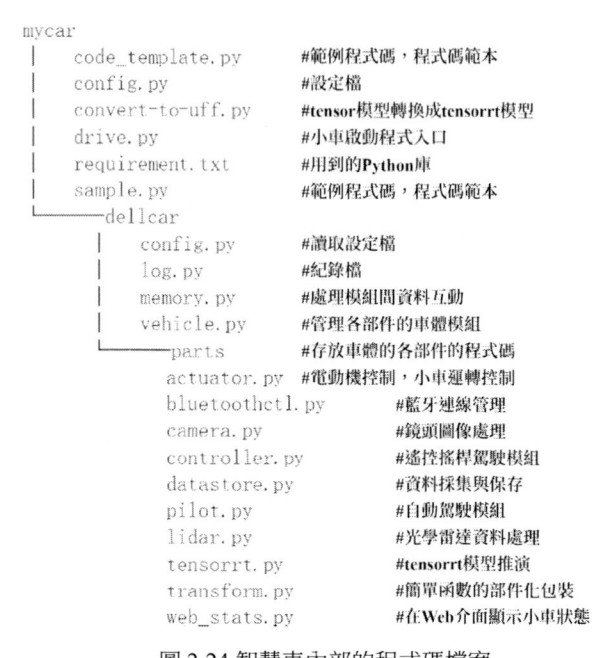

```
mycar
  |    code_template.py    #範例程式碼，程式碼範本
  |    config.py           #設定檔
  |    convert-to-uff.py   #tensor模型轉換成tensorrt模型
  |    drive.py            #小車啟動程式入口
  |    requirement.txt     #用到的Python庫
  |    sample.py           #範例程式碼，程式碼範本
  └──dellcar
       |    config.py      #讀取設定檔
       |    log.py         #紀錄檔
       |    memory.py      #處理模組間資料互動
       |    vehicle.py     #管理各部件的車體模組
       └──parts            #存放車體的各部件的程式碼
              actuator.py       #電動機控制，小車運轉控制
              bluetoothctl.py   #藍牙連線管理
              camera.py         #鏡頭圖像處理
              controller.py     #遙控搖桿駕駛模組
              datastore.py      #資料採集與保存
              pilot.py          #自動駕駛模組
              lidar.py          #光學雷達資料處理
              tensorrt.py       #tensorrt模型推演
              transform.py      #簡單函數的部件化包裝
              web_stats.py      #在Web介面顯示小車狀態
```

圖 2.24 智慧車內部的程式碼檔案
（資料來源：Dell Technologies 智慧小車元件使用指南）

這些 Python 檔案的數量約為 50 個，實現了從局部的人工智慧探測器 YOLO 演算法到整體的智慧小車自動駕駛控制，使用者可以在充分理解這些程式碼檔案的基礎上，對程式碼進行調整和替換，實現智慧小車效能的更新和改善。

3·駕駛流程

智慧小車開車程式可以透過 GUI 啟動，也可以透過命令列啟動。執行模式有手動駕駛模式或自動駕駛模式。如果以手動駕駛模式啟動智慧小車，需要先建立遙控搖桿與智慧小車的藍牙連線。如果以 GUI 啟動智慧小車，則需等待隨系統通電啟動而自啟動 GUI 初始化的完成，然後點選 GUI 中的「啟動」按鈕。

如圖 2.25 所示，智慧小車開車程式啟動過程中，設定檔會根據預設參數、實際安裝的硬體及啟動時指定的執行模式建立並呼叫執行相應

的物件。在呼叫車體物件時，vehicle.py 程式會對攝影機物件（包括單鏡頭、多鏡頭和景深攝影機等）、光學雷達物件、交通號誌物件進行初始化和呼叫執行；在呼叫開車程式物件時，drive.py 程式會呼叫執行馬達物件（步進馬達控制）、自動駕駛演算法模型、資料蒐集物件等。

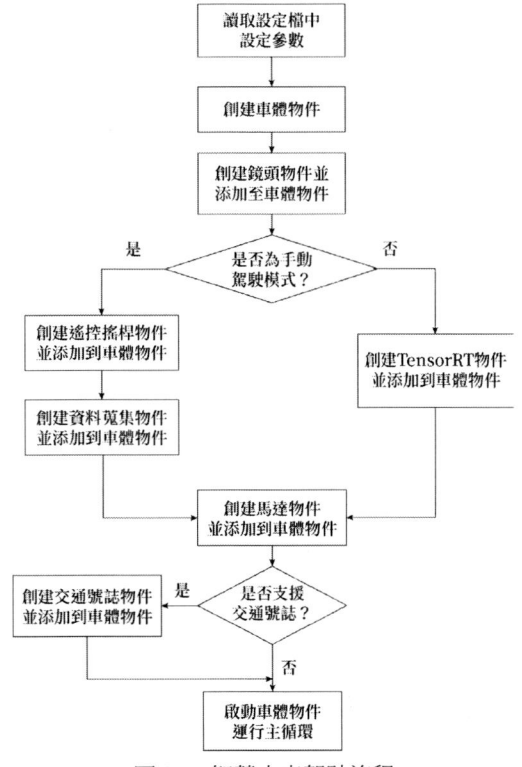

圖 2.25 智慧小車駕駛流程

1）手動駕駛流程

如圖 2.26 所示，透過 GUI 以手動駕駛模式啟動或透過命令列（預設為手動駕駛模式）啟動智慧小車開車程式 drive.py 時，drive.py 會呼叫車體物件 vehicle。vehicle.py 依次初始化配置的各個部件物件，如果有非同步執行的功能部件，則啟動它們的工作執行緒，並等待 1s，以確保所有非同步物件的設備都完全啟動，然後進入開車程式的主循環。

第 2 章　造車：系統軟硬體基礎

在開車程式主循環的每一個循環週期中，drive.py 都會依次呼叫：①攝影機物件，獲取攝影機輸入的路況圖片；②遙控搖桿物件，獲取輸入的操作按鍵碼，運算生成油門資訊和轉向資訊；③馬達物件，根據遙控搖桿物件產生的油門資訊和轉向資訊，透過串列埠發送指令，控制四個馬達的轉速和旋轉方向；④資料蒐集物件，將本循環內蒐集到的路況圖片，遙控搖桿生成的油門資訊和轉向資訊，以及時間戳記等資訊，以 json 檔案和 jpg 圖片的格式，分別保存在磁碟中。

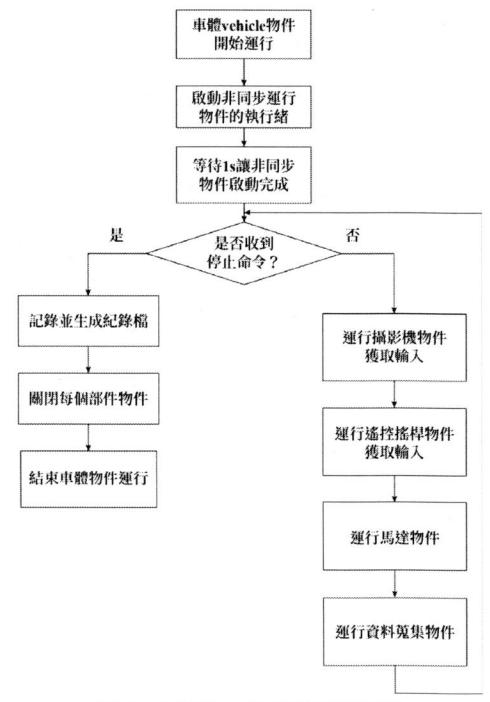

圖 2.26 智慧小車手動駕駛流程

生成的資料檔案將會保存在 mycar/tub 目錄中。可以登入智慧小車 Ubuntu 系統，把這些資料複製到伺服器，進行後續的資料處理和模型訓練。

2）自動駕駛流程

在 GUI 上，先選定要使用的、訓練好的自動駕駛模型，再以自動駕駛模式啟動智慧小車開車程式。透過命令列啟動智慧小車開車程式，則

2.4 智慧小車系統

需要給啟動命令指定自動駕駛模型的路徑和檔名。這些自動駕駛模型必須匹配 vehicle 物件內部的演算法模型，且需要提前下載保存在智慧小車系統軟體目錄中。

如圖 2.27 所示，開車程式將會從車體物件中依次取初始化過程中所新增的各個部件物件，如果存在非同步物件，在啟動它們的執行緒後，還需要等待 1s，以確保所有非同步物件對應的設備都完全啟動，然後再進入開車程式的主循環。

在開車程式主循環的每一個循環週期中，drive.py 都會依次呼叫：①攝影機物件，獲取攝影機輸入的路況圖片；②自動駕駛演算法模型物件，根據路況圖片運算生成油門資訊和轉向資訊；③馬達物件，根據遙控搖桿物件產生的油門資訊和轉向資訊，透過串列埠發送指令，控制四個馬達的轉速和旋轉方向。

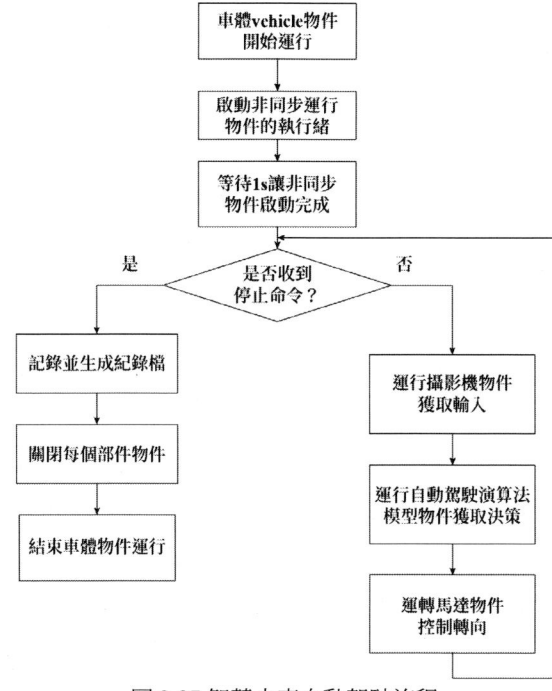

圖 2.27 智慧小車自動駕駛流程

117

2.4.4 智慧小車自動駕駛

實現自動駕駛功能是智慧小車系統的核心任務，但僅利用智慧小車自身的軟硬體系統完成自動駕駛任務是不夠的。如同業界中汽車自動駕駛的研發流程，智慧小車實現自動駕駛也同樣需要完成資料蒐集、資料預處理、模型訓練與測試和自動駕駛部署這 4 個環節，同樣需要藉助訓練伺服器等外部設備。

如圖 2.28 所示，從訊號傳遞和資訊數據處理的視角，智慧小車自動駕駛的功能實現過程，主要包括：

(1) 資料蒐集。透過遙控搖桿，操作智慧小車在車道系統上正確行駛，智慧小車內部軟體將在手動模式駕駛過程中蒐集路況和相對應的操控訊號，資料儲存在智慧小車的儲存器 (TransFlash 卡，TF 卡) 中。

(2) 資料預處理與模型訓練。使用者可以把蒐集到的資料上傳到後臺的訓練伺服器，在伺服器上完成資料淨化、標注等資料預處理，然後利用伺服器進行模型訓練。

(3) 模型部署並啟動自動駕駛。把訓練出來的模型下載到智慧小車上進行測試檢驗，完成一次模型的生成與檢驗週期。通常演算法與資料都需要多次反覆偵錯和訓練，才能獲得一個好的自動駕駛模型。

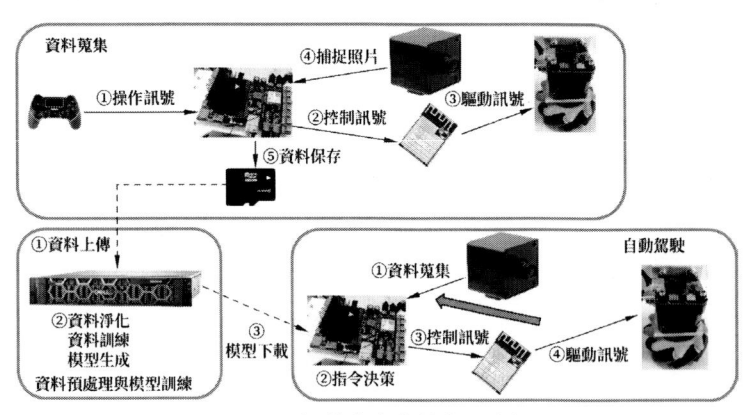

圖 2.28 智慧小車資料處理流程

2.4 智慧小車系統

1. 資料蒐集

在智慧小車的 GUI 中選擇進入手動駕駛模式，透過操作遙控搖桿正常操作遙控智慧小車，控制器將控制訊號轉換為驅動訊號、控制步進馬達轉動，讓智慧小車行駛。在行駛中，控制器將攝影機捕捉的路況圖片轉換為待保存的路況資料，同時也會將當前遙控操作指令轉換為待保存的資料。智慧小車在行進過程中會按照設定好的頻率，將待保存的資料存入隨車儲存器中進行資料蒐集，當智慧小車停止行進時，資料蒐集自動停止。

2. 資料預處理與模型訓練

智慧小車的資料預處理與模型訓練過程，將使用後臺訓練伺服器完成，訓練伺服器有強大的運算能力（算力），配置多片 GPU 加速器，可以大幅度縮短處理和訓練的時間。

手動駕駛過程中蒐集到的資料，儲存在 TF 卡中，使用者可以登入到智慧小車的 Ubuntu 系統，透過 rsync、FTP 等方式，把資料上傳到訓練伺服器上。在伺服器的～/mycar_server 目錄裡，存有與智慧小車 mycar 軟體庫中相同的自動駕駛演算法模型，利用機器學習的傳統方法，可以使用訓練伺服器中的工具軟體，完成對資料的預處理。

資料處理好後，可以執行～/mycar_server/train.py 啟動軟體伺服器端的訓練程式，同時在啟動的命令列上，指定訓練資料的路徑，生成模型的路徑和名稱。如果是對已有模型的疊加訓練，還需要指定已有模型的路徑和名稱。如果操作正確，可以看到類似圖 2.29 的輸出資訊，這表示訓練已經開始。

3. 部署模型並啟動自動駕駛

在模型訓練成功後，把自動駕駛演算法模型檔案從訓練伺服器中複製、下載到智慧小車的資料夾～ /mycar/models 子目錄中。

```
0.0 12198.0
leftMemory:  0 TotalMemory:  12198
2020-08-05 11:07:01.591191: I tensorflow/core/platform/cpu_feature_guard.cc:141] Your CPU supports instructions that this TensorFlow binary was not compiled t
o use: AVX2 AVX512F FMA
2020-08-05 11:07:03.093966: I tensorflow/compiler/xla/service/service.cc:150] XLA service 0x1d95fe0 executing computations on platform CUDA. Devices:
2020-08-05 11:07:03.094081: I tensorflow/compiler/xla/service/service.cc:158]   StreamExecutor device (0): Tesla P100-PCIE-12GB, Compute Capability 6.0
2020-08-05 11:07:03.120100: I tensorflow/core/platform/profile_utils/cpu_utils.cc:94] CPU Frequency: 1800000000 Hz
2020-08-05 11:07:03.124631: I tensorflow/compiler/xla/service/service.cc:150] XLA service 0x1d8c290 executing computations on platform Host. Devices:
2020-08-05 11:07:03.124692: I tensorflow/compiler/xla/service/service.cc:158]   StreamExecutor device (0): <undefined>, <undefined>
2020-08-05 11:07:03.125065: I tensorflow/core/common_runtime/gpu/gpu_device.cc:1433] Found device 0 with properties:
name: Tesla P100-PCIE-12GB major: 6 minor: 0 memoryClockRate(GHz): 1.3285
pciBusID: 0000:3b:00.0
totalMemory: 11.91GiB freeMemory: 11.65GiB
2020-08-05 11:07:03.125122: I tensorflow/core/common_runtime/gpu/gpu_device.cc:1512] Adding visible gpu devices: 0
2020-08-05 11:07:03.127412: I tensorflow/core/common_runtime/gpu/gpu_device.cc:984] Device interconnect StreamExecutor with strength 1 edge matrix:
2020-08-05 11:07:03.127449: I tensorflow/core/common_runtime/gpu/gpu_device.cc:990]      0
2020-08-05 11:07:03.127469: I tensorflow/core/common_runtime/gpu/gpu_device.cc:1003] 0:   N
2020-08-05 11:07:03.127627: I tensorflow/core/common_runtime/gpu/gpu_device.cc:1115] Created TensorFlow device (/job:localhost/replica:0/task:0/device:GPU:0 w
ith 5489 MB memory) -> physical GPU (device: 0, name: Tesla P100-PCIE-12GB, pci bus id: 0000:3b:00.0, compute capability: 6.0)
WARNING:tensorflow:From /usr/local/lib/python3.6/dist-packages/tensorflow/python/ops/resource_variable_ops.py:435: colocate_with (from tensorflow.python.frame
work.ops) is deprecated and will be removed in a future version.
Instructions for updating:
Colocations handled automatically by placer.
WARNING:tensorflow:From /usr/local/lib/python3.6/dist-packages/tensorflow/python/keras/layers/core.py:143: calling dropout (from tensorflow.python.ops.nn_ops)
 with keep_prob is deprecated and will be removed in a future version.
Instructions for updating:
Please use `rate` instead of `keep_prob`. Rate should be set to `rate = 1 - keep_prob`.
2020-08-05 11:07:03.702938: I tensorflow/core/common_runtime/gpu/gpu_device.cc:1512] Adding visible gpu devices: 0
2020-08-05 11:07:03.702996: I tensorflow/core/common_runtime/gpu/gpu_device.cc:984] Device interconnect StreamExecutor with strength 1 edge matrix:
2020-08-05 11:07:03.703006: I tensorflow/core/common_runtime/gpu/gpu_device.cc:990]      0
2020-08-05 11:07:03.703014: I tensorflow/core/common_runtime/gpu/gpu_device.cc:1003] 0:   N
2020-08-05 11:07:03.703100: I tensorflow/core/common_runtime/gpu/gpu_device.cc:1115] Created TensorFlow device (/job:localhost/replica:0/task:0/device:GPU:0 w
ith 5489 MB memory) -> physical GPU (device: 0, name: Tesla P100-PCIE-12GB, pci bus id: 0000:3b:00.0, compute capability: 6.0)
WARNING:tensorflow:From /usr/local/lib/python3.6/dist-packages/tensorflow/python/ops/math_ops.py:3066: to_int32 (from tensorflow.python.ops.math_ops) is depre
cated and will be removed in a future version.
Instructions for updating:
Use tf.cast instead.
tub_names None
train: 82053, validation: 20739
steps_per_epoch 648
Epoch 1/100
2020-08-05 11:07:12.495080: I tensorflow/stream_executor/dso_loader.cc:152] successfully opened CUDA library libcublas.so.10.0 locally
  6/648 [..............................] - ETA: 8:36 - loss: 1.2122 - angle_out_loss: 1.3460 - throttle_out_loss: 0.0078
```

圖 2.29 資料訓練回饋視窗資訊

模型複製到智慧小車的相應目錄中後，可以透過命令列方式，或在智慧小車的 GUI 中指定複製下載的模型檔案，並啟動智慧小車的自動駕駛程式。智慧小車自動駕駛模式執行過程中，控制器會將攝影機即時蒐集的路況圖片資料輸入自動駕駛演算法模型中，並將模型輸出的結果作為決策指令，轉換為控制訊號，驅動步進馬達，讓智慧小車行進。

2.4.5 智慧小車開發環境

開發智慧小車自動駕駛功能所需的軟體環境，包括主機開發環境和智慧小車本地開發環境。

1. 主機開發環境

如圖 2.30 所示，主機開發環境可以由 Windows ＋ Python ＋ SSH ＋ Visual Studio Code（VSC）＋瀏覽器等軟體工具組成。

```
┌─────────────────────────────────────────────────┐
│         原始碼編輯器：Visual Studio Code          │
└─────────────────────────────────────────────────┘
┌─────────────────────────────────────────────────┐
│  Jetpack SDK套件：TensorFlow、Caffe、PyTorch、Keras和MXNet  │
└─────────────────────────────────────────────────┘
┌─────────────────────────────────────────────────┐
│              Jupyter工具、Jupyter環境              │
└─────────────────────────────────────────────────┘
┌──────────────────────────┐ ┌──────────────────────┐
│ Python（Windows發行版本）  │ │ Miniconda（Windows安裝程式）│
└──────────────────────────┘ └──────────────────────┘
┌─────────────────────────────────────────────────┐
│                    Windows系統                   │
└─────────────────────────────────────────────────┘
```

圖 2.30 主機開發環境

基於 Windows 的主機上安裝 Python 開發環境，用於智慧小車的駕駛軟體開發語言平臺；主機上需要安裝 SSH 作為主機登入智慧小車 Ubuntu 的主要工具；推薦採用 Visual Studio Code（簡稱 VSC 或 VSCode）作為軟體開發的整合開發環境（IDE）；使用瀏覽器從 Windows 主機登入智慧小車的 GUI。主機的作用比較靈活，可用於開發演算法軟體及智慧小車的軟體系統。在初始開發階段，通常直接使用工作效率高的主機 IDE 進行程式碼編寫偵錯，程式碼編寫完成後，進行單元測試，通過後，再部署到智慧小車中，後期偵錯可以登入到智慧小車的 Ubuntu 系統上，直接在智慧小車系統中修改程式碼。在智慧小車系統中快速修改程式碼、修正 Bug，常見於智慧小車的整合測試階段。

主機上還可以配置算力伺服器，其系統通常安裝有 Windows（Linux）＋ Python ＋ Jetpack SDK 等軟體工具和訓練所需的環境，訓練環境配置多塊 GPU 加速器，所需 CUDA 的開發庫和驅動也是必不可少的。

2. 智慧小車本地開發環境

如圖 2.31 所示，智慧小車本地開發環境由 Ubuntu ＋ Python ＋ vi ＋ Jetpack SDK 組成。

```
┌─────────────────────────────────────────────────────────┐
│                原始碼編輯器：vi                          │
└─────────────────────────────────────────────────────────┘
┌─────────────────────────────────────────────────────────┐
│  Jetpack SDK套件：TensorFlow、Caffe、PyTorch、Keras和MXNet │
└─────────────────────────────────────────────────────────┘
┌──────────────────────────┐  ┌──────────────────────────┐
│ Python（Linux發行版本）   │  │ Miniconda（Linux安裝程式）│
└──────────────────────────┘  └──────────────────────────┘
┌─────────────────────────────────────────────────────────┐
│                    Ubuntu系統                           │
└─────────────────────────────────────────────────────────┘
```

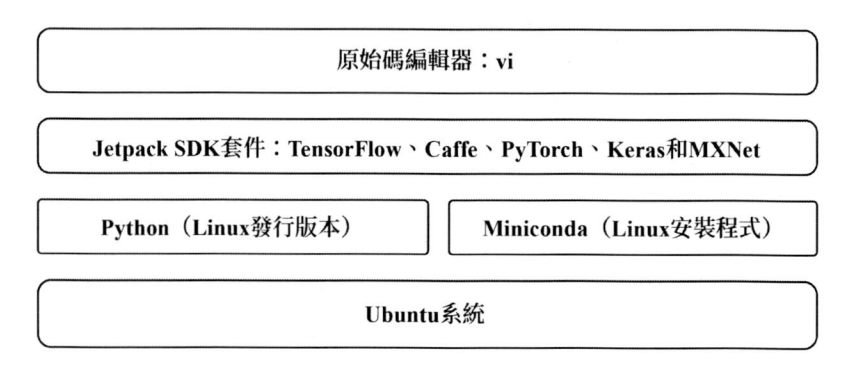

圖 2.31 智慧小車本地開發環境

智慧小車的作業系統採用 Ubuntu 系統，安裝 Python 以及 Jetpack SDK；智慧小車 Ubuntu 系統上需要安裝 rsync 等工具，以便把蒐集到的訓練資料上傳到訓練伺服器，並複製下載訓練好的自動駕駛演算法模型；智慧小車主要採用 vi 作為原始碼編輯器。

3. 主要軟體工具介紹

在主機開發環境和智慧小車本地開發環境中有很多軟體工具，其中最主要的軟體工具包括 Python、TensorFlow、PyTorch、VSC 等。Python 是當前機器學習和人工智慧研究的主要語言，使用受眾相對廣泛，這裡不再展開介紹。

TensorFlow 是一個用於機器學習的端到端開源平臺。它有一個由工具、庫和社區資源組成的全面、靈活的生態系統，使研究人員能夠使用先進的機器學習技術，讓開發人員可以輕鬆地建構和部署基於機器學習的應用程式。藉助 TensorFlow，初學者和專家可以輕鬆建立適用於桌

2.4 智慧小車系統

面、移動、網路和雲端環境的機器學習模型。

PyTorch 是 Torch 的 Python 版本，是開源的神經網路框架，適用於針對 GPU 加速的深度神經網路（DNN）程式設計。Torch 是一個經典的、對多元矩陣數據進行操作的張量（tensor）庫，在機器學習和其他數學密集型應用有廣泛應用。

VSC 是微軟於 2015 年釋出的一款免費開源的現代化輕量級原始碼編輯器，它功能強大，執行在 Windows、macOS 和 Linux 作業系統上，內建 JavaScript、TypeScript 和 Node.js，有豐富的擴展語言，可用於其他語言（如 C++、C、Java、Python、PHP、Go 等）和執行（runtimes，如 .NET 和 Unity 等）。

2.5 開放性思考

本章介紹自動駕駛領域的基礎知識，為了幫助讀者思考和更深入的學習，下面提出部分開放性思考問題。

(1)汽車網路化。

如圖 2.32 所示，自動駕駛帶來的技術升級不只限於汽車本身，也關乎整個交通基礎設施的各方面。車聯網——「車到萬物（V2X）」提出了對整個社會新基建的升級改造和創新的需求。

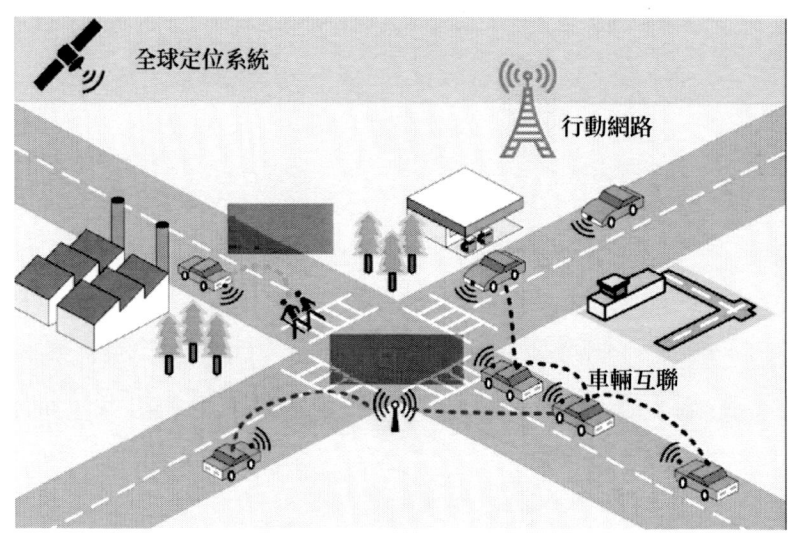

圖 2.32 汽車網路化示意圖

作為車聯網、物聯網中的重要節點，車輛本身低延遲、高頻寬、隨時在線上、互聯互通等通訊功能，將是自動駕駛汽車不可或缺的重要功能。

汽車網路化對自動駕駛至關重要，具體展現在以下多個方面：

①資訊獲取功能。自動駕駛汽車除了依賴自身的感測器了解周圍路況，也需要透過網路，了解自身感知範圍之外的資訊，例如交通排程資訊、天氣資訊、街道視野死角內的資訊等。

②資訊處理功能。透過使用雲端運算，自動駕駛汽車可以把一些運算交給雲端處理，汽車只需直接使用運算的結果。

③資訊儲存功能。自動駕駛汽車可以將雲端作為後備儲存，除了即時、反覆存取的資訊，其他大量資訊可以上傳到雲端，例如行車紀錄影片、照片和紀錄檔等。這將大大擴充汽車的儲存能力和儲存使用效率。

④資訊平臺功能。汽車作為移動的辦公室，甚至移動的家，資訊平臺功能會讓其更加名副其實。

強大的網路化功能是物聯網應用，例如視訊會議、辦公郵件、雲端辦公 App、網路購物、遠端溝通等的基石。

未來的自動駕駛汽車除了作為「五官」的感知層、作為「大腦」的決策層、作為載具的執行層，用於獲取資訊和交換資訊的網路功能也必不可少，讀者可以自行思考如何才能將網路層功能有系統的融合到現有自動駕駛技術的框架中？

(2)車聯網與邊緣運算。

自動駕駛不只是車的智慧化，也是整體交通網路的智慧化，自動駕駛需要在高速行駛下進行高速通訊，所以高頻寬、低延遲非常關鍵。自動駕駛的智慧化需要大量的算力，這些運算不只在車上完成，也需要整個網路共同參與。這不僅關係到智慧車輛的成本最佳化，也是未來整個智慧交通的必然需求。自動駕駛需要輸入大量資料，並同時產生大量的數據，依據資料、數據的不同，有的需要儲存在車上，有的需要儲存到雲端，所以資料的儲存也需要整個網路的共同參與。

自動駕駛汽車需要在資料獲取、運算、儲存上與網路深度融合、即時互動。若把這些資料和運算放到主幹網路上的資料中心進行，無論頻寬、延遲、運算能力的可延伸性等方面，都將面臨極大的挑戰，而且不經濟，因此邊緣運算的必要性和重要性就不言而喻了。汽車算力的規模

以百萬、千萬量級計，如此規模的需求，是否能透過新一代的邊緣通訊、邊緣運算、邊緣儲存形成更完美的解決方案？

近年來許多 IT 基礎設備大廠加速發展邊緣運算和儲存，助力車聯網和智慧駕駛時代的來臨。如圖 2.33 所示，讓運算發生在資料生成位置的附近，以產生即時的、重要的價值，可完美解決自動駕駛過程中的資訊獲取、運算和儲存的需求。

讀者可自行思考如何將邊緣運算有系統的融入未來的自動駕駛系統和智慧交通系統中？

(3)軟體定義汽車。

正如 2.2 節所述，汽車系統從純機械架構發展到電子電氣架構，對汽車的定義也從機械定義到現在的智慧化定義。在未來自動駕駛時代，汽車的電子電氣架構升級到具有強大算力的智慧平臺，網路的延遲不斷降低，頻寬不斷提高，雲端運算、雲端儲存的發展不斷完善，汽車的價值將不再只是代步的機械工具，也不再只是舒適娛樂的機電終端，它可以是移動的辦公室、移動的家、帶輪子的手機或另一個生活空間；它既是實際的空間，也是網路虛擬的空間。所有在實際空間和網路虛擬空間中可以做的事，都將在智慧汽車中實現，這似乎有無窮的可能性和功能需求，無疑需要大量的軟體功能和巨量的資料來支撐。

大量應用軟體在 5G 網路技術和空中下載技術（Over-the-Air Technology，OTA）的支援下，不斷升級最佳化，增加新的功能。一輛汽車售出後，它仍可以不斷付費升級已有功能或增加新功能，軟體成為定義汽車使用價值的重要因素。

2.5 開放性思考

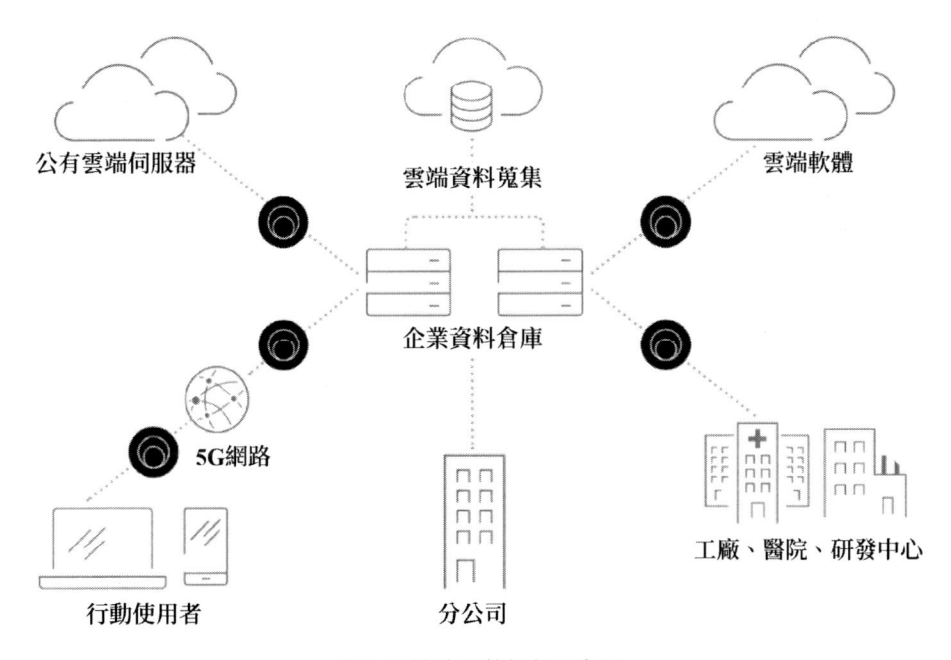

圖 2.33 邊緣運算框架示意圖

據相關資料分析，在汽車製造的成本中，軟體研發的成本已占大宗（超過 50%），且將來這個比例還會更高，這是情理之中，也是意料之外的結果。同時，汽車軟體具備上億市場規模，有巨大發展空間，將成為民生經濟的重要產業之一。軟體定義汽車已不是一個概念，而是實實在在發生的事實。智慧化讓自動駕駛的未來具有無限可能，隨著汽車軟體的發展，這些新功能會逐漸被開發出來，從某種程度上來說，開發汽車軟體就是造汽車。

讀者可自行思考未來汽車軟體的開發需要什麼樣的專業基礎？需要什麼樣的開發環境？如何將人工智慧技術的發展與汽車軟體的開發相結合？

2.6 本章小結

汽車是一個複雜的機電系統，在道路上行駛時，需要對其進行細微的控制。控制的精細程度不但與駕駛者的操控程度相關，也與車自身的效能緊密相關。作為一個複雜的機電系統，汽車自身由很多部件構成，其中負責實現行駛功能的中樞部件是底盤系統。

底盤系統連結車輛的發動機系統、操作控制系統和車輪，是承載和安裝車體和所有車載系統的基礎部件。底盤技術作為傳統汽車工業發展的重要技術之一，很多研發成果已相當成熟。具有自動駕駛功能的汽車，目前仍然以傳統汽車為根基，融合了人工智慧技術、自動化技術，因此在學習自動駕駛的過程中，對汽車底盤功能的了解是必不可少的。

自動駕駛系統的最終目標是成為人類駕駛的替代品，雖然目前只能實現部分的替代，但發展的方向始終未曾改變。自動駕駛系統顯然是控制車自動行駛的核心組成，其功能的實現，仍然需要依賴車的底盤等基礎部件。對於車行駛這類精細控制的過程，需要感知、決策和執行等多個環節之間形成絕佳的配合，因此系統的軟硬體整體架構設計非常重要。以傳統汽車的軟硬體架構為基礎，進一步對自動駕駛系統的功能架構進行融合，是目前主要的研發思路。

如圖 2.34 虛線框所示，本章以自動駕駛智慧小車為例，向讀者介紹了汽車架構和目前業界普遍採用的汽車基本軟硬體框架及自動駕駛系統研發的大致過程，幫助人工智慧等專業的讀者了解和掌握與汽車基礎架構相關的知識及自動駕駛相關的研發過程。

2.6 本章小結

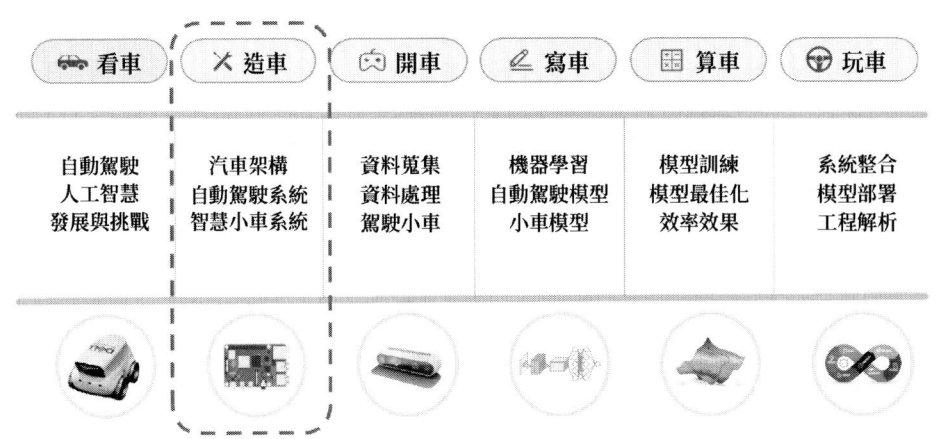

看車	造車	開車	寫車	算車	玩車
自動駕駛 人工智慧 發展與挑戰	汽車架構 自動駕駛系統 智慧小車系統	資料蒐集 資料處理 駕駛小車	機器學習 自動駕駛模型 小車模型	模型訓練 模型最佳化 效率效果	系統整合 模型部署 工程解析

圖 2.34 章節編排

第 2 章　造車：系統軟硬體基礎

第 3 章
開車：蒐集與預處理

第 3 章　開車：蒐集與預處理

3.0 本章導讀

　　本質上來說，自動駕駛系統仍屬於一種自動控制系統。對於控制系統，完成閉迴路是實現系統穩定的重要條件之一。在傳統的車輛駕駛中，駕駛人員是整個閉迴路系統的控制核心。自動駕駛系統的功能，是替代人類駕駛，成為系統的控制核心，藉此實現對車輛行駛的閉迴路控制。自動控制系統中的控制器，可以有多種實現路徑，而人工智慧只是其中的一種。在人工智慧技術獲得長足發展之前，人們利用經典控制理論來設計傳統控制器，特別是在一些較簡單的工作環境中，傳統控制器具備更高的效率。然而在自動駕駛應用情境中，車輛所處的道路交通路況相對更加複雜，傳統控制器無法勝任。目前最佳的解決方案是利用人工智慧技術，透過建立基於深度學習的複雜神經網路模型，利用機器學習的方法，對模型進行訓練和最佳化，在車輛控制系統中實現模型的即時推理，藉此實現車輛的自動駕駛功能。

　　類似於對人類駕駛的要求（需成年才能獨立駕駛汽車上路），自動駕駛系統的學習模型也需要達到必要的成熟度，才能逐步替代人類駕駛操控車輛。由於車輛駕駛所面臨的複雜路況需要駕駛人員具有成年人的心智和能力，而所對應的自動駕駛成熟度模型，同樣需要進行機器學習生命週期的大量迭代與累積。透過機器學習路徑建立的模型，需要使用大量的訓練資料，如同人類的學習需要大量的閱讀和練習一樣。因此，在如圖 3.1 所示的自動駕駛汽車研發過程的 4 個階段中，資料採集和資料預處理是非常重要的基礎和前提。

　　自動駕駛系統的訓練資料主要來源於各種感測器，自動駕駛汽車藉助各種感測器感知周圍環境，感測器包括雷達、光學雷達、攝影機、聲納和 GPS 等。這些感測器捕捉對周圍環境的感知資訊，以辨識導航路

徑、避開障礙物並讀取相關標示（例如道路中的各種交通號誌），以遵守交通規則。在全球多個不同城市、不同的自動駕駛汽車開發團隊，蒐集數千小時的試駕資料以進行測試。持續 8 小時的測試，可以建立超過 100TB 的資料，必須高效能地蒐集、儲存、分析和解釋這些大數據，以進行學習演算法訓練，最終生成車輛的駕駛決策。

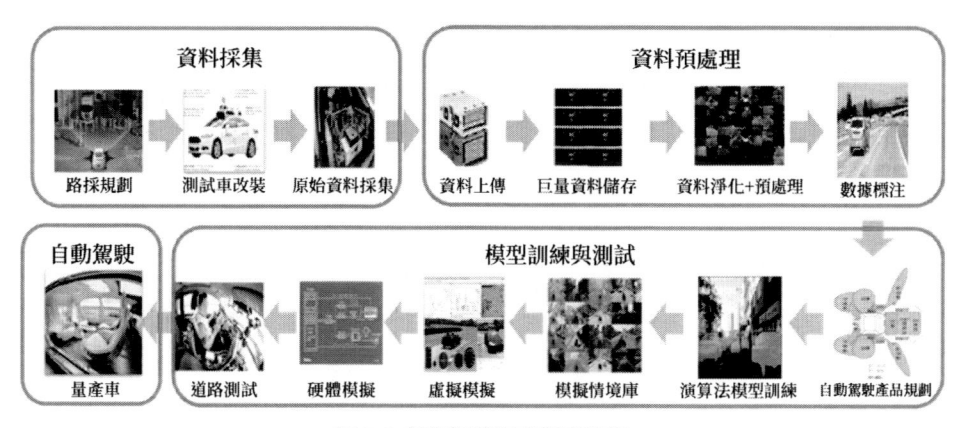

圖 3.1 自動駕駛汽車研發過程

通常來說，對於自動駕駛資料集中大量存在的影片資料，會使用基於深度學習模型的電腦視覺技術實現對影片畫面內容的分類、目標辨識、全景分割等任務，從而實現對駕駛環境的精確感知。在這個「資料 ── 模型 ── 感知」的過程中，模型只能透過學習其「所見內容」（路採的圖像資料），獲取對環境的感知，因此高品質的圖像資料，對深度學習模型應用的成功至關重要。

第 3 章　開車：蒐集與預處理

3.1 機器學習與資料集

3.1.1 人工智慧與機器學習

人工智慧這個概念最初是在 1956 年被提出的，伴隨著電子電腦技術的發展和應用而產生。由於其功能的實現多依賴運算，以電腦作為媒介執行，因此人們將其歸入電腦科學中。然而，隨著研究的不斷深入，人工智慧涉及自然科學、社會科學和技術科學等更多的領域，被重新定義為一門典型的邊緣學科。人工智慧在對人的思維模擬上一直存在兩種路徑：一種是對人腦的結構模擬；另一種是對人腦的功能模擬。結構模擬仿照人腦的構造和思考機制，以製造「類人腦」機器為目標；功能模擬是拋開人腦結構的特徵，僅模仿人腦功能的執行過程。

功能模擬建立在電腦應用的基礎上，透過編製指令程式，讓電腦完成運算處理的功能，生成人們期望的結果。功能模擬的優點在於能運用電腦遠超過人腦的強大運算力，高效能地完成運算功能，但局限性也很明顯，其無法達到人腦能達到的智力水準。然而，人類的智慧從何而來？大腦作為智慧的容器，其內部結構和功能機理已成為研究的焦點。對人類大腦結構進行模擬，隨著現代技術的發展而不斷提高，以結構模擬作為技術路徑實現人工智慧的優勢，也日趨突顯。

功能模擬路徑利用電腦程式指令直接實現預期功能，而結構模擬路徑則是透過建立「類人腦」模型，並用機器學習的方法，使模型具備預期功能。機器學習是模式辨識領域中的研究焦點，隨著深度學習技術的發展，也成為目前實現人工智慧的重要途徑。機器學習相關理論和方法，在解決工程應用類和科學領域的複雜問題中，得到了廣泛的應用。機器學習有兩個研究方向：一個是傳統的機器學習方向，注重研究模擬人的

學習機制；另一個是側重對大數據的分析和學習方向，主要研究從巨量的資料中獲取知識，提高對數據資訊的利用率。

從不同的角度出發，機器學習還有不同的分類。例如，從學習策略的角度，機器學習可分為模擬人腦的機器學習（包括符號學習和連結學習等）和數學統計的機器學習（基於模型和演算法的機器學習等）；從學習方法的角度，機器學習可以分為歸納學習、演繹性學習等；從學習方式的角度，機器學習可分為有監督學習、無監督學習和強化學習等；從數據資訊形式的角度，機器學習可分為結構化學習和非結構化學習；從學習目標的角度，機器學習可分為概念學習、規則學習、函數學習、類別學習、貝氏網路學習等。

機器學習常見的演算法包括決策樹演算法、單純貝氏演算法、支援向量機演算法、隨機森林演算法等。深度學習是機器學習領域中一個新的研究方向，是目前人工智慧實現的重要途徑，在語音和圖像辨識方面獲得了顯著成效，正在被廣泛應用於多種實用情境中，例如人臉辨識、智慧音響、人機互動等。在自動駕駛領域，採用深度學習方式進行研究是目前常見的研究路徑，系統對環境目標進行辨識和感知，以此作為決策判斷的基礎，借鑑人類駕駛操控車輛的經驗和判斷，實現車輛駕駛的閉迴路控制。

3.1.2 機器學習資料集

機器學習所需的資料集是學習模型最終蘊含的「知識」來源。機器學習資料集被定義為訓練模型和進行預測所需的資料集合。這些資料集分為結構化資料集和非結構化資料集，其中結構化資料集採用表格格式，資料集的「列」對應記錄，「行」對應特徵，非結構化資料集對應圖像、文字、語音、音訊等。

第 3 章　開車：蒐集與預處理

　　資料集通常以人工觀察方式進行建立，有時也可能是在某些應用程式或演算法的幫助下建立的。資料集中可用的數據可以是數字、類別、文字或時間序列。例如在預測汽車價格時，這些數據會是數字。在資料集中，每一列數據對應一個觀察值或樣本。

1· 資料類型

　　從機器學習的角度理解資料集中可用的數據，資料類型分為：

　　(1)數值資料：任何作為數位的數據都稱為數值資料。數值資料可以是離散的或連續的。連續數據具有給定範圍內的任何值，而離散數據則具有不同的值。例如：汽車門的數量是離散的，即 2 個、4 個、6 個等；而汽車價格是連續的，如在 100,000 ～ 150,000 元，可能是 100,000 元或 125,000.5 元；數值資料可能為 int64（64 位整數型數據）或 float64（64 位浮點型數據）等。

　　(2)類別資料：類別資料用於表示特徵，例如汽車顏色、製造日期等。它也可以是一個數值，前提是該數值表示一個類別，例如用 1 表示汽油車，用 0 表示柴油車。這裡可以使用分類資料整合，但不能對它們執行任何數學運算，例如可以將汽油車與柴油車歸類於機動車，但這種分類資料下的 1 和 0 數值並不具實際運算意義。它的資料類型是一個物件。

　　(3)時間序列資料：時間序列資料是在一定時段內以固定間隔蒐集的一系列數值的集合。時間序列資料類型附加有一個時間欄位，以便可以輕鬆查詢資料對應的時間戳記。

　　(4)文字資料：文字資料就是文字，可以為機器學習模型提供某種單字、句子或段落。由於模型難以自行解釋這些文字，因此通常需要藉助其他自然語言處理技術（例如詞頻統計、文字分類或情感分析等）進行分析。

2. 資料集劃分

在機器學習和深度學習中訓練模型時，經常會遇到過適（過擬合、擬合過度）與乏適（欠擬合、擬合不足）的經典問題。為了克服這種情況，更加真實有效地訓練與衡量模型的準確性，會將資料集劃分為三個不同的部分：訓練資料集、驗證資料集與測試資料集。每個資料集都在系統中扮演不同的角色，通常按照 60：20：20 的比例進行劃分。具體如下：

(1) 訓練資料集：該資料集用於訓練模型，例如在神經網路模型中，這些資料集用於更新模型的權重。

(2) 驗證資料集：用於防止訓練過程中可能發生的過適，提高模型的廣義化能力。使用訓練中未使用的驗證資料集測試模型，基於訓練資料集的模型隨訓練過程在準確性上的增加，可認為是模型實際效能的提高。如果基於訓練資料集的模型在訓練過程中表現出準確度增加，而在驗證資料集上準確度卻在下降，這會導致基於訓練資料集的高變異數情形，即模型訓練的過適。

(3) 測試資料集：大多數情況下，當嘗試根據驗證資料集的輸出對模型進行更改時，會無意中讓模型能夠窺視驗證資料集，因此，模型有可能會在驗證資料集上形成過適。為了克服這個問題，通常會使用一個特定的測試資料集，這個資料集在訓練過程中，對模型來說是不可見的，其僅用於測試模型的最終輸出，以確保模型的準確性。

3. 資料品質

資料對機器學習至關重要，不僅僅關乎資料量，也同樣關乎資料品質。對機器學習模型而言，訓練結果好與壞的差別，並不在於學習演算法或模型本身的好壞，而往往取決於擁有多少、多好的資料來訓練模型。

資料品質有多種定義，其中最主要的兩個是：①如果資料符合預期的使用目的，則資料具有高品質；②如果資料正確地代表了資料所描述的真實世界結構，那麼資料就是高品質的。

資料品質取決於數據標注的一致性和準確率。標注的一致性指的是某個標注人員的標注和其他標注人員的標注一樣。標注的一致性透過確保標注人員的標注具有相同的準確性或錯誤性，防止數據標注中的隨機雜訊。標注的一致性是透過共識演算法來衡量的。利用自動化方法與工具，可避免一致性衡量過程採用手動方式的執行，手動方式耗時且存在安全隱憂。但需要注意的是，由於標注可能始終正確或錯誤，因此僅靠高度一致性並不足以完全保證資料的品質。

標注的準確性衡量是標籤與真實值（或「真值」，ground truth）的接近程度。真值數據是由知識專家或數據科學家標記的、用來測試標注人員準確性的訓練數據子集。準確性是透過基準測試（benchmark）衡量的。基準測試使數據科學家能夠監視數據的整體品質，然後透過深入了解標注人員工作的準確性，調查和解決可能引起數據品質方面任何導致標注準確性下降的潛在因素。

複查是確保標注準確性的另一種方法。標注完成後，有經驗的專家會抽樣檢查標籤的準確性。複查通常透過抽查某些標籤來進行，但是某些項目有時也會審查所有標籤。複查通常用於辨識標注過程中的低準確性與不一致，而基準測試通常用於感知標注人員的表現。

基準測試往往是成本最低的品質保證選項，因為它涉及的重疊工作量最少。但是它的局限性在於僅能捕捉訓練資料集的子集。共識和複查的成本則取決於共識設定和審查比例（兩者都可以設定為資料集 0〜100%的任意值，且同時分配給多個標注人員）。

3.1.3 多種數據類型的數據標注

數據標注也稱為數據標記,是用類別標籤標注資料集的過程[2]。數據標注是對未處理的初級資料,包括語音、圖片、文字、影片等進行加工處理,並轉換為機器可辨識資訊的過程。此過程的品質,對監督機器學習演算法至關重要,監督學習演算法在嘗試透過辨識未標注資料集中的相同模式預測標籤之前,需要先從大量已標注數據中學習模式。常見的數據標注類型有文字標注、音訊標注和圖像標注。這些經標注的訓練資料集,可用於訓練自動駕駛、聊天機器人、翻譯系統、智慧客服和搜尋引擎等。

2007 年,史丹佛大學教授啟動 ImageNet 專案,該專案主要藉助亞馬遜勞務群眾外包平臺(Amazon Mechanical Turk,AMT)來完成圖像的分類和標注,以便為機器學習演算法提供更好的資料集。截至 2010 年,已有來自 167 個國家、4 萬多名工作者提供了 14,197,122 張標記過的圖像,共分成 21,841 種類別。從 2010 年到 2017 年,ImageNet 專案每年舉辦一次大規模的電腦視覺辨識挑戰賽,各參賽團隊透過編寫演算法,正確分類、檢測和定位物體及情境。ImageNet 專案的成功,促使大眾理解了數據對人工智慧研究的核心作用。

不同的數據標注類型適用於不同的標注情境,不同的標注情境也針對不同的 AI 應用情境。

1. 文字標注

文字資料是最常用的資料類型。根據 2020 年度某 AI 和機器學習報告,70% 的公司進行數據標注時離不開文字標注。文字標注包括情緒標注、意圖示注等,具體如下:

(1)情緒標注:情緒分析包括評估態度、情緒和觀點,因此擁有正確的訓練資料非常重要。為了獲得這些數據,經常需要人工標注者,因為

他們可以評估所有網路平臺（包括社群媒體和電子商務網站）上使用者的情緒和評論內容，並能夠標記和報告褻瀆、敏感等關鍵字或新詞。

(2)意圖示注：隨著人們越來越常進行人機互動，機器必須能夠理解人類自然語言和使用者意圖。根據多種意圖資料蒐集，可將意圖劃分為若干關鍵類別，包括請求、命令、預訂、推薦和確認。

(3)語義標注：語義標注既可以改進產品列表，又可以確保客戶找到想要的產品。這有助於把瀏覽者轉化為買家。語義標注服務透過標記產品標題和搜尋查詢中的各個元件，幫助訓練演算法，以辨識各組成部分，提高整體搜尋相關性。

(4)命名實體標注：命名實體辨識（NER）系統需要大量手工標注的訓練數據。一些企業在案例中會應用命名實體標注功能，例如幫助電子商務客戶辨識和標記一系列關鍵描述符號，或幫助社群媒體公司標記實體，例如人員、地點、公司、組織和標題，以幫助他們更能定位廣告內容。

2. 音訊標注

音訊標注是對語音數據的轉錄和加時間戳記，包括特定語音和語調的轉錄，以及語言、方言和說話者人口統計資料的辨識。各使用案例都不相同，有些需要一個非常具體的方法，例如攻擊性的語音指示器，以及安全和緊急熱線技術應用，得標記玻璃破碎等非語音聲音等。

3. 圖像標注

圖像標注在應用中至關重要，包括電腦視覺、機器人視覺、臉部辨識以及依賴機器學習來解釋圖像的解決方案。要訓練這些方案，必須以辨識符號、標題或關鍵字的形式為圖像分配後設資料。圖像標注除了標注圖像外，也包括標注影片，因為影片也是由連續播放的圖像所組成的。圖像標注一般要求標注人員使用不同顏色來對不同的目標標記物進

行輪廓辨識，然後在相應的輪廓打上標籤，用標籤來概述輪廓內的內容，以便讓演算法模型能夠辨識圖像中的不同標記物。

常見的數據標注方式，包括分類標注、拉框標注、區域標注、錨點標注等，具體說明如下：

(1)分類標注：分類標注是從給定的標籤集中選擇合適的標籤，分配給被標注的物件。通常一張圖可以有很多分類標籤，例如運動、讀書、購物、旅行等。對於文字，又可以標注出主語、謂語、賓語，或標注出名詞和動詞等。此項任務適用於文字、圖像、語音、影片等不同的標注物件。

(2)拉框標注：拉框標注就是從圖像中框選出要檢測的物件，此方法僅適用於圖像標注。拉框標注一般為多邊形拉框。多邊形拉框是將被標注元素的輪廓以多邊形的方式勾勒出來，不同的被標注元素有不同的輪廓，除了同樣需要新增單級或多級標籤外，多邊形標注還有可能涉及物體遮擋的邏輯關係，從而實現細線條的種類辨識。其中四邊形拉框主要是用特定軟體對圖像中需要處理的元素（例如人、車、動物等）進行拉框處理，同時用一個或多個獨立的標籤來代表一個或多個需要處理的元素。

(3)區域標注：與拉框標注相比，區域標注的要求更加精確，且邊緣可以是柔性的，並僅限於圖像標注，其主要的應用情境包括自動駕駛中的道路辨識和地圖辨識等。

(4)錨點標注：錨點標注是指將需要標注的元素（例如人臉、肢體等），按照需求位置進行點位標示，從而實現特定部位關鍵點的辨識。例如，採用錨點標注的方法對圖示人物的骨骼關節進行標示。錨點標注的適用情境包括姿態辨識、人臉辨識、手勢辨識等。

3.1.4 高維資料視覺化技術

高維資料是一種十分常見的資料類型。其數據樣本擁有多種屬性，如何高效能地分析這類資料，對分析人員來說始終是一個巨大的挑戰。其中的關鍵在於，如何同時展示多種屬性，並挖掘它們之間的關聯，這在資料擁有成千上百維度時會變得尤為困難。

過去數十年中，在視覺化領域已產生了大量優秀的技術，如資料降維、散布圖矩陣、平行座標等，以幫助使用者分析這類資料。但這些技術都還有很大的完善空間，而且研究和應用領域中也存在著尚未發掘的潛力與空缺。

1. 資料降維

資料降維（dimensionality reduction，維度縮減）是把高維資料轉化為二維或三維資料，從而可以透過散布圖等展示方法對資料進行分析。降維的目標是盡可能在低維空間保留高維資料的關鍵結構。傳統降維方法如 PCA（principal component analysis，主成分分析）演算法是線性方法，在降維過程中主要確保不相似的點盡量遠離的結構特徵。但是當高維資料處於低維非線性流形上時，確保相似的點盡量接近，則變得更為重要。流形資料是像繩結一樣的資料，雖然在高維空間中可分，但是在人眼所看到的低維空間中，繩結中的繩子是互相重疊、不可分的。

隨機近鄰嵌入（stochastic neighbor embedding，SNE）演算法把高維數據點之間的歐幾里得距離轉化為表示相似度的條件機率。SNE 演算法是透過仿射變換（affine transformation），將數據點對映到機率分布上，主要包括兩個步驟：

（1）透過 SNE 演算法建構一個高維物件之間的機率分布，使相似的物件有更高的機率被選擇，而不相似的物件有較低的機率被選擇。

(2)透過 SNE 演算法在低維空間裡建構這些點的機率分布,使這兩個機率分布之間盡可能相似。

儘管 SNE 已經可以給出較好的資料視覺化,但它仍然受限於最佳化自身的難度和「擁擠問題」(crowding problem)。擁擠問題是指各個叢集聚集在一起,無法區分。例如存在這種情形:高維度資料降維到十維時,可以有很好的表達,但降維到二維後,卻無法得到可信對映,例如降維到十維中,有 11 個點之間兩兩等距離,在二維下就無法得到可信的對映結果(最多 3 個點)。

t-SNE(t-distributed stochastic neighbor embedding,t 分布隨機近鄰嵌入)演算法是對 SNE 演算法的改進,由 Laurens van der Maaten 和 Geoffrey Hinton 在 2008 年提出,在低維空間下使用更重長尾分布的 t 分布來避免擁擠問題和最佳化問題。t-SNE 演算法與 SNE 演算法的不同點主要在於:

(1)使用對稱版的 SNE 演算法,簡化梯度公式。

(2)低維空間下,使用 t 分布替代高斯分布(常態分布)表達兩點之間的相似度。

t-SNE 演算法將樣本點間的相似度關係轉化為機率:在原始空間(高維空間)中轉化為基於高斯分布的機率;在嵌入空間(二維空間)中轉化為基於 t 分布的機率。這使 t-SNE 演算法不僅可以關注局部(SNE 演算法只關注相鄰點之間的相似度對映,而忽略了全局之間的相似度對映,視覺化後的邊界不明顯),還可以關注全局,視覺化效果更好(叢集內不會過於集中,叢集間邊界明顯)。

如圖 3.2 所示,t-SNE 演算法非常適用於高維資料降維到二維或三維,進行視覺化。當想要對高維資料進行分類,又不清楚這個資料集有沒有很好的可分性(即同類之間間隔小,異類之間間隔大)時,可以透過

t-SNE 演算法投影到二維或三維空間中進行觀察。如果在低維空間中具有可分性，則可分；如果在高維空間中不具有可分性，可能是不可分，也可能僅僅是因為不能投影到低維空間。

MNIST 資料集：*t*-SNE 演算法視覺化

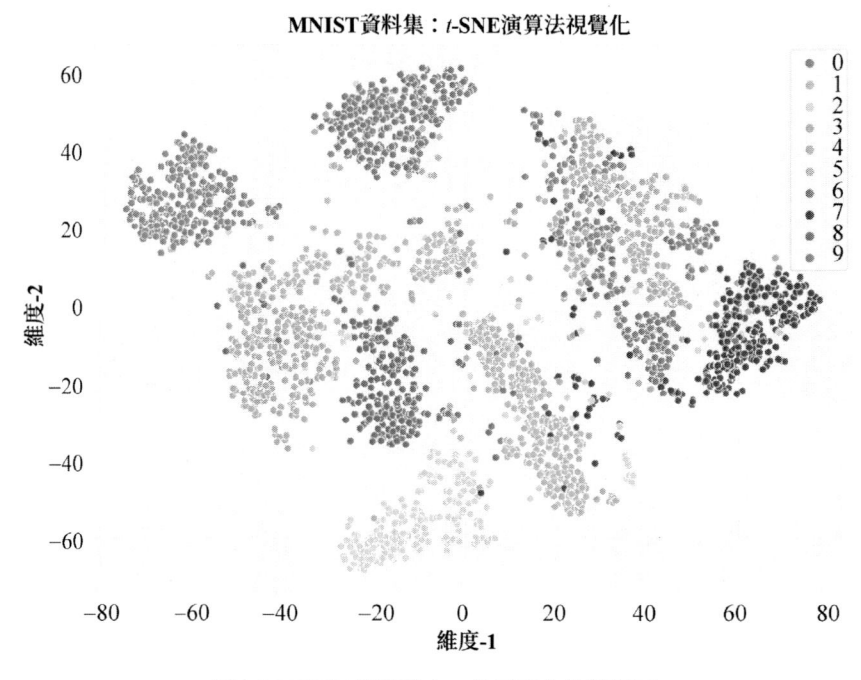

圖 3.2 MNIST 資料集在二維平面中的聚類圖

透過原始空間和嵌入空間的聯合機率的 K-L 發散度 (Kullback-Leibler Divergence) 評估視覺化效果的好壞，也就是說，用相關 K-L 發散度的函數作為損失函數，然後透過梯度下降法最小化損失函數，最終獲得收斂結果。需要注意的是，該損失函數不是凸函數，即具有不同初始值的多次執行，將收斂於 K-L 發散度函數的局部最小值中，以獲得不同結果。因此，可嘗試不同的隨機數種子（在 Python 中透過設定種子獲得不同的隨機分布），並選擇具有最低 K-L 發散度值的結果。

K-L 發散度是一種量化兩種機率分布 P 和 Q 之間差異的方法，也被稱為相對熵。在機率學和統計學上，經常會使用一種更簡單、近似的分

布，替代觀察資料或太複雜的分布。K-L 發散度能幫助度量使用一個分布來近似另一個分布時所損失的資訊量。

對稱 SNE 演算法實際上是在高維度中的另一種減輕「擁擠問題」的方法：在高維空間中使用高斯分布，將距離轉換為機率分布，在低維空間中使用長尾分布，將距離轉換為機率分布，使高維度中的距離在對映後能有一個較大的距離。

t-SNE 演算法的梯度更新有兩大優勢：

(1)對於不相似的點，用一個較小的距離會產生較大的梯度，讓這些點排斥。

(2)這種排斥又不會無限大，避免不相似的點距離太遠。

值得注意的是：未能在二維空間中用 t-SNE 顯示良好分離的均勻標記的組，不一定意味著資料不能被監督模型正確分類，還可能是因為二維空間不足以準確地表示資料的內部結構。

t-SNE 演算法的不足之處包括：

(1)主要用於視覺化，很難用於其他目的。例如測試集合降維，因為沒有顯式的預估部分，不能在測試集合直接降維；又例如降維到十維，因為 t 分布偏重長尾分布，1 個自由度的 t 分布很難保存好局部特徵，可能需要設定成更高的自由度。

(2) t-SNE 演算法傾向於保存局部特徵，對於本徵維數 (intrinsic dimensionality) 本身就很高的資料集，不可能完整地對映到二維或三維空間。

(3) t-SNE 演算法沒有唯一最佳解，且沒有預估部分。如果想要做預估，可以考慮降維後，再建構一個回歸方程式之類的模型去做。但要注意，t-SNE 中的距離本身是沒有意義的，都是機率分布問題。

(4) t-SNE 演算法的運算複雜度很高，在數百萬個樣本資料集中，可能需要幾小時，而 PCA 演算法可以在幾秒鐘或幾分鐘內完成。

(5) 演算法是隨機的，具有不同種子的多次實驗可產生不同的結果。雖然通常傾向於選擇損失最小的結果，但可能需要多次實驗以選擇合適的超參數設定。

(6) 全局結構未明確保留。

2. 散布圖矩陣

如圖 3.3 所示，散布圖矩陣是對散布圖的擴展。對於 N 維資料，採用 N^2 個散布圖逐一表示 N 個屬性之間的兩兩關係。這些散布圖根據它們所表示的屬性，沿橫軸和縱軸，按一定的順序排列，從而組成一個 N×N 的矩陣。關於散布圖矩陣的對角線位置，可以替換為對應屬性的直方圖或相關形式表示。

散布圖矩陣方法存在的問題是：當維度較多時，散布圖矩陣數量呈等比級數成長，難以有效發現其中的規律或模式。有限展示重要的散布圖，可以在一定程度上緩解空間的局限，目前已經有致力於自動化辨識有價值散布圖的研究，例如採用分類模式、相關模式，將散布圖進行針對性的突出展示。

3. 平行座標

如圖 3.4 所示，平行座標是一種經典的高維資料視覺化技術。它將多個維度的座標軸並列擺放，並利用穿過各軸的折線來表示數據點的取值。因其形式的緊湊性和表達的高效能性，平行座標被廣泛應用在各學科、各行業的資料分析中。然而，這種形式也存在缺陷，如容易產生檢視遮擋、互動不方便等問題。

圖 3.3 散布圖矩陣

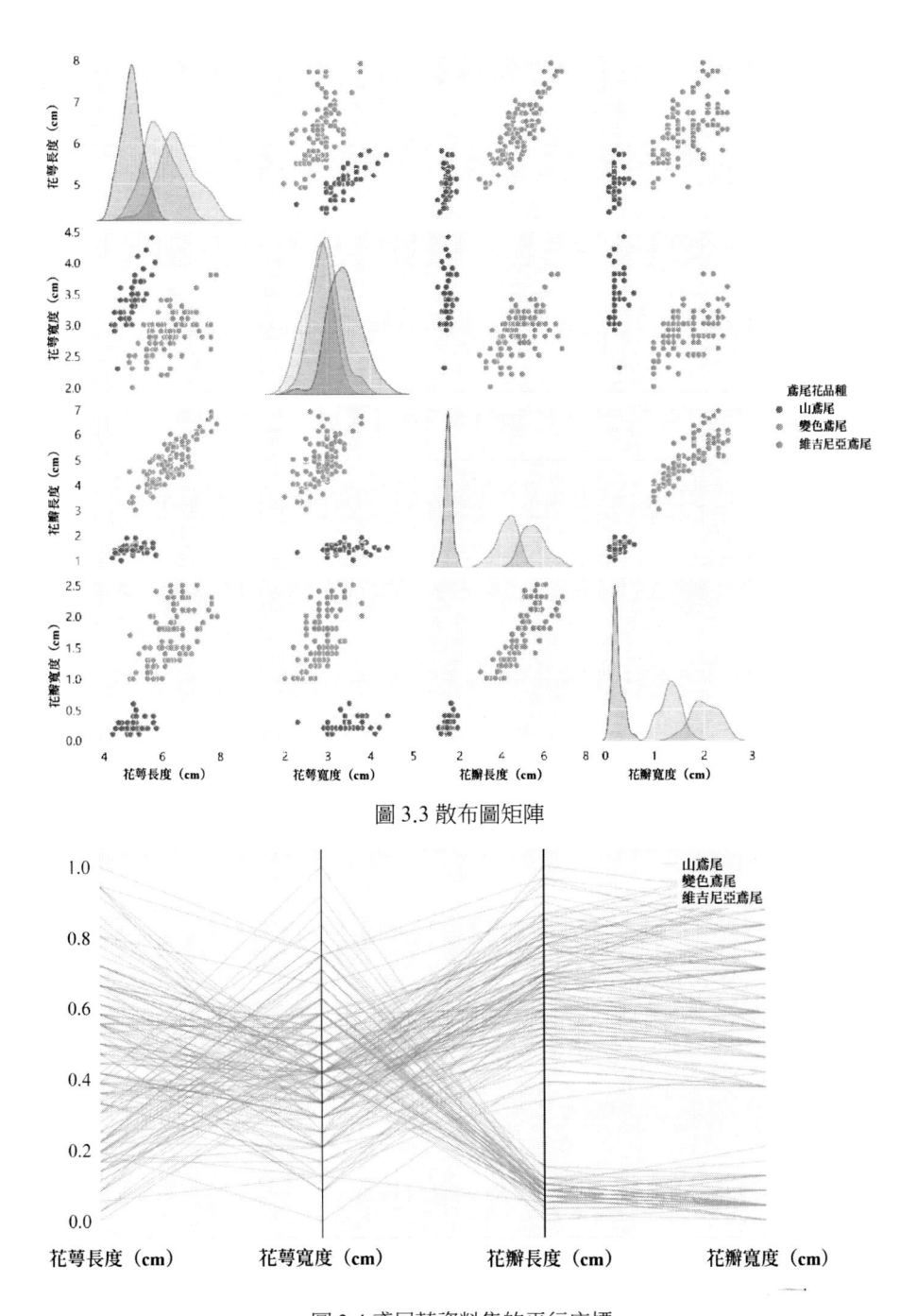

圖 3.4 鳶尾花資料集的平行座標

4. 子空間分析

在高維資料中，一部分資料稱作一個子集，而一部分維度稱作一個子空間。很多資料特徵（例如資料結構、維度相關性等）會在不同的子空間裡呈現不同的面貌。然而，這些子空間的特徵往往隱藏很深，無法透過全局的資料分析發現。使用者需要深入探索各個子空間，來發掘其中隱含的資訊。

5. 互動式的資料視覺化

視覺化在資料分析中發揮重要的作用。設計良好的互動式資料視覺化、客製化工具，可以幫助使用者無須程式設計，即可透過點選、拖曳等簡單的互動方式，快速地建構資料的視覺化。此外，使用者還可以創造各種新穎的視覺化形式，並與其他使用者分享、交流。

3.2 自動駕駛資料蒐集與處理

預測能力是人類智慧的重要組成部分。人們在開車時，總是會觀察周圍環境的動向，以辨識潛在風險，並作出更安全的決策。從資料的角度來說，人類的感知系統將駕駛環境視為連續的、以視覺為主的資訊流。

自動駕駛技術也需要解決「感知」和「決策」兩方面的問題。感知是使用多種技術融合的感測器，通常包括攝影機、光學雷達、毫米波雷達、GPS ／ IMU 等設備感知路面、車輛和行人；決策則是使用感知到的資訊，判斷應該如何行動。所以有效的感知是做出可靠決策的前提。

目前解決感知問題的主要方式就是「利用大數據訓練深度學習模型」，透過監督學習的方法，將大量各種情況的訓練資料提供給深度學習演算法，讓生成的模型具備感知能力。基於自動駕駛技術需求對巨量原始資料進行框選、提取、分類等一系列處理，將異構資料轉化為監督學習演算法可辨識的機器學習資料集，幫助自動駕駛系統更能感知實際道路、車輛位置和障礙物等資訊，即時感知在途風險，實現智慧行車、自動停車等預定目標。

那麼，如何訓練自動駕駛汽車更深入、清晰和精準地感知與理解周圍的世界？機器學習模型能否從過去的經驗中學習，以辨識、幫助它們安全地應對新的、不可預測情況的未來模式？想回答這樣的問題，自動駕駛領域的開放資料集必然是推進未來解決方案的核心要素之一。

迄今為止，學術界與工業界提供的自動駕駛資料，主要由大量靜態單一圖像組成，透過使用「邊界框」，這些圖像可用於辨識和追蹤道路上及道路周圍發現的常見物體，例如腳踏車、行人或紅綠燈。

相比之下，大量關於駕駛情境的連續影片資料也正開放出來，這些資料中包含許多常見道路物件更精確的畫素及表示，為基於影片的駕駛情境感知，提供了動態、真實駕駛情況的資料流。基於這種連續資料類型的全情境分割，對於辨識更多無定形物件（例如道路建設和植被）特別有幫助，因為這些物件並不總是具有明確和統一的形狀。它還允許研究人員探索隨時間推移的資料模式，這可能會帶來潛在的機器學習、情境理解和行為預測的進步。

3.2.1 自動駕駛資料特徵

在執行自動駕駛的方案中，無論是測試階段還是實際執行階段，都會產生並使用大量的、多種類型的複雜資料。在測試階段，需要使用大量的測試資料驗證自動駕駛的功能，並對自動駕駛未來的功能進行預估。在對數據進行標注後，感知和決策模型開始利用資料進行訓練，同時提取自動駕駛情境資料，建構虛擬模型，以提升車輛的自動駕駛能力，確保自動駕駛車輛的安全性和穩健性。在實際執行階段，自動駕駛車輛的正常執行，不僅依賴車端感測器採集的大量資料，同時也依賴高精度地圖、即時交通資訊、天氣數據等，而自動駕駛車輛在執行過程中也會產生或接收大量相關車輛的資料、控制資訊、使用者駕駛數據等。

自動駕駛資料集一般需要滿足幾方面的要求：規模性、多樣性、在道路上獲取，並包含時間資訊。其中資料的多樣性對驗證感知演算法的穩健性十分關鍵。自動駕駛在測試和實際執行過程中產生的資料具有多樣性，包括感知資料、決策與控制資料、測試與模擬資料，以及使用者個人資料等。資料集的多樣性，也涵蓋了不同的天氣狀況（晴天、陰天、雨天）、一天中不同時段的光照狀況。在感知資料中，主要包含自

動駕駛感測器原始資料、動態交通資料、自動駕駛地圖資料和車聯網資料。

自動駕駛資料高度還原真實世界。自動駕駛資料不僅包含道路及其兩旁的靜態資訊，還包括道路上的動態資訊，如車輛、行人、交通訊號等，以及部分敏感的地理資訊，諸如軍事設施、核設施、港口、電力設施等。

自動駕駛資料包含使用者個人資料。例如使用者的操作習慣和駕駛習慣（包括行程軌跡，使用者導航、歷史及即時地理位置等），此外還可能包括使用者虹膜、指紋、聲紋等生物特徵資料。

自動駕駛資料與車聯網資料存在眾多差異，因此需要針對自動駕駛資料的特點進行分級、分類，以全面考量其安全性及保障方式。綜合考量自動駕駛的人工智慧屬性以及自動駕駛資料的多樣性、規模性、非結構性、流動性、祕密性等特點。除此之外，自動駕駛車輛還具有車本身的安全屬性和智慧交通下跨產業技術融合的特點[3]：

(1)資料的多樣性：根據不同自動駕駛級別、資料來源的不同，資料不僅包括汽車基礎資料（車牌號碼、車輛品牌和型號、車輛顏色、車身長度和寬度、外觀等），也包括基礎設施資料、交通資料、地理資訊資料（紅綠燈、道路相關基礎設施、道路行人的具體位置、行駛和運動的方向、車外街景、交通號誌、建築外觀等真實交通資料），以及車主的使用者身分類資料（姓名、手機號碼、駕照、支付資訊、家庭住址、使用者的指紋、臉部等生物特徵）、使用者狀態資料（語音、手勢、眼球位置變化等）、行為類資料（登入、瀏覽、搜尋、交易等操作資訊等）等。

(2)資料的規模性：自動駕駛車輛作為跨產業技術的融合媒介，融合了來自汽車、道路、天氣、使用者、智慧運算系統等多方面的大數據，涉及相關類型多，需要統計分析的資料總量大。

(3)資料的非結構性：資料多樣性決定了不同來源的資料格式不同，資料的非結構性和非標準性，對資料聚合或拆分技術及許可權管理和安全儲存等，都帶來巨大的挑戰。

(4)資料的流動性：大量自動駕駛資料在使用者端、車端、雲端等多情境的互動，使資料的流動性增加。除此之外，自動駕駛資料還具有跨行業共享交換的特點。因此，如何確保互動資料的安全性，是一個急待解決的問題。

(5)資料的祕密性：自動駕駛汽車在公開道路駕駛過程中，會採集大量地理資訊，根據某些國家的相關法律，採集地理資訊可能會涉及國家機密，因此需要按照各國的相關規定進行管理。

3.2.2 自動駕駛感測器資料

為了實現技術方案的可靠性與穩健性，自動駕駛汽車通常使用多種類型的感測器。這些感測器有多種分類方法，按照測量資料的來源，可分為兩大類：外感受感測器（proprioceptive sensor）和本體感受感測器（exteroceptive sensor）。

在自動駕駛的技術情境中，外感受感測器是用來觀察環境的，包括道路、建築物、汽車、行人等。自動駕駛汽車最常見的外感受感測器是攝影機和感測器。如圖 3.5 所示，為了觀察和感知自身周圍的一切，自動駕駛汽車通常使用三種類型的外感受感測器：攝影機、雷達和光學雷達。這些感測器的原始資料類型包括點雲、影片、照片、高精度定位座標等。

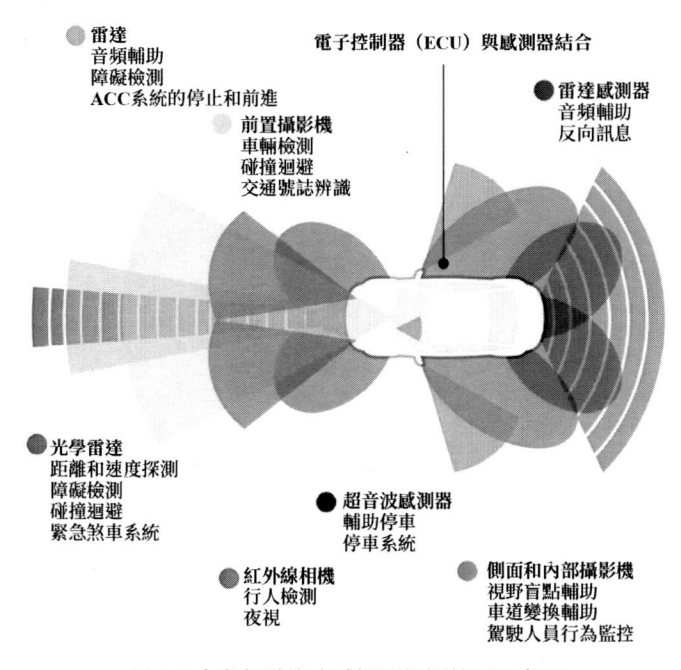

圖 3.5 自動駕駛汽車感測器探測範圍示意圖

本體感受感測器測量給定系統的內部值。大多數現代汽車已經配備了非常多的本體感受感測器，例如車輪編碼器用於里程測量，轉速計用於監測加速度變化。這些感測器通常可以透過車輛 CAN 匯流排訪問。

1. 攝影機資料

攝影機可幫助車輛獲得周圍環境的 360°全景圖像。不僅如此，如圖 3.6 所示，現代攝影機還可以提供逼真的 3D（三維）圖像，辨識物體和人，並確定他（它）們之間的距離。由於車輛行駛時，攝影機一直都會進行拍攝，其實就相當於在錄製高畫質電影。根據該高畫質電影資料，可以基於位置、顏色等辨識物件，或使用來自多個攝影機的視角差異，計算出距離，並辨識障礙物、它車、行人等。

圖 3.6 KITTI 資料集中的單鏡頭攝影機影像範例
（圖片來源：KITTI 資料集官方網站 http://www.cvlibs.net/datasets/kitti/index.php）

攝影機屬於被動感測器，這意味著它們不需要發出訊號捕捉資訊，從而限制了與其他感測器的可能干擾。由於被動性質，它們會受到光照和天氣條件的負面影響。如圖 3.7 所示，為了彌補夜間或低照度下糟糕的攝影效能，紅外線相機常被用於行人檢測等任務。

圖 3.7 KAIST 資料集中的紅外線相機影像範例
（圖片來源：KAIST 資料集官方網站
http://multispectral.kaist.ac.kr/pedestrian/data-kaist/images/set00.zip）

另一種讓人感興趣的相機是事件相機，如圖 3.8 所示，它輸出畫素級別的亮度變化，而不是標準的亮度影格。它們提供了出色的動態範圍和非常低的延遲，這在高度動態的情境中非常有用。然而，大多數已開發的視覺演算法並不容易應用到這些相機上，因為它們輸出的是非同步事件序列，而不是傳統的光亮強度圖像。

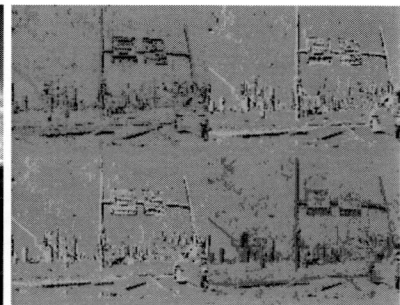

圖 3.8 DAVIS 資料集中的事件相機影像範例
（圖片來源：DAVIS 資料集 https://davischallenge.org/）

極化感測器影像範例如圖 3.9 所示。極化感測器——索尼 Pregius 5.0 MP IMX250 感測器也達到了更好的效能，可以提供更多的細節。極化感測器的偏振通道受光照變化和天氣的影響較小。它們對表面粗糙度也很敏感，這有助於車輛的檢測。然而，目前暫時還沒有釋出使用偏振相機的公共自動駕駛資料集。

圖 3.9 極化感測器影像範例
（圖片來源：DAVIS 資料集 https://davischallenge.org/）

2·光學雷達資料

光學雷達使用雷射代替無線電波，且可建立周圍環境的 3D 圖像並繪製地圖，具有很強的空間覆蓋能力，能在汽車周圍建立 360°的檢視。光學雷達擅長距離測量，透過照射雷射光束並測量其從物體返回所需的時

第 3 章　開車：蒐集與預處理

間，來測量物體的距離和方向等。

一個雷射光束會帶回一個「點」資料，透過發射無數個雷射光束，會返回無數個點，從而形成一組「點雲」資料。對於每個點，根據雷射發射和返回所花費的時間測量到物體的距離，確定距離和物體的形狀。

透過不斷即時生成資料，光學雷達除了測量、辨識周圍障礙物的距離和道路形狀外，也可以透過運算表面的反射率來辨識道路上的白線等。

光學雷達比雷達準確得多，但由於霧、雨或雪等天氣條件的影響，它們的效能會下降。它們有時在近距離探測物體時也會有困難。

3. 雷達資料

雷達旨在檢測移動物體，即時測量距離和速度。天氣條件不會影響短程和遠端雷達。短程波有助於消除盲點，並有助於車道保持和停車。遠端雷達可以測量汽車與其他行駛中車輛之間的距離，並有助於煞車。

為了減輕光學雷達在惡劣天氣或近距離感測方面的局限性，雷達也被用作距離感測技術。作為一種比光學雷達更成熟的感測器，雷達通常更便宜、更輕，同時也能確定目標的速度。然而，它的空間解析度很低，難以解釋接收到的訊號，而且精度比光學雷達差得多。

4. 位置資訊

位置資訊包括衛星定位系統的資料和每秒更新的動態地圖資料。衛星定位資料是透過諸如 GPS 之類的全球衛星導航系統（GNSS）獲得，全球衛星導航系統依靠從人造衛星發射的訊號測量自動駕駛車輛的位置資訊。

與衛星系統配合使用的高精度地圖也在不斷發展。在汽車導航系統上顯示的常規地圖是 2D 平面地圖，主要用於為駕駛人員提供參考。而

當前正在開發的 3D 高精度地圖，則覆蓋了諸如各車道的曲率和坡度之類的道路形狀等許多資訊，還包含各種動態資料，例如道路結構、車道資訊、路面資訊、交通規則資訊、下落的物體、故障車輛和訊號顯示等資訊。

5. 定位資料

自動駕駛一般用組合定位技術。首先本體感受感測器，如里程計（odometer）、陀螺儀（gyroscope）等，透過給定初始位置測量相對於初始位置的距離和方向，確定當前車輛的位置，也稱為航跡推測。然後用光學雷達或視覺感知環境，用主動或被動標示、地圖匹配、GPS 或導航信標等進行定位修正。位置的運算方法包括三角測量法、三邊測量法和模型匹配法等。從這個角度而言，慣性測量單元（IMU）也是自動駕駛必備的感測器。

3.2.3 資料融合與車輛定位

在自動駕駛中，車輛自身所處的位置是首先需要解決的問題。透過各類感測器觀測環境、感知環境，透過測量資料來獲得自身的定位，是自動駕駛系統操控車輛的基礎。

1. 感測器資料處理與車輛定位

車輛利用不同類別的感測器獲得測量資料，例如可以利用車輛自身的狀態感測器部分測量資料，包括用慣性測量單元獲取車輛的運動加速度和轉動角度；用車輪感測器獲取車輪轉速；用助力系統感測器獲取方向盤角度、油門力度、制動力度等資料。這類感測器提供的是車輛內部的測量資料，相關資訊容易獲得，能夠幫助車輛實現自身定位，然而會有比較大的定位誤差。為了減小這種誤差，車輛還可以利用外感知感測

器測量外部資料，透過攝影機、光學雷達和毫米波雷達、超音波等感測器對外部環境進行感知，透過標定環境中的特徵點，對照地圖等參照資料標定自身的位置，這是一種採用相對位置進行感知定位的方法。另外一種常見的方法是全球衛星定位。在全球導航衛星建構的座標系中，定位系統接收導航衛星提供的電訊號，透過三邊測量法或三角測量法，確定自身的絕對位置。

車輛自身的位置可以透過其在世界座標系中定義座標向量的數值確定，車輛自身的狀態可以在世界座標系中定義車體本身的方向角，由於車輛的局部移動屬於二維運動問題，因此用座標和方向角就可以將定位問題轉化為對數學問題的求解。對車輛位置與狀態的估算，相當於在世界座標系裡求解座標數值和方向角。利用多種感測器估計車輛的位置與方向角，可以採用貝氏濾波器、卡爾曼濾波器（增廣卡爾曼濾波器、無跡卡爾曼濾波器）和粒子濾波器等相關演算法。

這些演算法解決的是在估算車輛自身位置時精確度的問題。當車輛從起始點出發並在行進過程中，位置隨時間不斷變化，在每一時刻車輛自身位置的估算是否準確？是否會有測量和運算誤差？這些都是自動駕駛可能會遇到的問題。造成位置估算錯誤的原因有很多，例如車輛自身驅動模型不精準、行駛環境干擾、感測器測量誤差等。驅動模型中對於油門踏板、方向盤和制動器的建模是否準確，將直接影響車輛移動位置估算的結果。環境條件中遇到風向變化和風力大小、道路路面結冰的不同摩擦力等，也會干擾位置估算結果。

例如讓車輛從起始點出發，直線行駛 100 公尺後停住。有如下幾個問題要考量：一是需要為車輛提供多少燃油，在行進過程中的油門如何控制？二是方向盤是否能夠保證車輛完全沿直線行駛，方向轉動是否存在誤差？三是行進過程中對風阻變化的判斷是否準確？四是行進過程中

路面是否會積水或結冰,路面摩擦力是否恆定?這些問題都必須解決,才能完成讓車輛直行 100 公尺後停止的任務。然而由駕駛人員操控車輛時,則根本無須特別關注上述問題,這是因為駕駛人員能夠主動觀測道路環境(知道是否直線行進了 100 公尺)並調整車輛行進狀態,但是對於自動駕駛的車輛,觀測環境的任務並無駕駛人員參與,而是由感測器承擔。

任何感測器都有測量誤差(可以把感測器測量的數據視為一個有均值的常態分布),測量誤差會隨著時間的推移出現結果偏差。尤其是 IMU 感測器,它所測量的物理量並不是位置和角度,而是高階物理量(加速度、角速度等),用這些高階物理量,需要對時間進行積分後,才能夠轉換成位移距離和轉動角度等資訊。對時間積分,將使感測器自身很微小的誤差會隨時間的推移而急遽增大。因此對於感測器資料,需要進行一定的處理,才能避免估算結果出現偏差過大。

提高車輛定位的精度,可以從三方面著手處理:一是改善汽車驅動模型,透過建立更精準的汽車驅動模型估算車輛位移距離,在這一點上,電動車控制的精度是優於燃油車的;二是可以提高感測器的測量精度,但對於慣性測量元件等感測器,仍然無法完全克服其誤差隨時間推移的問題;三是融合更多種類感測器的資料,例如融合全球衛星導航系統提供的定位資料,其定位測量精度可達公寸量級。對於車輛定位,有些環境因素會成為必然的干擾而無法克服,例如風力風向、路面摩擦力不均勻等,目前透過使用路網協同等技術,能盡量提前預知部分環境因素的變化,對車輛的位置估算進行補償修正。

透過演算法處理,可以將車輛驅動模型輸出的結果與感測器測量的資料進行融合,來獲得位置估算的最佳解。貝氏濾波器運用貝氏條件機率方程式,提高位置估算的準確度;卡爾曼濾波器透過觀察方程式和狀

第 3 章　開車：蒐集與預處理

態方程式動態權衡測量值與狀態輸出值，從而得出最（次）佳解。由於卡爾曼濾波器的使用範圍是針對線性模型，其分布假設符合常態分布，雖然其運算成本較低，但是由於車輛行駛中以非線性因素為主，因此卡爾曼濾波器會出現較大的誤差。為此，可以採用增廣卡爾曼濾波器和無跡卡爾曼濾波器進行改善，對於非常態分布的模型，還可以採用粒子濾波器進行運算。

除了上述處理方法之外，利用環境感知的定位方式也能有效改善因車輛內部感測器精度所帶來的定位準確度問題。環境感知的定位需要融合處理多種感知感測器的資料，例如可以利用光學雷達的點雲建立車輛周邊的局部環境結構，融合攝影機等視覺感測器對環境的語義分析，理解區域環境號誌資訊的含義，以及辨識道路、判定目標及障礙物等，再對照高精度地圖尋找到匹配的座標位置，藉此提高車輛自身的定位準確度。

2. 地圖表示與多重感測器資料融合

車輛定位需要對自身位置進行估算，並確定與環境特徵的相對關係（方位和距離）。環境資訊無法直接使用，需要透過地圖進行表達，地圖表示法是實現自動駕駛的重要基礎之一。地圖資訊包含多種感測器的資料和這些資料的融合。地圖表示分為全局地圖和局部地圖：全局地圖主要用於做全局規劃，確定車輛出發位置和目的地位置，關注的是路徑和距離；局部地圖關注的是通行環境和行駛安全。

地圖表示法包括格柵占用地圖、特徵地圖、語義地圖以及高精度地圖表示法等。格柵占用地圖表示法比較簡單，常見的是光學雷達所形成的二維點雲圖。格柵占用地圖表示法的優點是：較直觀易懂，能夠直接用於路徑規劃，建立比較容易。它的缺點是：無法進行三維顯示，定位精度很有限，離散解析度固定等。如果需要生成三維地圖，可以使用三

維光學雷達,但三維光學雷達成本較高,定位精度有限,測量的資料量很大,會包含很多無關的資訊。

特徵地圖可以透過攝影機建立,透過在圖像當中提取目標的特徵資訊,並將其保存在三維地圖中。特徵地圖表示法的優點是:適合用於二維地圖和三維地圖,不需要進行離散化,相容不同感測器的資料,運算時消耗的記憶體比較少。其缺點也同樣明顯:人類無法直觀理解地圖資訊,地圖上的特徵含義,人類很難直觀解讀,缺少位置占據資訊,無法判斷哪些是可通行的路徑。

語義地圖表示法通常與其他地圖表示法結合使用,包含對環境中路徑、障礙物、交通號誌等的語義資訊。語義地圖的優點是:包含語義資訊,能夠用不同的物件分類來替代抽象的特徵,並且能夠附加路徑規劃的相關資訊。其缺點是:需要保留更多關於周圍環境的資訊,語義資訊判斷依賴於對目標的辨識和檢測,需要占用大量的運算資源,需要有足夠的運算處理時間。

高精度地圖是離線生成的、可用於線上定位的複雜地圖,它是由多種不同資訊組合而成,包含大量感測器的探測資料和環境先驗資訊,例如道路和路徑的詳情、限速號誌、紅綠燈等交通號誌資訊,及交通政策法規的附加資訊。高精度地圖表示法的優點是:代表了多重感測器的資料融合,有很高的資訊含量,針對各種應用,可以進行完美的調整。其缺點是:建立高精度地圖的成本高,針對路況變化即時更新比較困難,使用時對所占用的記憶體和頻寬要求較高。

在地圖中──特別是高精度地圖──會包含多種感測器的資料融合。例如用光學雷達形成點雲圖與結合攝影機透過目標檢測辨識形成的特徵資訊,可以為車輛的行駛提供精細的微觀環境感知;透過融合路網協同感測器探測的道路資訊與帶有衛星導航系統座標資訊的全局地圖,

可以為車輛的行駛提供宏觀的決策規劃指引。在行駛過程中，自動駕駛系統以地圖中的資訊為參照，結合自身的測量資料和現場道路的感知資料綜合決策，為最終實現車輛的自動駕駛奠定基礎。

3.2.4 自動駕駛數據標注

無論建立地圖數據還是駕駛現場對道路環境的感知，自動駕駛系統都需要預先採集大量的道路實景數據。一般而言，道路採集數據結束後，所有數據都將從車輛中提取到資料中心，並對有益的資料進行分析和標記。原始資料本身對處理器系統核心的學習系統沒有多大價值，資料物件包括行人、騎腳踏車的人、動物、交通號誌等變數。在將感測器資料用於訓練或測試學習模型之前，所有這些目標都需要進行手工標注和注釋，以便系統可以理解其「所見」。

研究人員根據感測器的讀數操作生成地圖和行人狀態資料，包括3D地面反射率地圖、3D點雲地圖、六自由度地面真實姿態和局部姿態感測器資訊。這些資料要能夠反映天氣差異（例如晴天、下雪和多雲的情況），並涵蓋多種駕駛環境（例如高速公路、交流道、橋梁、隧道、建築區域和植被覆蓋區等）。

如今，大多數感知系統都嚴重依賴機器學習或深度學習演算法，感知系統需要處理感測器的資訊並嘗試對車輛周圍的物體進行分類。為了能夠完成此任務，必須使用經過徹底標注和注釋了所有道路的相關數據才能發揮出資訊的價值。值得注意的是：標注過程可能比原始數據蒐集還要耗時。

自動駕駛情境中的數據標注包括：

（1）點雲標注（光學雷達、雷達獲取的數據）：透過辨識和追蹤情境中的物件，了解汽車前方和周圍的情境。將點雲數據和影片流合併到要標注的情境中，點雲數據可幫助模型了解汽車周圍的世界。

(2) 2D 標注（包括語義分割）：幫助模型精確理解來自可見光攝影機圖像的資訊。該資訊能夠在建立用於自定義本體的可擴展邊界框時，或進行高畫質畫素光罩時為，數據處理提供幫助。

(3) 影片物件和事件追蹤標注：幫助自動駕駛演算法模型了解關注的物件如何隨時間移動，並清楚獲得相應事件的時間標注。其難點在於：在多訊框影片和光學雷達情境中，需要保持追蹤進入或離開視線區域的物件（例如其他汽車、行人等），更困難的是，需要在整個影片中，無論物件進入和離開視線區域的頻率如何，都要保持對其特性的一致性理解（不能發生混淆）。

為了保證駕駛安全，自動駕駛訓練資料的要求非常嚴格，需要達到高品質、高效率等要求。在標注過程中，人工智慧輔助的標注平臺往往扮演了更為核心的角色，輔助平臺進行人工智慧的預標注，大大降低了人工的耗時，並且可以進行高品質、快速的檢驗，這是純人工標注所無法達成的。

3.2.5 自動駕駛公開資料集

雖然由自動駕駛測試（路採）生成的所有資料，對車輛感知其周圍環境都非常有價值，但實際上，只有其中的特定部分對研發和改進自動駕駛系統有用。例如在典型城市街道一天的測試中，重複經過的道路所採集的資料，對於整體改善自動駕駛系統效能並沒有很大的幫助，所以車輛中的工程師和技術人員會有選擇性地記錄發生細微變化或重新尋找具有挑戰性的情境。這說明自動駕駛資料的採集需要更加多樣化和精細化，這樣形成的資料集，對相關從業人員來說，才更有使用的價值[4]。本節將為讀者介紹一些較有價值的典型公開資料集。

第 3 章 開車：蒐集與預處理

1·KITTI 資料集

KITTI 資料集是一個用於自動駕駛情境的電腦視覺演算法評估、測試資料集，由德國卡爾斯魯爾理工學院（KIT）和豐田工業大學芝加哥分校（TTIC）共同創立。資料集包括：

(1)立體圖像和光流圖：389 對。

(2)視覺測距序列：39.2km。

(3) 3D 標注物體的圖像：超過 20 萬個。

(4)取樣頻率：10Hz。

如圖 3.10 所示，KITTI 資料集的資料採集平臺裝配有 1 個慣性導航系統、1 個 64 線 3D 光學雷達、2 個灰階攝影機、2 個彩色攝影機及 4 個光學鏡頭。具體的感測器參數如下：

(1)全球定位及慣性導航系統（GPS/IMU）：OXTS RT 3,003×1（開闊環境下定位誤差小於 5cm）。

(2) 3D 64 線光學雷達：Velodyne HDL-64E×1（10Hz，64 個雷射光束，範圍為 100m）。

(3)灰階攝影機：Point Grey Flea 2（FL2-14S3M-C）×2（10Hz，解析度為 1,392×512 畫素，opening：90×35）。

(4)彩色攝影機：Point Grey Flea 2（FL2-14S3C-C）×2（10Hz，解析度為 1,392×512 畫素，opening：90×35）。

(5)光學鏡頭（4～8mm）：Edmund Optics NT59-917×4。

KITTI 資料集主要包括以下基準資料集：

(1)立體評估（stereo evaluation）：基於圖像的立體視覺和 3D 重建，從一個圖像中恢復物體的 3D 結構，只能得到模糊的結果，此時通常需要從

不同角度的多張圖片恢復圖像中物體的 3D 結構。這對自動駕駛的情境應用是非常有幫助的，例如可以得到汽車的形狀和周圍環境的形狀等資訊。

(2) 光流（flow）：光流是關於視域中的物體運動檢測相關的概念，用來描述相對於觀察者的運動所造成的觀測目標表面或邊緣的運動情況。其應用領域包括運動檢測、對象分割（物件分割）、接觸時間資訊、擴展運算焦點、亮度、運動補償編碼和立體視差測量等。

(3) 情境流（scene flow）：情境流表現的是情境密集或半密集的 3D 運動場，是光流的三維版本。情境流的潛在應用很多：在機器人技術中可用於預測周圍物體的運動，在動態環境中進行自主導航或遙控；可以補充和改進最先進的視覺測距和 SLAM（simultaneous Localization and Mapping，即時定位與地圖建立）演算法，這些演算法通常假設在靜態或半靜態環境中工作；可用於機器人或人機互動，以及虛擬和擴增實境等技術。

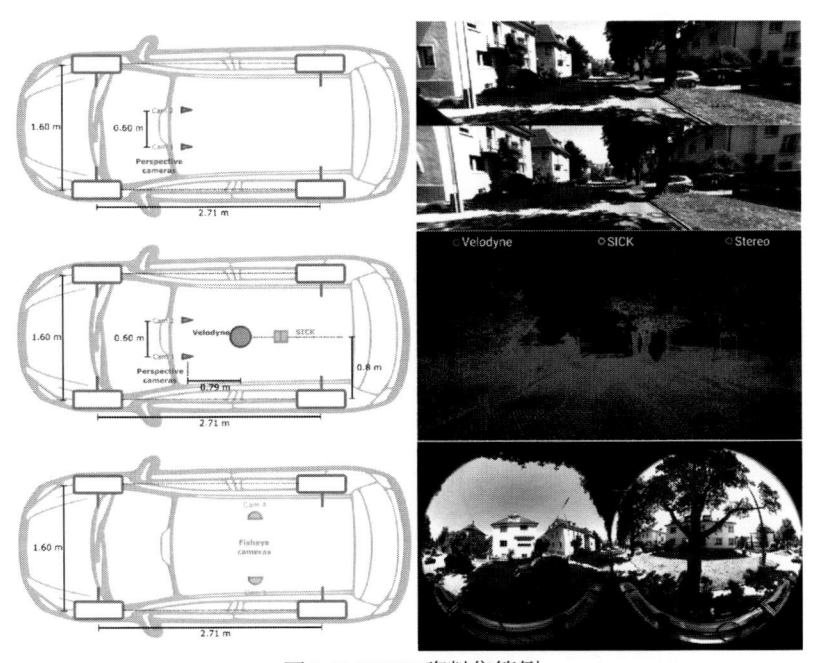

圖 3.10 KITTI 資料集範例
（資料來源：http://www.cvlibs.net/datasets/kitti-360/）

（4）深度評估（depth evaluation）：視覺深度在視覺 SLAM 和里程計方面應用廣泛，如果是基於視覺的里程計，那麼就需要用到視覺深度評估技術，其中包括 2 項基準資料，即深度補全（depth completion）和深度預測（depth prediction）。

（5）目標辨識（object recognition）：目標辨識包括 2D 情境、3D 情境和鳥瞰（俯視）視角 3 種方式的基準資料，其中 2D 情境不僅要能正確標注座標，還要能在鳥瞰檢視標注出相應的位置。2D 情境增加汽車、行人和腳踏車等分類外，還有對它們的目標檢測與方向估計。3D 情境主要是對光學雷達點雲的標注，有汽車、行人、腳踏車等分類。

（6）語義分割（semantic segmentation）與實例分割（instance segmentation）：語義分割對自動駕駛的資訊處理非常關鍵，例如人會根據語義分割區分車道與周圍的環境及其他汽車，然後針對不同的情境進行決策。如果沒有語義分割，系統會將所有的畫素同等對待，對辨識和決策都會引起不必要的干擾。實例分割側重於檢測、分割和分類物件實例，包括畫素級別的分割和實例級別的分割。

2·nuScenes 資料集

nuScenes 資料集是由 Motional 團隊開發的、用於無人駕駛的公共大型資料集。為了支援公眾對電腦視覺和自動駕駛的研究，Motional 公開了 nuScenes 的部分資料，其攝影機布局如圖 3.11 所示。

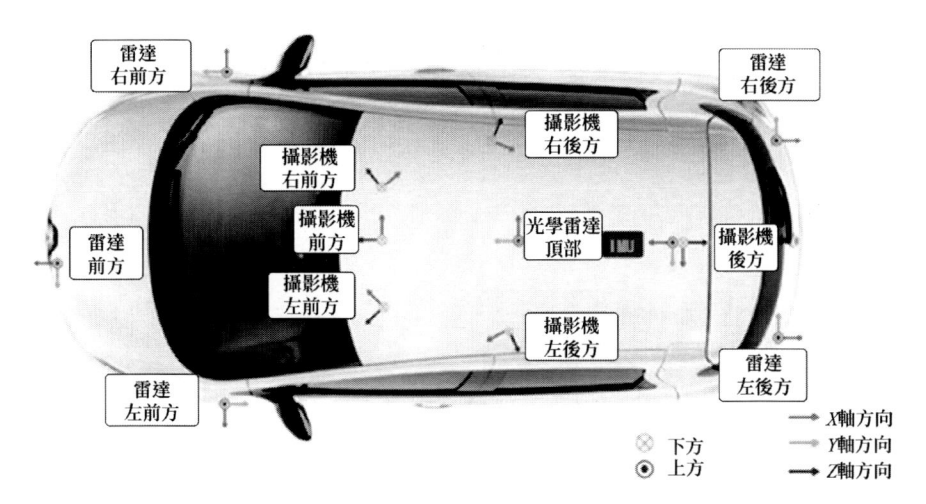

圖 3.11 nuScenes 資料集的攝影機布局
（原始圖片來源：https://www.nuscenes.org/）

nuScenes 資料集在波士頓和新加坡這兩個城市蒐集了 1,000 個駕駛情境，這兩個城市交通繁忙且駕駛狀況極具挑戰性。nuScenes 手動選擇 20 秒長的情境，以顯示各種駕駛操作、交通狀況和意外行為。nuScenes 蒐集不同的資料，進一步研究電腦視覺演算法在不同位置、天氣狀況、車輛類型、植被、道路號誌及左右駕交通之間的通用性。

Motional 於 2019 年 3 月釋出了完整資料集，包括約 40 萬個關鍵影格中的 140 萬個攝影機圖像、39 萬個 LiDAR 掃描資料、140 萬個雷達掃描資料和 1.4 萬個邊界框。建立 nuScenes 資料集的靈感來自於 KITTI 資料集。nuScenes 是第一個大規模資料集，該資料集使用的自動駕駛車輛的感測器套件包括 6 個攝影機、1 個光學雷達、5 個雷達、GPS 和 IMU，nuScenes 包含的注釋資訊是 KITTI 的 7 倍。之前釋出的大多數資料集（例如 Cityscapes，Mapillary Vistas，Apolloscapes，Berkeley Deep Drive）都是基於攝影機的物件檢測，而 nuScenes 是研究整個感測器套件。

為了在光學雷達（LiDAR）和攝影機之間實現良好的跨模態資料對

齊，當頂部 LiDAR 掃過攝影機視野中心時，會觸發攝影機的曝光。圖像的時間戳記為曝光觸發時間，LiDAR 掃描的時間戳記是當前 LiDAR 影格完成旋轉的時間。鑑於攝影機的曝光時間幾乎是瞬時的，因此這種方法通常會產生良好的資料對齊效果。但是攝影機的曝光頻率為 12Hz（降低到 12Hz 是為了降低對運算頻寬和儲存的要求），而 LiDAR 的掃描頻率是 20Hz，12 次的攝影機曝光需要盡可能均勻地分布在 20 次 LiDAR 掃描中，因此並非所有 LiDAR 掃描都有相應的相機影格。

蒐集駕駛資料後，nuScenes 以 2Hz 的影格頻率取樣同步良好的關鍵影格（同時包含圖像、光學雷達、雷達資料的圖像影格），發送給合作夥伴 Scale 進行標注。使用專家注釋器和多個驗證步驟實現高度準確的標注。nuScenes 資料集中的所有物件都帶有語義類別及它們出現的每一影格的 3D 邊界框和屬性等。與 2D 邊界框相比，3D 邊界框更能準確推斷物件在空間中的位置和方向。

2020 年 7 月，Motional 釋出了 nuScenes-lidarseg。其中使用了語義標籤（光學雷達語義分割）對 nuScenes 中關鍵影格的每個光學雷達點進行注釋。因此 nuScenes-lidarseg 包含 40,000 個點雲中的 14 億個帶標注的點和 1,000 個情境（用於訓練和驗證的 850 個情境及用於測試的 150 個情境）。

3·Waymo 資料集

如圖 3.12 所示，Waymo 開放資料集[5]是由 Waymo 公司自動駕駛汽車在各種條件下蒐集的高解析度感測器資料組成。在與 KITTI、nuScenes 等資料集的對比中，其感測器配置、資料集的大小都有很大的提升。

圖 3.12 Waymo 資料集範例
（圖片來源：Waymo 官方網站 https://waymo.com/open/）

Waymo 資料集的感測器包含 5 個光學雷達和 5 個攝影機，光學雷達和攝影機的同步效果也更好。更重要的是，Waymo 資料集包含 3,000 段駕駛紀錄，時長共 16.7 小時，平均每段長度約 20 秒。整個資料集一共包含 60 萬影格素材，共有大約 2,500 萬個 3D 邊界框、2,200 萬個 2D 邊界框。

此外，在資料集的多樣性上，Waymo Open Dataset（開放資料集）也有很大的提升，該資料集涵蓋不同的天氣條件，白天、夜晚不同時段，市中心、郊區不同地點，行人、腳踏車等不同道路物件等，例如：

(1) 規模和覆蓋範圍：資料集包含 3,000 個駕駛片段，每一片段包含 20 秒的連續駕駛畫面。連續鏡頭內容可以讓研究人員能夠開發模型，追蹤和預測其他道路使用者的行為。

(2) 多樣化的駕駛環境：資料採集的範圍涵蓋鳳凰城、柯克蘭、山景城、舊金山等地區，以及各種駕駛條件下的資料，包括白天、黑夜、黎明、黃昏、雨天和晴天。

(3) 高解析度的特點和 360° 的檢視：每個分段涵蓋 5 個高解析度 Waymo 光學雷達和五個前置和側面攝影機的資料，這些資料可以構成 360° 的環視視角圖像。

(4)密集的標籤資訊：車輛、行人、腳踏車、號誌牌等圖像都經過精心標注，一共有 2,500 萬個 3D 標籤和 2,200 萬個 2D 標籤。

(5)攝影機與光學雷達同步：Waymo 團隊致力於融合多個攝影機和光學雷達的資料，生成 3D 感知模型，為此 Waymo 設計了全套的自動駕駛系統（包含硬體和軟體），用以無縫地協同工作（包括選擇感測器的位置和高品質的時間同步等）。

4. 毫米波雷達資料

圖 3.13 為 Oxford 資料集感測器安裝示意圖，圖 3.14 為 Oxford 雷達測量資料範例，Oxford 釋出的雷達資料集 Oxford Radar Dataset[6] 蒐集了城市環境中所採集的多段車輛行駛資料，每段資料採集車輛行駛里程約 9km。Oxford 使用的雷達是 Navtech 開發的一款 76～77GHz 毫米波雷達，這款毫米波雷達不同於目前車載市場常用的寬波束雷達，而是採用天線陣列組成了具有波到達方向（direction of arrival，DOA）特性的窄波束雷達。雷達透過窄波束進行機械掃描，可以達到類似機械式光學雷達的效果，只是相對機械式光學雷達，其解析度較低。毫米波雷達的波束寬度僅 1.8 度，機械掃描每次間隔 0.9 度，即每旋轉一圈可獲得 400 個角度方向的測量值，機械旋轉速度約 4Hz，毫米波雷達的距離解析度為 4.32cm，最大測距為 163m。

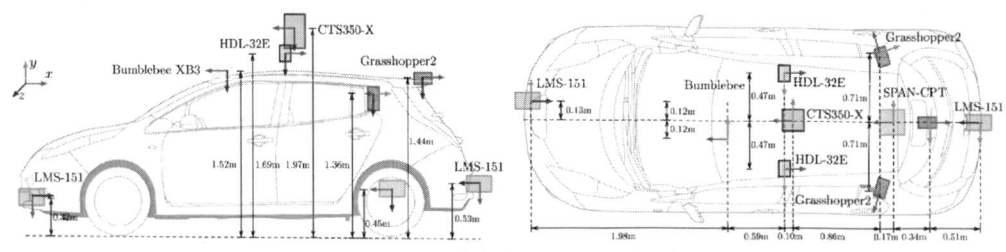

圖 3.13 Oxford 資料集感測器安裝示意圖

（圖片來源：網址 https://oxford-robotics-institute.github.io/radar-robotcar-dataset/documentation）

3.2 自動駕駛資料蒐集與處理

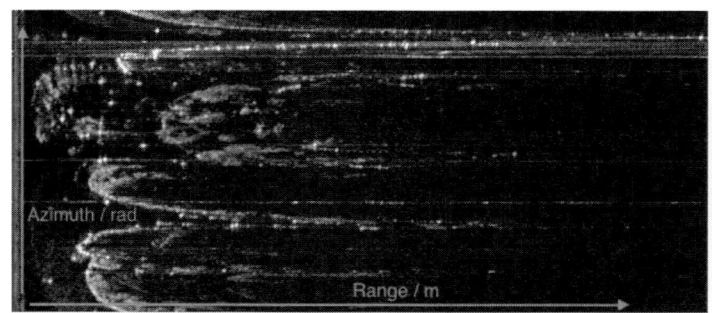

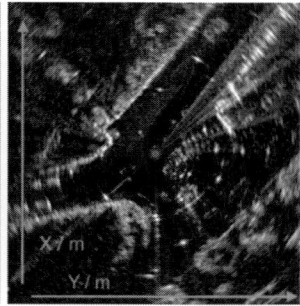

圖 3.14 Oxford 雷達測量資料範例

3.3 智慧小車資料蒐集與處理

為了蒐集資料，智慧小車系統包括模擬的車道沙盤，它是對實際道路系統的模擬。如圖 3.15 所示的車道沙盤可以靈活組裝成不同大小、不同道路、不同網路情況的交通環境。車道系統設有專用的交通號誌、道路標線，轉角和直道由特殊顏色的部件組成，此舉能夠簡化智慧小車的圖像分類或辨識演算法。車道周圍可設黑色擋板，擋板可以封鎖周圍環境的干擾，便於生成更為精簡的資料，能夠減少資料預處理的時間，這些措施可以加快實驗開發週期，讓使用者的精力集中在人工智慧演算法的設計和訓練最佳化上。智慧小車使用的模擬車道沙盤較為簡單，也省略了前期為實驗建立地圖的時間成本。

圖 3.15 車道沙盤

在搭建好的車道環境中，使用者透過手動遙控智慧小車在車道上行駛，完成資料路採。如圖 3.16 所示，需要先將遙控器與智慧小車進行藍牙連線，在智慧小車的 GUI（圖形使用者介面）或命令列下，用手動模式啟動智慧小車，此時便可透過操作遙控器上的按鍵，操作智慧小車的前進、後退、停止、左轉和右轉。根據實際需求，使用者還可以進一步開發出智慧小車其他的操作功能，例如橫移、加速、減速和原地掉頭等。

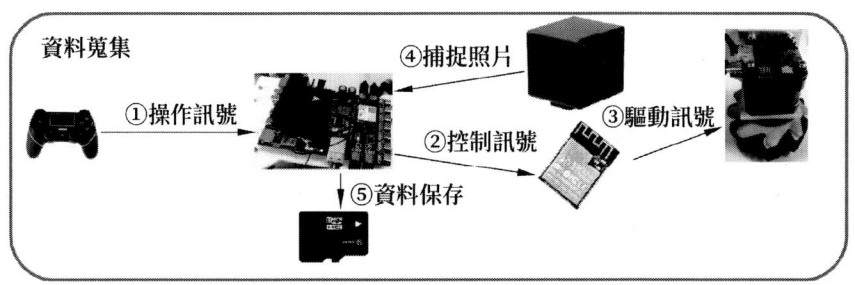

圖 3.16 智慧小車資料蒐集方塊圖

在智慧小車 mycar 軟體庫框架內的程式控制下，攝影機能以 20Hz 的影格頻率蒐集路況圖片和操作資訊，蒐集的資訊數據將儲存在智慧小車的記憶卡中。

3.3.1 操控智慧小車行駛

1. 啟動資料蒐集

在 mycar 軟體命令列方式中，智慧小車的啟動程式是～/mycar/drive.py，但需要先打開遙控搖桿，成功建立藍牙連線後，方可使用下面的命令，啟動智慧小車的開車程式：

1　cd~/mycar

2　sudo python3 drive.py–models js

或是用預設參數啟動：

1　cd~/mycar

2　sudo python3 drive.py

2. 搖桿按鍵對映

開車程式啟動後，可以透過遙控器方向搖桿控制智慧小車行駛，只有在前行或轉向時，道路圖像資料才會被持續保存，如果停止或倒車，道路資料將不會被保存。

如果需要修改預設搖桿的功能對映，可以編輯智慧小車軟體系統中的～ /mycar/dellcar/parts/controller.py 檔案進行修改（參見 2.4.3 節）。如果需要增加更多遙控功能，只需透過簡單的程式碼修改就可以實現，例如使用 R2 按鈕控制智慧小車橫移，則只需將配置檔案中的 SMOOTH 值改為 True 即可，在重新啟動開車程式後按下 R2 按鈕，再使用遙控器方向搖桿，就能讓智慧小車進行左右橫移。

3.3.2 智慧小車行駛資料蒐集

1· 資料蒐集

智慧小車只要行駛的速度不為 0，資料蒐集程式就會不斷地以 20Hz 的影格頻率蒐集路況圖片和智慧小車的遙控操作指令。如圖 3.17 所示，路況圖片在智慧小車內儲存為 jpg 格式，操作指令儲存為 json 檔案。預設情況下蒐集的資料將會儲存在智慧小車的～ /mycar/tub 目錄中。

```
gtm@gtm-desktop:~/mycar$ ls tub/
0_cam-image_array_.jpg    14_cam-image_array_.jpg   27_cam-image_array_.jpg  77_cam-image_array_.jpg  record_125.json  record_175.json  record_52.json
100_cam-image_array_.jpg  150_cam-image_array_.jpg  28_cam-image_array_.jpg  78_cam-image_array_.jpg  record_126.json  record_176.json  record_53.json
101_cam-image_array_.jpg  151_cam-image_array_.jpg  29_cam-image_array_.jpg  79_cam-image_array_.jpg  record_127.json  record_177.json  record_54.json
102_cam-image_array_.jpg  152_cam-image_array_.jpg  2_cam-image_array_.jpg   7_cam-image_array_.jpg   record_128.json  record_178.json  record_55.json
103_cam-image_array_.jpg  153_cam-image_array_.jpg  30_cam-image_array_.jpg  80_cam-image_array_.jpg  record_129.json  record_179.json  record_56.json
104_cam-image_array_.jpg  154_cam-image_array_.jpg  31_cam-image_array_.jpg  81_cam-image_array_.jpg  record_12.json   record_17.json   record_57.json
105_cam-image_array_.jpg  155_cam-image_array_.jpg  32_cam-image_array_.jpg  82_cam-image_array_.jpg  record_130.json  record_180.json  record_58.json
106_cam-image_array_.jpg  156_cam-image_array_.jpg  33_cam-image_array_.jpg  83_cam-image_array_.jpg  record_131.json  record_181.json  record_59.json
107_cam-image_array_.jpg  157_cam-image_array_.jpg  34_cam-image_array_.jpg  84_cam-image_array_.jpg  record_132.json  record_182.json  record_5.json
108_cam-image_array_.jpg  158_cam-image_array_.jpg  35_cam-image_array_.jpg  85_cam-image_array_.jpg  record_133.json  record_183.json  record_60.json
109_cam-image_array_.jpg  159_cam-image_array_.jpg  36_cam-image_array_.jpg  86_cam-image_array_.jpg  record_134.json  record_184.json  record_61.json
10_cam-image_array_.jpg   15_cam-image_array_.jpg   37_cam-image_array_.jpg  87_cam-image_array_.jpg  record_135.json  record_185.json  record_62.json
110_cam-image_array_.jpg  160_cam-image_array_.jpg  38_cam-image_array_.jpg  88_cam-image_array_.jpg  record_136.json  record_186.json  record_63.json
111_cam-image_array_.jpg  161_cam-image_array_.jpg  39_cam-image_array_.jpg  89_cam-image_array_.jpg  record_137.json  record_187.json  record_64.json
112_cam-image_array_.jpg  162_cam-image_array_.jpg  3_cam-image_array_.jpg   8_cam-image_array_.jpg   record_138.json  record_188.json  record_65.json
113_cam-image_array_.jpg  163_cam-image_array_.jpg  40_cam-image_array_.jpg  90_cam-image_array_.jpg  record_139.json  record_189.json  record_66.json
114_cam-image_array_.jpg  164_cam-image_array_.jpg  41_cam-image_array_.jpg  91_cam-image_array_.jpg  record_13.json   record_18.json   record_67.json
115_cam-image_array_.jpg  165_cam-image_array_.jpg  42_cam-image_array_.jpg  92_cam-image_array_.jpg  record_140.json  record_190.json  record_68.json
116_cam-image_array_.jpg  166_cam-image_array_.jpg  43_cam-image_array_.jpg  93_cam-image_array_.jpg  record_141.json  record_19.json   record_69.json
117_cam-image_array_.jpg  167_cam-image_array_.jpg  44_cam-image_array_.jpg  94_cam-image_array_.jpg  record_142.json  record_1.json    record_6.json
118_cam-image_array_.jpg  168_cam-image_array_.jpg  45_cam-image_array_.jpg  95_cam-image_array_.jpg  record_143.json  record_20.json   record_70.json
119_cam-image_array_.jpg  169_cam-image_array_.jpg  46_cam-image_array_.jpg  96_cam-image_array_.jpg  record_144.json  record_21.json   record_71.json
```

圖 3.17 智慧小車資料集圖片檔案

由於資料品質對機器學習至關重要，在資料蒐集階段要考慮資料集的多樣性，因此對於如何蒐集資料應該進行充分的設計和思考。如圖 3.18 所示，蒐集資料時需要充分考量不同的光線條件、智慧小車與車道上標線的不同相對位置、障礙物的不同位置、與交通號誌的不同接近方式等路況的圖像，並對它們進行蒐集。

(a) 正常光線/距離　　　　(b) 光線直射/距離

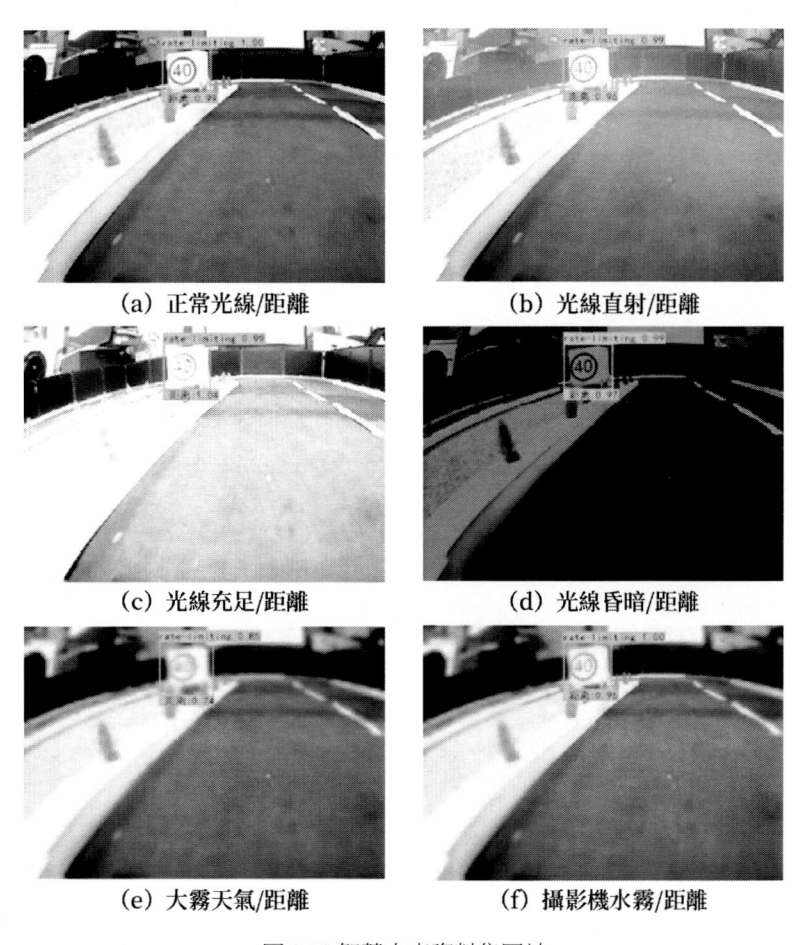

(c) 光線充足/距離　　　　(d) 光線昏暗/距離

(e) 大霧天氣/距離　　　　(f) 攝影機水霧/距離

圖 3.18 智慧小車資料集圖片

2. 資料傳輸

當資料蒐集完成，需要將智慧小車蒐集的資料傳輸到後臺伺服器進行預處理和訓練。模型訓練完成後，還需要將後臺伺服器中的模型檔案傳輸回智慧小車中進行推理。資料檔案的傳輸方法有很多種，下面是一個簡單的範例：

```
1  rsync -aP ~/mycar/tub/ gpu@192.168.x.x:mycar_server/tub
2  rsync -aP gpu@192.168.x.x:mycar_server/models/mymodel ~/mycar/models/
```

3.3.3 智慧小車數據標注

把資料上傳到伺服器後,需要根據演算法要求,對路況圖片進行標注。如圖 3.19 所示,可以使用軟體庫自帶的 LabelImg 工具標注數據,並匯出標注檔案。

圖 3.19 對路況中的交通號誌進行標注

與資料蒐集相當,數據的標注過程也非常重要,而且都是耗費人力的過程。在標注前,先要對圖片進行淨化,淨化的過程就是將不合格(例如智慧小車壓線、過界、碰觸障礙物等)的路況圖片刪除。這是資料預處理的一部分工作,資料預處理還包括對路況圖片的修飾、編輯和校正等工作,這些都需要人工完成,其處理的效果會對後續的模型訓練產生很大的影響。

淨化後的圖片可劃分為訓練資料集、驗證資料集和測試資料集。對這些資料需要認真地進行高品質標注。預設情況下,智慧小車以攝影機圖像為主,所以一般是對圖片類型的數據進行標注,而隨著智慧小車選用不同的感測器,需要標注的數據類型也會不一樣。這些標注工作會由 mycar 軟體庫中的工具自動完成,當完成標注後,將自動形成如圖 3.20 所示的資料集。

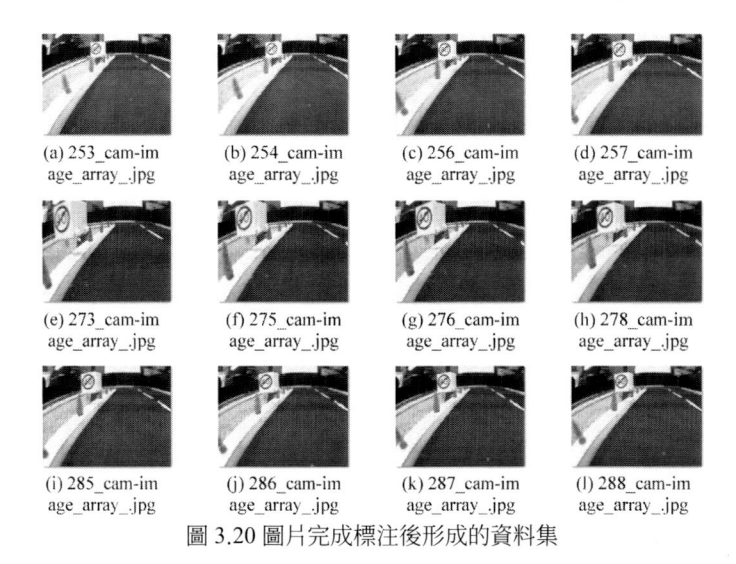

3.3 智慧小車資料蒐集與處理

(a) 253_cam-image_array_.jpg
(b) 254_cam-image_array_.jpg
(c) 256_cam-image_array_.jpg
(d) 257_cam-image_array_.jpg
(e) 273_cam-image_array_.jpg
(f) 275_cam-image_array_.jpg
(g) 276_cam-image_array_.jpg
(h) 278_cam-image_array_.jpg
(i) 285_cam-image_array_.jpg
(j) 286_cam-image_array_.jpg
(k) 287_cam-image_array_.jpg
(l) 288_cam-image_array_.jpg

圖 3.20 圖片完成標注後形成的資料集

3.3.4 智慧小車資料分析

　　如果智慧小車只配置了攝影機，其所產生的資料就會相對簡單。主要為 jpg 格式的路況圖片和記錄駕駛操作的 json 檔案。如圖 3.21 所示，在預設配置下，智慧小車的駕駛操作有前進、後退、停止、左轉、右轉等，這些操作將作為標注，自動記錄在資料集中。

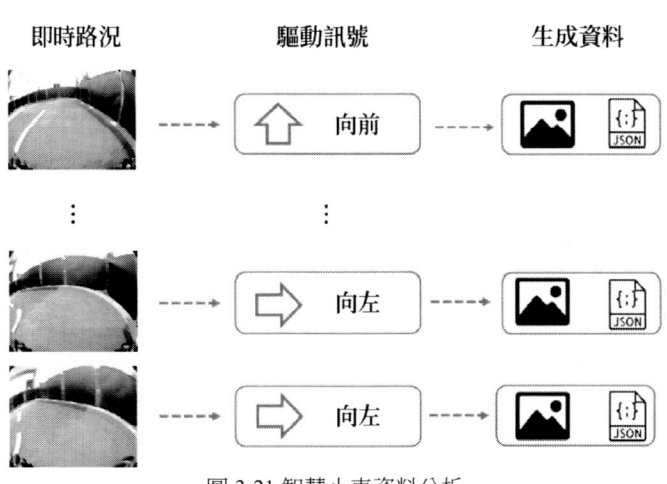

即時路況　　　驅動訊號　　　生成資料

向前

向左

向左

圖 3.21 智慧小車資料分析

177

第 3 章　開車：蒐集與預處理

智慧小車蒐集的駕駛操作資訊將包含如下內容：

(1) user/angle（使用者／轉向角）：1 左轉，0 直行，-1 右轉。

(2) user/throttle（使用者／油門）：1 前進，-1 後退。

(3) cam/image_array（相機／圖像陳列）：對應的路況圖片。

具體程式碼如下：

```
1  {
2      "cam/image_array":"100_cam-image_array_.jpg",
3      "user/angle": -1,
4      "user/throttle": 1,
5      "user/mode":"user"
6  }
```

3.3.5 智慧小車資料淨化

如圖 3.22 所示，透過智慧小車的路況圖片，可以直接檢視圖片和其檔案的時間戳記，如果存在不合格圖片，則需要進行手工淨化（刪除）。例如在手動遙控過程中產生操作失誤，此時產生的路況圖片和操作資訊是不正確的，不應該作為訓練資料，因此可以把這個對應時段的資料完全刪除。

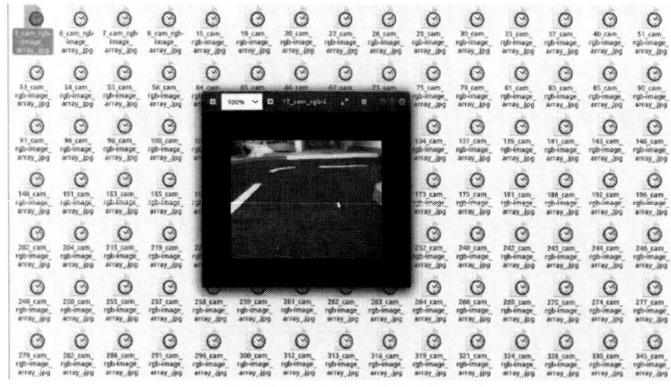

圖 3.22 在資料集中挑選並淨化不良圖片

3.3.6 智慧小車資料視覺化

資料視覺化可幫助使用者更能分析資料、理解資料，從而更能運用資料，訓練出高品質的模型。智慧小車預設配置以攝影機為主，駕駛操控動作主要是前進、左轉、右轉，資料較簡單，因此可採用簡單的方法進行資料分析。

如圖 3.23 所示，從這個智慧小車路採資料的標籤分布可直觀看出，相對於右轉資訊，左轉資訊相對較少，應該再多蒐集一些左轉的路況資訊。更明顯的是，直行資訊遠比轉向資訊多得多，這從車道沙盤的實際環境來看是合理的，但從訓練的角度來看，這種不平衡的資料，會帶來模型訓練的偏差。根據資料分析，使用者可以採取一些措施彌補這種資料不平衡的問題，例如：

(1) 補充更多的左轉、右轉路採資料；

(2) 對左轉、右轉資料進行資料增強處理，以擴展其數量；

(3) 選擇讓每個訓練資料集中的左轉、右轉、直行的資料量相當，即不同迭代中重複使用轉向資料與不同的直行資料組成當前訓練集，進行本輪迭代的訓練。

隨著引入更多的感測器、更複雜的控制參數，資料的維度將不斷上升。複雜資料的分析，可以使用前面提到的降維視覺化工具，進行資料視覺化分析。

圖 3.24 是透過 t-SNE 工具分析了 3,000 張智慧小車路況圖片的結果，其中左轉、右轉、直行分別有 1,000 張。透過降維到二維平面來觀察（其標註的 0、1、2 三種標籤分別代表左轉、右轉和直行三類圖片），可以看到每種不同的資料具有一定聚合分類的特徵，因此可以預測，用這些資料去訓練的分類模型，應該能獲得較好的結果。

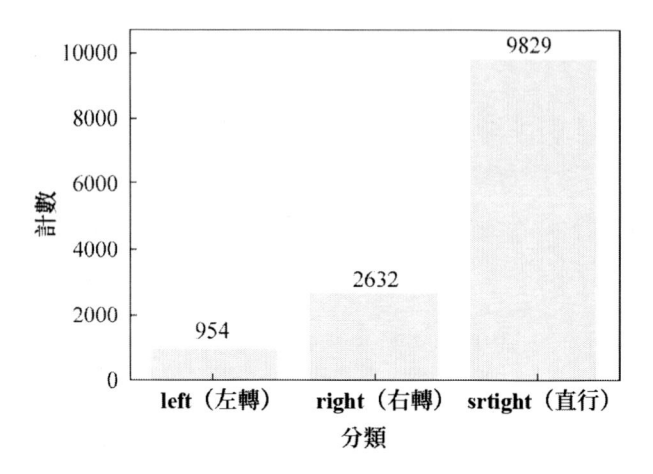

圖 3.23 智慧小車資料集標籤分布

智慧小車圖片的t-SNE分析

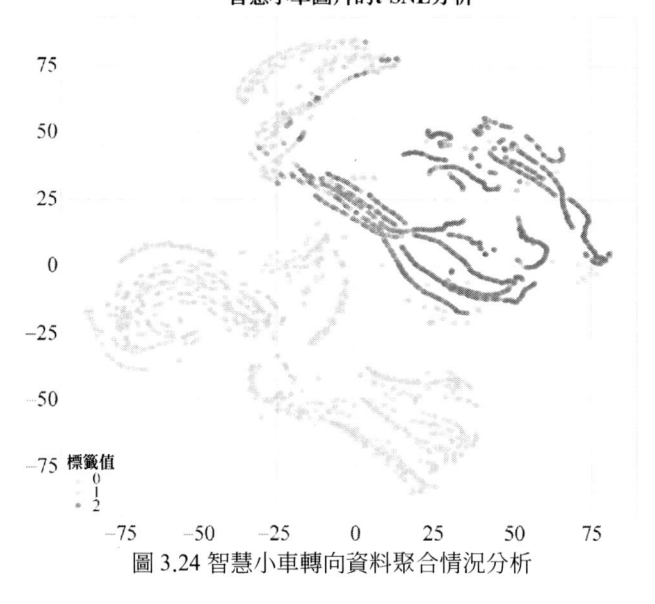

圖 3.24 智慧小車轉向資料聚合情況分析

3.3.7 智慧小車資料處理工具

由於資料量大，採用不同的讀取方式，將資料輸入訓練演算法中，對訓練速度的影響會有非常大的不同。如圖 3.25 所示，採用不同的軟體工具處理 json 檔案的效率，存在明顯的差別。

除了選擇正確的軟體工具，資料處理的流程也是最佳化的重點。例如若訓練的每一個循環迭代中，都從磁碟讀入原始資料進行訓練運算，儲存原始資料的磁碟 I/O 裝置會消耗大量時間，加上 json 檔案解析所消耗的時間，會讓訓練過程變得非常漫長。因此在通常情況下，需要提前處理相關資料，例如將資料都轉換成 TFRecord 格式保存，在訓練過程中使用預讀技術，提前讀入記憶體中，可以大大減少每個訓練循環的時間，提高訓練效率，如圖 3.26 所示。

圖 3.25 採用不同的軟體工具處理 json 檔案的效率對比

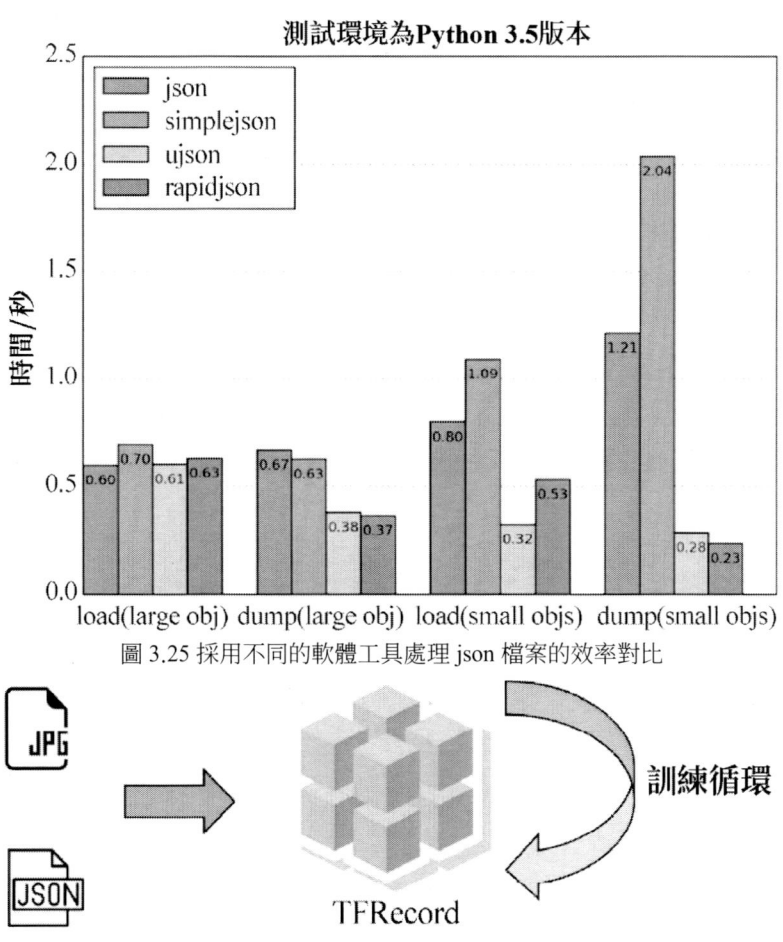

圖 3.26 透過 TFRecord 工具加快資料集讀取效率示意圖

3.4 開放性思考

從自動駕駛資料的角度考慮，各種感測器的優勢和局限性都很明顯。光學雷達因為成本問題，目前仍然未能實現大規模商用，因此基於視覺的自動駕駛解決方案，成為部分自動駕駛廠商探索的主要方向。基於視覺的自動駕駛方案的背後有一個假設：認為駕駛人員就是透過視覺感知駕駛環境的資訊，做出駕駛行為的決策，故自動駕駛在技術上應該可以同樣僅依視覺感測器資料，實現準確的環境感知，為自動駕駛系統提供決策支援。請讀者思考自己是否支持這樣的觀點？

但也有廠商和研究者認為，這個假設事實上並不完整，因為對駕駛人員而言，駕駛環境中人類大腦的感知和決策會利用自身多年累積的各種常識和駕駛經驗，這些經驗能有效幫助駕駛人員理解道路環境中正在發生的情境，預測情境中人和車輛將要發生的行為。而這些透過多年學習獲得的常識和經驗，恰是單純的視覺資料所不可能具有的。目前的機器學習和深度學習模型，都是學習資料中已經具有的隱含模式，因此如何有效利用感測器資料，形成對駕駛環境的感知，以人類大腦的方式或機器智慧的方式理解駕駛環境並作出決策，仍然是極具挑戰性的開放性問題。也許人工智慧的價值就在於形成類似人類的常識和經驗累積。這些問題有待讀者進一步思考和分析。

感測器是汽車感知周圍環境的硬體基礎，而自動駕駛離不開感知層、控制層和執行層的相互配合。攝影機、雷達等感測器獲取圖像、距離、速度等資訊，扮演人類「眼睛」和「耳朵」的角色。目前自動駕駛的事故原因，絕大多數出現在感測器這個環節，將各類感測器融合在一起，能否能發揮 1＋1＞2 的效果呢？

光學雷達獲取資訊時會遇到很多現實環境中的具體問題，包括：①

極端環境的干擾（例如雨點打到地面濺起水花，就可能會產生誤判）；②遠距離感知；③特殊鋼鐵物體的感知；④多雷射點雲拼接等。特別是如何對拼接部位的變形進行正確覆蓋？這也是一個很大的挑戰。

透過增加感測器的數量，並讓多個感測器融合，以提高汽車自動駕駛的能力。多個同類或不同類感測器，分別獲得不同的局部和類別資訊，這些資訊之間可能相互補充，也可能存在冗餘和矛盾，而控制中心最終只能下達唯一正確的指令，這就要求控制中心必須對多個感測器所得到的資訊進行融合，綜合判斷。在使用多個感測器的情況下，想確保安全性，就必須對感測器進行資訊融合。多重感測器融合可顯著提升系統的冗餘度和容錯性，從而確保決策的快速性和正確性，多重感測器融合已成為自動駕駛的必然趨勢。

實現感測器融合是有前提條件的，例如資料對準的問題，隨著感測器越來越多，時間同步是最大的難題，如何進行多重感測器同步和效率同步，是未來的挑戰之一。又例如異構感測器多目標追蹤問題，包括虛假目標和不感興趣目標的剔除問題，這些都需要在融合過程中進行處理。還有自動駕駛車輛在環境感知中的個體局限性，包含自動駕駛車輛自身搭載感測器的固有局限，也有複雜交通狀況下普遍存在的各種障礙物與遮擋問題等，如何尋找有效的演算法以應對感知資料中隱藏的固有局限？這些都是需要讀者思考的開放性問題。

第3章 開車：蒐集與預處理

3.5 本章小結

在哲學範疇內，形式邏輯主要有歸納邏輯和演繹邏輯兩種。人類本身具有學習能力，因此能夠對客觀世界進行觀察和分析，並在學習中歸納總結出一些基本的執行規律，這是歸納邏輯的展現。人類可以製造工具，人類將自身所認知到的執行規律納入高級工具中，這些工具就能夠代替人類高效率地生產或改造自然環境，這是演繹邏輯的展現。而機器學習是人類將學習的能力賦予機器，讓機器具備類似人類觀察和分析世界、並歸納內在規律的能力。機器學習的出現，是人類製造工具程度的一個本質的飛躍。

機器學習是讓機器模仿人類具有學習的能力，人類的學習需要有學習對象或學習資料。對於機器學習，其需要的學習資料就是數據資訊。機器學習的優勢在於能充分利用電腦大量平行運算的能力，能同時處理大量的數據資訊，而其劣勢在於目前尚無法像人類那樣建立全社會通用的機器學習知識體系和資料庫，對問題理解的深度和解決問題的能力也有不足，缺乏創造力和適應能力等。

然而在自動駕駛領域中，機器學習所涉及的問題雖然十分複雜，但仍有希望在充分利用電腦龐大並行處理運算能力的基礎上進行求解。而機器學習龐大算力的運用基礎，是要為其提供龐大的有效資料，也就是機器學習所需的學習資料。因此對資料的蒐集、處理，是自動駕駛系統機器學習的必要前提。

如圖 3.27 虛線框所示，本章在介紹現有資料處理技術的基礎上，以智慧小車為例，向讀者介紹如何蒐集自動駕駛訓練所需的資料，及對資料集的處理方法。應當指出，為引導讀者逐步熟悉並進入自動駕駛人工智慧領域，這些案例所展示的，都是最簡單的處理過程，而業界實際的

處理，遠比本書介紹的還複雜，建議願意深入了解相關內容的讀者，自行查閱最新的自動駕駛產業報告，在進行開放性思考的過程中，完成學習的提升。

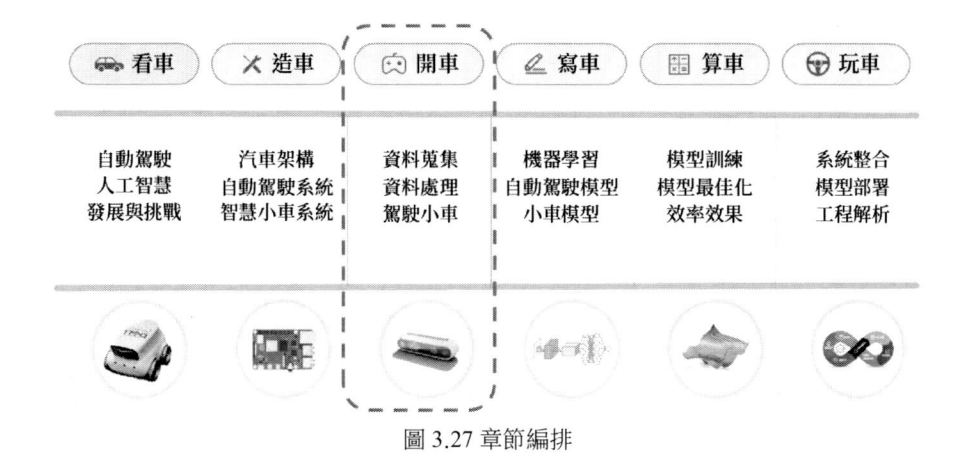

看車	造車	開車	寫車	算車	玩車
自動駕駛 人工智慧 發展與挑戰	汽車架構 自動駕駛系統 智慧小車系統	資料蒐集 資料處理 駕駛小車	機器學習 自動駕駛模型 小車模型	模型訓練 模型最佳化 效率效果	系統整合 模型部署 工程解析

圖 3.27 章節編排

第 3 章　開車：蒐集與預處理

第 4 章

寫車：神經網路與自動駕駛應用

第 4 章　寫車：神經網路與自動駕駛應用

4.0 本章導讀

　　自動駕駛系統的核心是感知和決策，相當於人類駕駛的大腦，是系統「智慧」的主要展現。本章所謂的「寫車」，其目標就是要寫出一個具有「智慧」的自動駕駛程式，它能夠像人類大腦一樣，處理並理解從各種「感官」輸入的資訊，並在對周邊環境充分理解的基礎上，做出即時的決策。

　　從駕駛人員感知與決策的角度來看，駕駛時大腦中會有大量的思維活動。例如，在出發前，常常需要藉助地圖導航幫助規劃駕駛路線；而在行駛過程中，需要持續更新具體的行進路線，例如需要在下一個出口駛出高速公路，在距離出口還有 500 公尺時，應盡快切換到最右側車道，逐漸減速，準備進入匝道。在絕大多數時間中，駕駛人員的主要精力會集中在「微觀」的駕駛操作上，即透過眼睛觀察路面情況，然後做出相應的加速、減速和轉向動作。

　　(1) 眼睛看到的路面情況包含很豐富的視覺資訊，需要大腦處理並理解。例如：車道線和車道在哪裡？有沒有轉彎？前方有沒有車輛或障礙物？車輛是否打了方向燈？紅綠燈現在是什麼狀態？

　　(2) 駕駛時還需要做到「眼觀四路，耳聽八方」，透過後視鏡了解後方車輛的距離，透過儀表板了解車輛當前的時速，透過聲音判斷周邊車輛的動態等。大腦需要綜合這些多元的資訊，決定當前的具體操作。

　　(3) 具體的執行操作需要綜合考量很多因素，例如前方 100 公尺有紅燈，車輛需要從當前 50 公里 / 小時的速度減速，並停止在停車線前。此時大腦應該判斷要以怎樣的力度踩下煞車，一方面能使車上的乘客足夠舒適、動力回收的效率較高，另一方面還要保持足夠的安全餘量。

以上這些思考，對經驗豐富的駕駛人員來說，是操作的自然反應，然而其中每一條似乎都很難用電腦程式直接實現。但透過參照新手學習的過程，還是能夠為編寫自動駕駛演算法找到可行的路徑。新手學習駕駛，通常從理論學習入手，學習各種情境下的操作原則，但儘管很多駕駛人員已經掌握了操作原則，在最初上手開車時，仍然會手足無措，既不能在該換檔時做出正確的動作，也無法在轉向時找到合適的時機。若要真正成為有經驗的駕駛人員，多數人還需要經過大量的實地駕駛訓練，在很多不同的情境下，進行多次適應性練習，一定時間的累積後，才能訓練成駕駛人員的自然反應。

編寫一個自動駕駛程式（演算法）也是類似的邏輯，可以理解為教一臺機器學會駕駛的技能。首先可以定義一些基本規則，例如紅燈時要停車，根據車道線的彎曲，控制車的行駛方向等。但正如新手僅靠學習這些規則很難真正學會駕駛一樣，僅憑一系列規則，也很難讓自動駕駛程式應對現實的駕駛情境，況且規則也很難被窮舉。更有效的途徑是：讓人類駕駛做自動駕駛程式的教練，讓程式自己逐步學會在不同情境下的應對方法，透過不斷累積經驗，最終像人一樣，將駕駛內化為自身的經驗，在陌生道路環境中也有從容應對的本領。學習過程中，自動駕駛程式所要學習的，就是第 3 章中介紹的路採資料，即大量的「環境與操作指令」的資料組合，這些資料組合是由駕駛人員（教練）在各種道路情境中所提供的「範例」。而「內化」的過程，就需要用程式編寫一個具有學習能力的「大腦」，不斷地用資料刺激大腦中的神經系統，使之逐漸學會在不同道路環境下的應對操作方法。這個過程，就是機器學習的基本路徑。

本章在介紹機器學習和深度學習的基礎上，著重講述卷積神經網路及其在視覺圖像分類中的應用，結合智慧小車的實際案例，為讀者逐步展開自動駕駛系統如何實現感知和決策等功能的具體過程。

第 4 章　寫車：神經網路與自動駕駛應用

4.1 機器學習與神經網路

4.1.1 資料驅動的學習過程

本節介紹解決自動駕駛模型開發所採用的資料驅動的方法，大體的流程如圖 4.1 所示，包含 4 個主要的環節。

(1) 蒐集資料，也就是大量「環境 —— 動作」的對應組合，這些資料相當於如何正確駕駛的範例。

(2) 編寫自動駕駛模型，即編寫具有學習能力的自動駕駛模型，其中包含很多可調節參數。

(3) 定義演算法最佳化目標，也就是衡量目前自動駕駛演算法好壞的指標，例如對加速、減速判斷正確的比率。

(4) 應用最佳化演算法，即藉助合適的最佳化演算法，以自動駕駛模型中的可調節參數為最佳化變數，對上述最佳化目標進行最佳化求解。

如果上述 4 個環節都進行了適當的準備，即：蒐集到足夠的、具有代表性的資料，編寫了具有足夠學習和表達能力的模型，定義了恰當的最佳化目標，採用了合適的最佳化方法，那麼在最佳化完成後，理論上將得到一個準確率足夠高的自動駕駛演算法。

蒐集資料 → 建立（或開發）自動駕駛模型 → 設定演算法最佳化目標 → 應用最佳化演算法

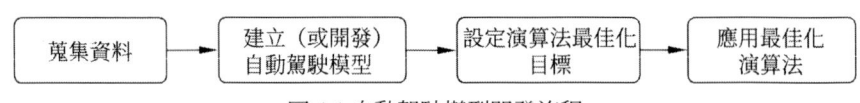

圖 4.1　自動駕駛模型開發流程

如果對這個流程進行更廣義化的表述，就可以得到適用於多數機器學習[7,8]任務的一般流程。它包括資料、模型、損失、最佳化 4 個環節（見圖 4.2）。與圖 4.1 稍有不同的是：

4.1 機器學習與神經網路

(1)將自動駕駛模型替換成更一般性的條件「假設」，就能得到代表對資料或這個任務的一般性假設。例如假設油門大小與車的加速度成正比，就可以引入線性回歸模型的假設。

(2)在機器學習或深度學習的語境下，一般將演算法的最佳化目標稱為損失函數或代價函數，或者在很多情況下，直接簡稱為「損失」(loss)。

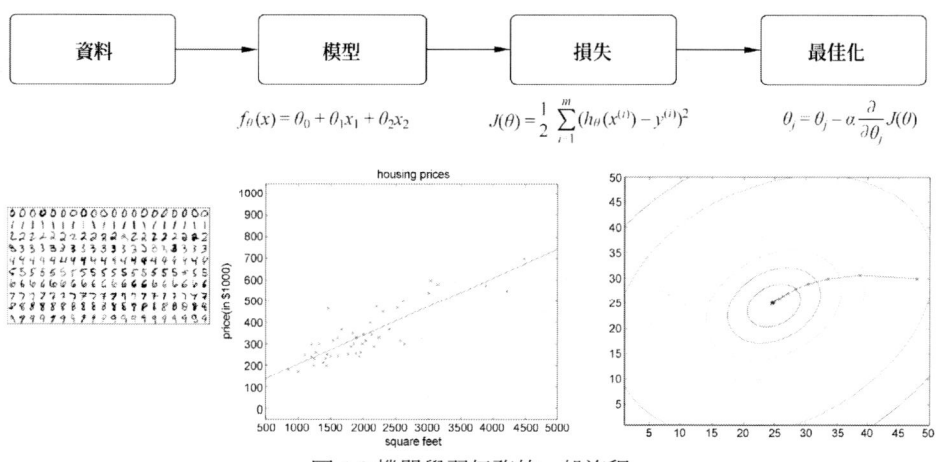

$$f_\theta(x) = \theta_0 + \theta_1 x_1 + \theta_2 x_2 \qquad J(\theta) = \frac{1}{2}\sum_{i=1}^{m}(h_\theta(x^{(i)}) - y^{(i)})^2 \qquad \theta_j = \theta_j - \alpha \frac{\partial}{\partial \theta_j} J(\theta)$$

圖 4.2 機器學習任務的一般流程

在如圖4.2所示情境下，一個自動駕駛演算法（圖4.2中的模型部分）也可以理解成如圖4.3所示的形式，從左側輸入端接收不同資訊的輸入，在中間經過一個複雜的函數變換，最終在右側輸出端給出期望的輸出。中間的複雜函數變換，可以作為一個黑盒函數。

當然一個真實的自動駕駛系統非常複雜，需要拆解成多個不同的模組，不太可能用單一的模型實現由原始感測器的輸入訊號，直接得到最終的控制輸出。從感知的角度，自動駕駛系統可能包含如下功能模組：

(1)圖像資訊的理解：辨識物體是什麼。

(2)多種來源資訊的綜合：感測器資訊的融合。

(3)未來趨勢的預測：預測周邊車輛的行動軌跡等。

第4章 寫車：神經網路與自動駕駛應用

那麼如何構造一個具有學習能力和表達能力的函數對映關係，使其能夠完成上述自動駕駛的功能呢？換言之，有沒有一些系統性的方法，可以按照不同的需求，依據特定的規則，構造出相應的函數對映關係呢？

這個問題的答案是部分肯定的，人工神經網路提供了一種系統性方法，可以實現：

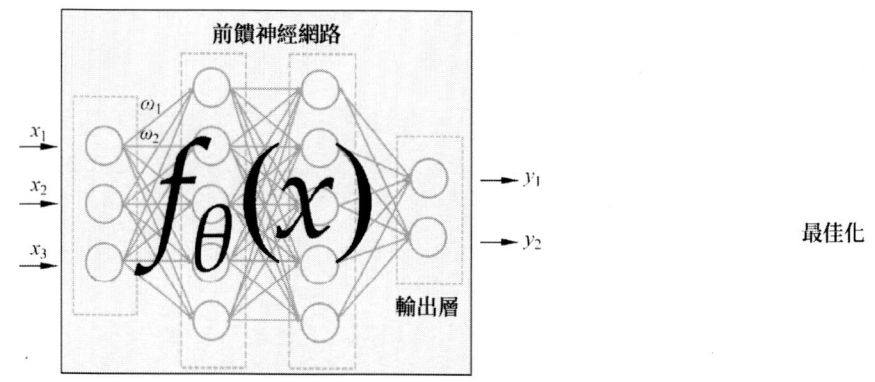

圖4.3 深度學習模型可視為具有強大非線性擬合能力的黑盒函數

（1）對某一類問題（例如後面介紹的手寫數字辨識問題），可以輕鬆地依據特定的規則寫出這樣的函數（或稱為模型）。

（2）對另一類問題（例如行人辨識問題），神經網路的框架中有特定的基本函數（或稱作運算元），按照特定的規則組合（例如後面介紹的殘差連接），可以高效能地解決這些問題。其中有些問題（例如圍棋、蛋白質摺疊問題），過去不知道怎麼求解，但最近也找到了有效的解決方法。

（3）其他問題目前仍沒有找到有效的方法，將來可能需要跳出人工神經網路的框架，尋求其他解決方法。

自動駕駛中的感知和決策問題絕大部分屬於第（2）類，少部分屬於第（1）類或第（3）類。當前相關的研究非常多，自動駕駛這類問題的求解，涉及大量人工神經網路和機器學習的基本概念，後面將對此展開介紹。

4.1.2 人工神經網路（類神經網路）

本章導讀中提到，在駕駛時駕駛人員需要做到「眼觀四路、耳聽八方」，同時處理多個來源資訊的輸入，然後進行綜合處理，做出具體的駕駛動作。把這個問題簡化並抽象為：「如果有多個來源的輸入量，如何將它們綜合起來，並根據不同的輸入值，運算出一個二值的輸出量」。這個問題的表述雖然非常簡單，但其實自動駕駛中很多具體的小問題都可以簡化為這種情況，例如：輸入當前車速、前車車速、與前車距離，試問輸出應加速還是減速？

對這個問題，最簡單的方法是將多個輸入進行加權求和，即 $\sum w_i x_i$，然後加上一個閾值判斷，如果高於閾值就輸出一個值，低於閾值就輸出另一個值。這樣的求解過程仍然是一個完全的線性變換，若在加權求和時再加上一個偏置量（bias），則該過程變成了一個仿射轉換；若再套上一個非線性函數，就能構造出人工神經網路中一個最基本的「人工神經元」，如圖 4.4 所示。在這樣的神經元結構中，有多個輸入來源 $x_0 \sim x_n$，這些輸入分別匯總到神經元中，經過加權求和 $\sum_i w_i x_i$，加上一個偏置量 b，然後再經過一個非線性的激勵函數 f，最後得到一個輸出量 y。

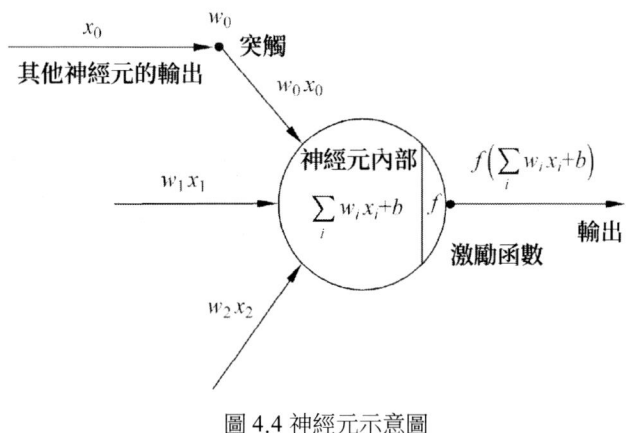

圖 4.4 神經元示意圖

第 4 章　寫車：神經網路與自動駕駛應用

神經元的運算過程雖然用自然語言表述出來比較煩瑣，但用數學公式表達可以非常簡單，即

$$y = f\left(\sum_i w_i x_i + b\right)$$

換言之，基本的神經元本質上只是一個由加權求和、偏置、激勵三個運算組合而成的簡單函數。其中的激勵函數 f 是一個非線性的函數，它是神經元對映中唯一的非線性運算。表 4.1 給出了常見的一些激勵函數的類型。

激活函數	函數圖像	函數方程	函數的導數	值域範圍
Logistic函數		$\sigma(x) = \dfrac{1}{1+e^{-x}}$	$f(x)(1-f(x))$	$(0,1)$
雙曲正切函數		$\tanh(x) = \dfrac{e^x - e^{-x}}{e^x + e^{-x}}$	$1 - f(x)^2$	$(-1,1)$
ReLU函數		$\max(0, x)$	$\begin{cases} 0, & x < 0 \\ 1, & x \geq 0 \end{cases}$	$[0, +\infty)$

表 4.1 神經網路中常見的 3 種激勵函數
參考來源：https://en.wikipedia.org/wiki/Activation_function。

其中 ReLU 函數具有非常簡單的形式，其導數則是更為簡單的二值函數，它是目前應用最廣的激勵函數。另外可以注意到，不同的激勵函數有完全不同的值域，其導數特徵也不同，可分別適用於不同類型的神經網路。

單個神經元能做的事情非常有限。事實上，儘管神經元中有激勵函數的存在，但如果將它作為一個分類函數，它仍然只能劃分線性可分的資料。與生物神經系統一樣，雖然每個神經細胞能夠完成的功能非常有限，只有簡單的接受激勵、傳導激勵的功能，但高等生物的神經系統都包括大量的、相互連接的神經細胞，構成複雜的拓撲結構。透過這樣複

雜的組合，就可能形成像人腦一樣高度智慧的系統。

類似生物神經系統的結構，大量人工神經元的組合，也可以構成複雜的神經網路。從函數變換的角度，神經網路是一個由多種基本函數（神經元）構成的複合函數。每個神經元都是一個簡單的對映，但透過很多個基本單元的疊加，本質上相當於複合函數不斷巢狀的過程，最終可以構成非常複雜、功能強大的函數。

如圖 4.5 所示為一個簡單的全連接結構的前饋神經網路（feed-forward neural network），它包括一個輸入層（接收 3 個輸入量）、一個輸出層（輸出 2 個量），以及各有 5 個神經元的兩個隱藏層（也稱作隱含層）。這種網路結構中相鄰兩層的所有神經元，都由一條連線連接，即後一層的神經元將前一層所連神經元的輸出結果作為其輸入，這種由全連接神經元構成的多層神經網路，也稱為多層感知器（multi-layer perceptron，MLP）。

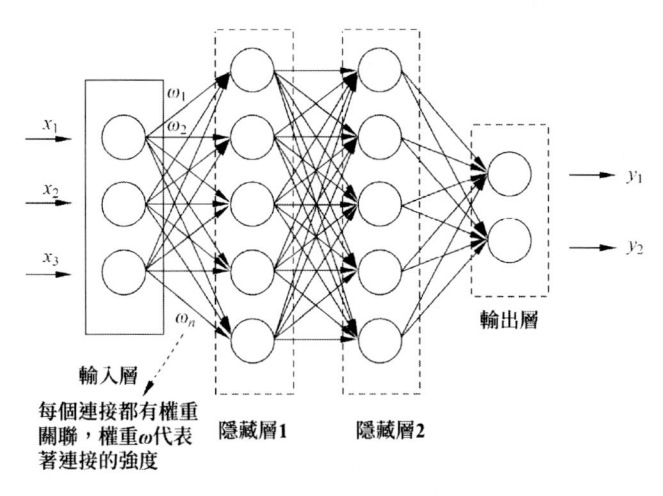

圖 4.5 全連接結構的前饋神經網路

這種前饋神經網路的強大擬合能力，可以更嚴格地表達為一個數學定理 —— 通用近似定理，又稱萬能近似定理。它從理論上證明了具有足夠數量神經元的神經網路，可以無限逼近任何定義在實數空間的連續函

第 4 章　寫車：神經網路與自動駕駛應用

數。基於這樣的理論保證，可以重新審視圖 4.3，從抽象層面上，可以將神經網路視為具有大量參數和強大擬合能力的黑盒函數：透過恰當地設計神經網路的結構和參數，可以實現將給定的輸入量透過複雜的函數變換，對映到所期望的目標變數上。舉例來說，對於後面將要介紹的手寫數字辨識任務，抽象地看，該任務相當於：給定的輸入是一些由二維矩陣表達的畫素資訊，透過神經網路的變換，最終輸出對應的數字。在這種意義上，它與多項式擬合測量點沒有本質差別。

需要指出，儘管通用近似定理作為一個存在性定理，給出前饋神經網路的表達能力上限，但並未給出如何構造這樣的神經網路的方法。舉例來說，實現一個手寫數字辨識任務的神經網路，應該採用多少層的網路？每一層需要多少參數？這些資訊並不能從通用近似定理中得到。事實上，儘管理論上神經網路具有強大擬合能力，面對真實的問題時，有可能並不能有效地訓練出神經網路模型，或者即使訓練出來，效率也過於低下。4.2 節關於卷積神經網路的內容，將介紹透過設計合適的神經網路結構，可以又快又好地完成相同的任務。

MLP（多層感知器）雖然結構簡單，但具有足夠數量神經元的 MLP 仍然被廣泛應用。由於其強大的非線性擬合能力，很多情境中，MLP 被當作高階的黑盒擬合函數使用。在很多其他類型的神經網路中，也會嵌入一些全連接的結構，以便利用其非線性對映的特性。

除多層感知器以外，也可以透過採用不同的基本構件（神經元）和不同的連接邏輯，形成更加複雜的網路。對於圖像及類圖像的資料，目前最常用的是以「卷積」作為最主要基本單元的卷積神經網路（convolutional neural network，CNN），它可以高效能地對圖像資料中的資訊進行變換，提取出不同抽象層級的資訊。在自動駕駛汽車中，圖像資料是最重要的資料，因此目前卷積神經網路也是自動駕駛演算法技術堆疊中的一個核

心演算法，在 4.2 節將專門介紹卷積神經網路演算法。

除上述的多層感知器和卷積神經網路以外，還有多種常見的神經網路。自動駕駛情境中常用的另一種神經網路是循環神經網路（recurrent neural network，RNN），它可以幫助解決「序列」形式的輸入以及序列內部的「記憶」問題。在駕駛過程中，無論是外界環境還是決策的輸出，都是以序列的形式存在，例如，來自攝影機的視覺資訊，是一影格一影格地持續輸入系統的，如果孤立地對某一影格的內容進行決策，就丟棄了大量來自序列中其他時刻的資訊。舉例來說，如果車輛前方有一個正在通過人行道的行人，假設靜態地看某一時刻攝影機提供的資訊，很難判斷行人是否能及時通過人行道，以及是否需要做出車輛減速的決策；而如果綜合不同影格的資訊，可以結合前面若干時刻的行人位置，從而提取出更豐富的資訊，幫助決策系統做出正確的判斷。引入循環神經網路可以實現在時間維度上綜合資訊的功能。循環神經網路的輸入是一個序列（sequence）。如圖 4.6 所示為一個基本的循環神經網路結構示意圖，序列中的每一個元素 x_t（t 為序列中元素的序號），一個一個依次地被輸入隱藏層中，運算得到一個隱藏狀態 h_t，一方面它被用於與下一個輸入 x_{t+1} 共同運算下一次的隱藏狀態 h_{t+1}，另一方面，如果輸出也是一個序列，h_t 也被用於運算當前循環的輸出量 y_t。在循環神經網路中，有兩個關鍵要點：一是對序列類型的輸入，採用循環遞迴的方法處理；二是引入神經元內部的隱藏狀態，它保留了前面輸入的一部分資訊，使每一個後續的輸入值都可以與前面的輸入共同作用，產生新的輸出。透過引入隱藏狀態，使得循環神經網路具有某種「記憶」功能，可以保留之前輸入的一些資訊。

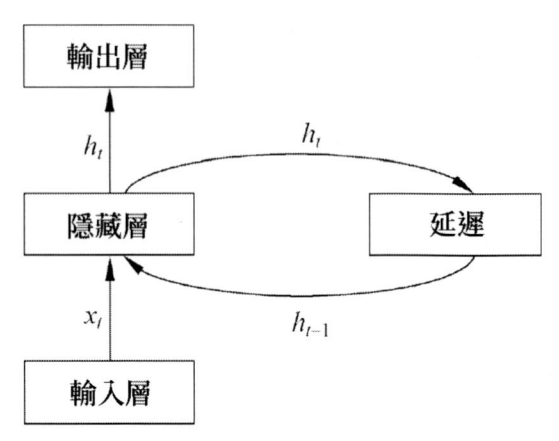

圖 4.6 循環神經網路結構示意圖

循環神經網路由於其結構特性，常被用於自然語言處理中的建模，因為語言天然就是序列型的資訊。例如經典的語言情感分析任務，它的輸入是一段文字，輸出是對這段話的情感分類，這是一個典型的序列輸入對應單輸出的分類問題，就可以直接套用循環神經網路的結構處理。

在循環神經網路的運算及第 5 章介紹的反向傳播梯度運算的分析中，通常把循環神經網路序列輸入過程展開，如圖 4.7 所示，這種展開方式通常也被稱為「按時間展開」。在這種表達方式下，從左至右，可以很直觀地看到每一個輸入依次產生隱藏量，以及前一步的隱藏量如何與下一步的輸入共同產生下一步的隱藏量的過程。

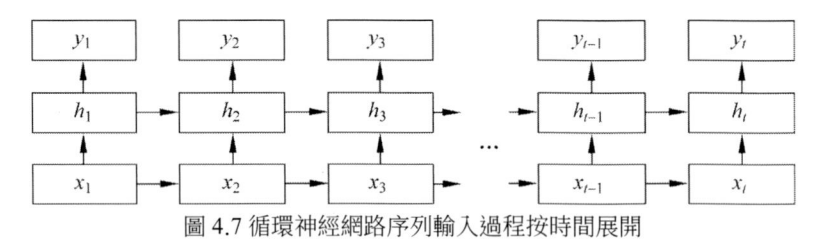

圖 4.7 循環神經網路序列輸入過程按時間展開

需要指出，多層感知器、卷積神經網路和循環神經網路雖然具有完全不同的結構和工作模式，但它們之間並不是互斥的，相反，不同類型的神經網路，通常需要組合在一起，才能完成特定的工作。例如，對於

由一張圖片生成文字標題的任務，就需要卷積神經網路接收輸入的圖片，提取出關鍵資訊，然後由循環神經網路輸出對應的文字序列。或者，回到上面所舉的「避讓正在通過人行道的行人」的例子，將每一時刻來自攝影機的圖片給卷積神經網路處理，但僅僅這樣處理，相當於在孤立地處理每一時刻的攝影機資訊，而忽略了相鄰時刻資訊的關聯性。這時就可以引入循環神經網路結構，與卷積神經網路結合起來，由卷積神經網路處理每一時間的圖像資訊，再由循環神經網路引入記憶功能，這樣每一影格的資訊不再是孤立的，自動駕駛系統不再是看著一張張靜態圖片嘗試作出決策，而是根據一個連續變化的動態情境持續地進行感知和決策。

4.2 自動駕駛中的卷積神經網路

圖像資料是自動駕駛系統中最重要的輸入資料之一，目前處理圖片類資料最常用、最有效的方法是卷積神經網路。

4.2.1 卷積的引入

前面介紹了多輸入綜合處理的問題，可以用人工神經元構成多層感知器有效地解決。對於自動駕駛中另一種類型的原始資料——影像資料，多層感知器不再是高效能的處理方法。理論上，圖像相關的問題與一般的回歸或分類問題並沒有本質差別，辨識影像中的交通燈號，本質上仍然是從一個多元的輸入，對映到一維或多元輸出的函數。根據通用近似定理，只要網路的容量足夠，理論上 MLP 也可以完成這些任務。

但是，圖像資料與多輸入綜合處理問題中的向量資料有一個關鍵的不同，即它需要具有一定程度的平移不變性。也就是說，圖像中有一個障礙物，它出現在正中心時，演算法能辨識它是障礙物，當它出現在偏左或偏右的位置時，演算法仍然能夠正確地辨識。不難想到，前面介紹的、由全連接層構成的 MLP 網路並不具備這樣的特徵：當輸入資料平移位置時，每一個輸入資料對應的權重都不再相同，無法保證輸出的不變性；或者，如果要實現平移不變性，有可能需要大量的冗餘參數才能實現。

直接在二維的圖像輸入資訊上構想滿足平移不變性的演算法比較困難，可以考慮一個稍微簡單的問題：語音喚醒和辨識。現在無論是手機、家居智慧設備還是車載智慧終端，很多都具有語音助手的功能，可以直接透過固定短語（如「你好！」）喚醒，並啟動語音對話系統。注意這裡的輸入資料雖然是一維的輸入序列，但與二維圖像的演算法相同的是，「你好」這個指令出現在一維序列的任何位置，都能夠正確地被演算法辨

識。下面用圖像表達這個概念，給定一個如圖 4.8 所示的音訊訊號，該如何判定其中是否含有「你好」這個預設的喚醒指令呢？

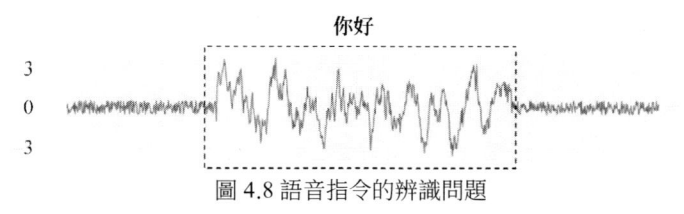

圖 4.8 語音指令的辨識問題

在對語音辨識技術沒有任何了解的情況下，這裡嘗試設計一種演算法，解決辨識「你好」的問題。如圖 4.9 所示，可以預先錄製一個指令，並將它作為範本，然後用一個與範本等寬的移動視窗，沿著原始訊號移動，每移動到一個新的位置，就運算出該視窗內原始訊號與範本曲線的相似度，這樣原始的一維訊號就轉換為同樣一維的相似度曲線。

透過這種比較原始的範本匹配方法，已經大致實現了把複雜的原始訊號轉換成更簡單的相似度訊號，指令辨識的問題已經解決了大半。考量到在實際的情況中，使用者每次說出的指令都會有細微的不同，不可能與範本完全一致，可以簡單地設定一個辨識的閾值（例如 0.8），只要相似度大於閾值，就認為指令匹配，也就是進一步把相似度訊號轉換成一系列值為 0 或 1 的序列。接下來只需要簡單地檢測其中是否含有 1（例如直接取最大值，看它是否等於 1），就可以判斷這一段錄音中是否含有「你好」的指令了。

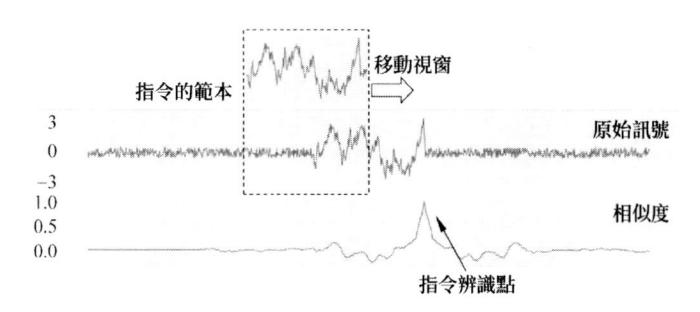

圖 4.9 用移動視窗和與範本的相似度進行指令的檢測

第4章　寫車：神經網路與自動駕駛應用

回顧這個原始的指令辨識演算法，它包含如下要點：

(1)定義一個範本。

(2)用移動視窗的方式，運算在每個位置處原始訊號與範本的相似度，得到相似度序列。

(3)求全局最大值，把相似度結果，由一個序列轉化為單一的輸出。

分析這些要點，可以發現這個簡單的流程其實已經實現了上面的「平移不變性」。任意給定一個5秒的語音訊號，不管指令出現在哪個位置，上述演算法都可以在第(2)步檢測出它出現的位置（這裡實現了平移等變性，即輸入發生平移時，輸出也相應地平移），並在第(3)步給出是否包含指令的結果。

同樣的流程也可以應用到圖像的辨識中，實現平移不變性。差別在於圖像是一個二維的序列，因此需要預定義的範本是二維的，移動視窗需要掃過二維平面，一維的相似度曲線也變成了二維的相似度熱力圖。回顧前面提到的MNIST（手寫數字資料集），如圖4.10所示，它的每張圖片都包含了一個手寫數字，需要辨識它是0～9中的哪個數字。簡單的辦法是畫一組範本，包含0～9每個數字的「標準」外形，然後任意給定一張圖片時，運算它與給定範本的相似度，與哪個相似度最高，就判定為該數字。考量到數字在圖片中的位置具有一定的隨機性，這裡也用移動視窗，並取全局最大值的辦法，運算給定圖片與每個數字的最高相似值，從而做出判斷。

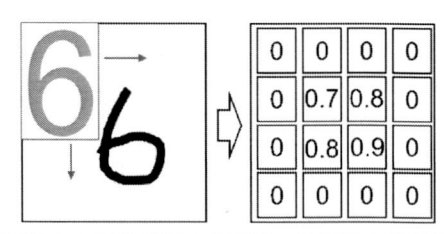

圖4.10 用「範本＋移動視窗＋相似度」檢測的方法辨識手寫數字

所以這個方法雖然簡單，但原則上已經可以解決一些較複雜的問題。如果要擴展到更廣義的圖像任務，直接應用這個方法就顯得力不從心了，主要有以下幾個問題：

(1)當要辨識的類型很多時，很難對每個類別定義出標準範本。

(2)用範本和移動視窗的方法直接辨識整個物體，運算效率不高，存在大量重複運算。

(3)真實世界的圖像還有大量的變化，例如視角、亮度等，直接辨識整個物體的效果不好。

針對這些問題，可以對上述流程進行更廣義化的推廣，並引入神經網路的工具，讓網路自己去學習需要用到的「範本」，避免人工設計。因此可以將上述流程改為如下更普遍的流程：

(1)不再直接一次性定義整個物體的範本，而是拆分成多個階段，每個階段學習不同的細節特徵。

(2)範本不是人工定義的，而是可變參數，由神經網路自己學習。

基於這樣的指導原則，可以設計出一種新的神經網路結構，它的每一層都用一些簡單但更具普遍性的「範本」，只過濾出一部分的特徵（例如邊界、特定的紋理等），並將它作為下一層的輸入，從而逐層提取出更高階的特徵。由於範本已經設計成具有可變參數的形式，從而可以呼叫「資料 —— 模型 —— 損失 —— 最佳化」這個模式，用最佳化的方法，自動地找出合適的範本。事實上，這樣的神經網路就是所謂的「卷積神經網路」，它是目前處理圖像類資料和電腦視覺問題最有效的方法，其中的「卷積」正是前面介紹的「範本＋移動視窗＋相似度」這種一般方法的推廣。

接下來用更準確的語言描述卷積神經網路。

4.2.2 卷積神經網路

不失一般性地，用如圖 4.11 所示的例子展示卷積的運算方法。如果輸入資料是一個灰階圖像，則它可以表示為一個二維的矩陣，其中每個元素是值在 0～255 的整數。而「卷積核」（convolution kernel）相當於前面的範本，是一個更小的矩陣，這裡用大小為 3×3 的卷積核作為例子。運算卷積操作的輸出結果，其實就是「移動視窗＋相似度」的過程，差別在於這裡把相似度替換成內積（也就是沒有做歸一化的餘弦相似度）。因此，卷積的運算過程為：首先將卷積核放在輸入矩陣的左上角，運算一次內積，得到輸出矩陣左上角的值；然後進行移動視窗的操作，每移動一個位置，運算一個內積；最後移動完整個輸入矩陣之後，就得到了一個二維的輸出矩陣（常稱作特徵圖，feature map）。

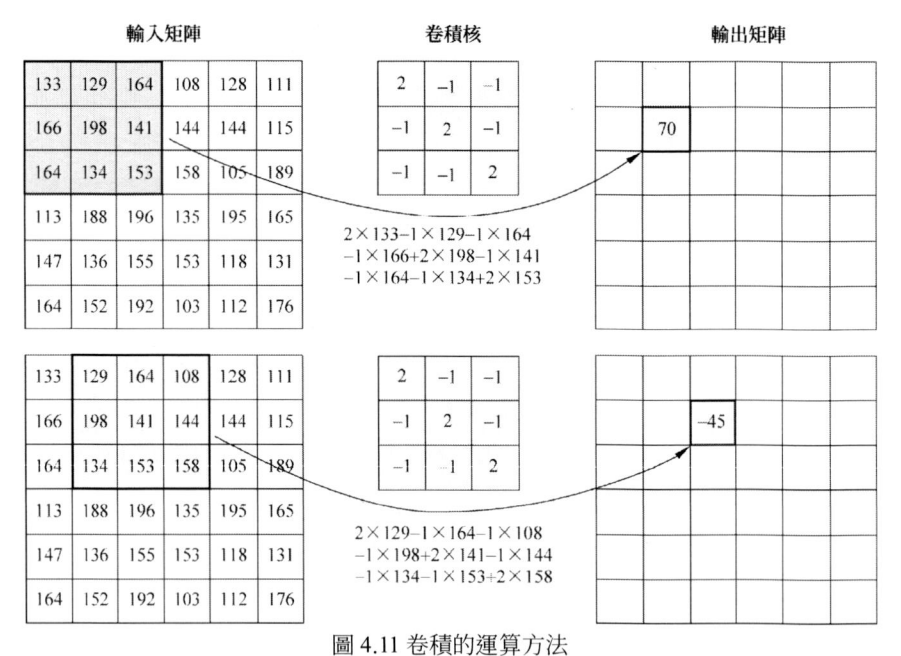

輸入矩陣

133	129	164	108	128	111
166	198	141	144	144	115
164	134	153	158	105	189
113	188	196	135	195	165
147	136	155	153	118	131
164	152	192	103	112	176

卷積核

2	−1	−1
−1	2	−1
−1	−1	2

輸出矩陣（70）

$2\times133-1\times129-1\times164$
$-1\times166+2\times198-1\times141$
$-1\times164-1\times134+2\times153$

輸入矩陣

133	129	164	108	128	111
166	198	141	144	144	115
164	134	153	158	105	189
113	188	196	135	195	165
147	136	155	153	118	131
164	152	192	103	112	176

卷積核

2	−1	−1
−1	2	−1
−1	−1	2

輸出矩陣（−45）

$2\times129-1\times164-1\times108$
$-1\times198+2\times141-1\times144$
$-1\times134-1\times153+2\times158$

圖 4.11 卷積的運算方法

關於基本的卷積操作，還有幾點重要的補充：

(1) 填充（padding）。注意到直接按圖 4.11 中例子的卷積所得到的輸出矩陣，在寬、高兩個方向的大小，都是比輸入矩陣小 2 的（例如，輸入矩陣大小為 100×100，則輸出矩陣大小為 98×98），這有時會為後續處理帶來一些不便，因此常見的做法是在運算卷積時，人為地在輸入矩陣外側填充一圈數字，使輸入和輸出的矩陣大小一致。其中最常見的做法是填 0（zero padding）。

(2) 步長（stride）。前面介紹的移動視窗中，用的是步長為 1 的移動，實際上也可以把步長當作一個卷積的參數，例如可以允許步長為 2 的移動，這樣會得到一個寬、高尺寸都減半的特徵圖輸出，或甚至允許寬、高兩個方向不一樣的步長。引入步長參數後，當步長大於 1 時，相當於帶來了下取樣和降維的效果。

卷積中的填充與步長，如圖 4.12 所示。

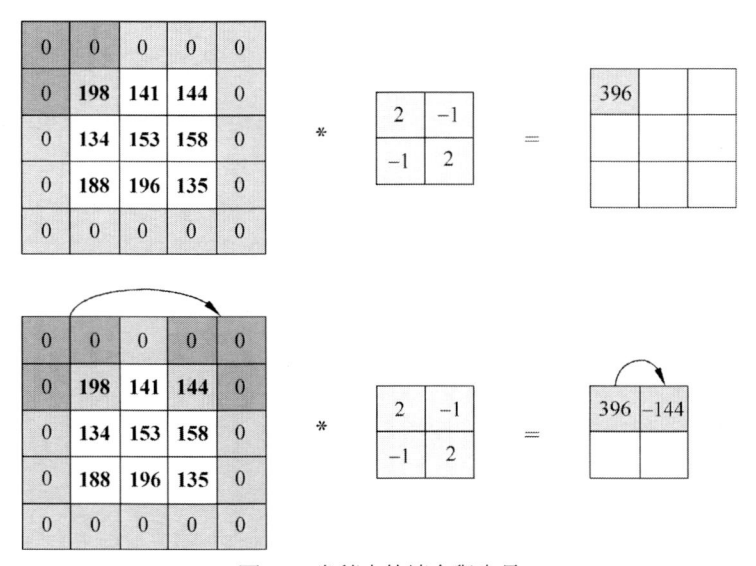

圖 4.12 卷積中的填充與步長

上述例子中用的是灰階圖，它是一個二維的矩陣。但現實中絕大多數圖像都是帶有多個顏色通道（色版）的，例如常見的 RGB（紅、綠、藍），這時輸入的矩陣變成了三維 w×h×c，分別對應圖像的寬、高和色版數。對於這種輸入，卷積核的維度也需要相應調整，寬、高方向不變，但增加一個色版的維度，並與輸入一致。這樣在生成卷積中的移動視窗時，卷積核仍然只沿著寬、高方向移動，每個位置仍然只運算單一的數值，這個卷積核進行卷積操作之後，仍然是輸出一個二維的特徵圖。從範本匹配的角度理解：讓卷積核的色版數與輸入色版數一致，本質上是只在空間維度（而不是顏色維度）上做範本匹配。

另外，對於某個輸入圖像，通常需要用多個卷積核分別過濾出不同的特徵。例如用兩個卷積核分別抽取橫向與縱向的紋理特徵。可以將每個卷積核所輸出的二維向量沿第三維拼接在一起，相當於得到了一個多色版的輸出矩陣，如圖 4.13 所示。只不過這裡的每個色版不再是顏色，而是表示每個卷積核所抽取出來的特徵圖。

回到前面所述的、用範本匹配的一般方法，卷積相當於其中「範本＋移動視窗＋相似度」的推廣，但同時注意到，僅用卷積提取出的結果，仍然是具有空間結構的「特徵圖」，仍需透過某種操作去掉這種對空間結構的依賴。在前面範本匹配的一般方法中，用的是全局最大值的方法，這裡同樣可以把這個方法進行推廣，稱為「池化」（pooling）。類似於將範本推廣到卷積的過程，這裡也把單次的、取全局最大值的過程，分散成多次的池化操作，在每次池化中，只對局部取最大值操作。運算局部最大值的方法，類似於卷積中運算局部範本相似度的過程，用一個移動視窗，並在每個視窗內取局部最大值。如圖 4.14 所示是一個大小為 2×2 的池化操作。這個例子中還採用了大小為 2 的步長，它相當於在每個 2×2 的局部方塊中取最大值，構成一個寬、高各縮小一半的特徵圖。

池化操作也可以有不同的類型，最常用的是取局部最大值，稱為最大池化，也有其他方法，例如用平均值函數（平均池化）等不同的變種。

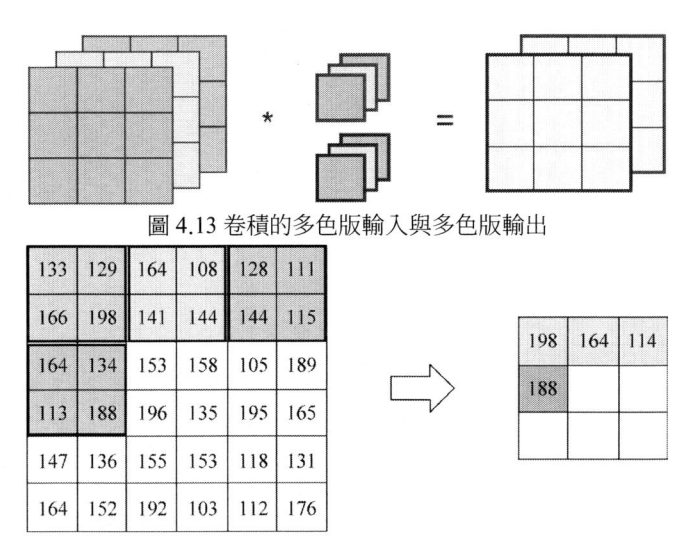

圖 4.13 卷積的多色版輸入與多色版輸出

133	129	164	108	128	111
166	198	141	144	144	115
164	134	153	158	105	189
113	188	196	135	195	165
147	136	155	153	118	131
164	152	192	103	112	176

198	164	114
188		

圖 4.14 池化（pooling）操作

可以看到池化與卷積具有很多相似點，都可以定義不同大小的移動視窗，定義其移動的步長，從而達到不同程度的降取樣效果。但需要注意，池化與卷積有一個關鍵的不同：兩者雖然都可以接收多色版的特徵圖輸入，單個卷積核會在色版方向將維度壓縮為 1，但池化則是分別在輸入特徵圖的每個色版上沿寬、高方向做池化操作，即它的輸出色版數是與輸入一致的。

事實上，除了卷積與池化以外，在 CNN 中還有一些其他常用的基本模組，例如 dropout（丟棄）、歸一化操作（例如批次正規化，batch normalization）等。限於篇幅，這裡不再介紹，感興趣的讀者可以進一步學習本書參考資料。

在多層感知器中，疊加多個全連接層，可以構成強大的非線性對映，同樣地，在 CNN 中，也可以疊加多層的卷積，構成遠比簡單的範本

匹配強大的圖像特徵抽取結構。例如，如果要辨識一張如圖 4.15（a）所示，帶有交通號誌的圖片具體是哪種號誌，可以設計如圖 4.15（b）所示的網路。在網路的前幾層，匹配（或者說過濾）的是一些低層的紋理、線條特徵，再往後的卷積層，逐漸在前一層抽象資訊的基礎上，進一步抽取更抽象的特徵，最後再連接全連接層，將抽象的圖像特徵經非線性變換對映至最終的類別。

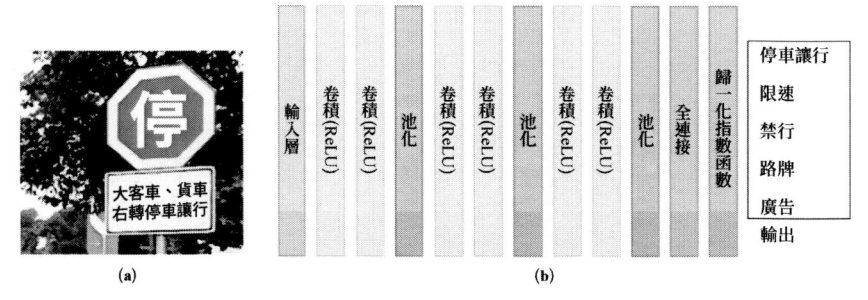

圖 4.15 一個基礎的圖像分類範例

4.2.3 經典的卷積神經網路結構

在了解了基本的卷積及相關運算元後，已經可以搭建出具有物體辨識（圖像分類）功能的簡單神經網路了。本節進一步介紹幾個經典的卷積神經網路架構，並藉此理解在用神經網路進行視覺內容感知發展過程中的一些重要思路。

LeNet 是早期 CNN 的代表，它是 Yann LeCun 等人在 1990 年左右開發的、用於檢測郵遞區號（手寫數字序列）的 CNN。由於當時軟硬體基礎設施的限制，LeNet 在網路複雜性和深度方面比較有限。隨著後續二十多年在數據、演算法、算力方面的發展和累積，於 2012 年推出 AlexNet，獲得突破。AlexNet 是卷積神經網路發展的里程碑，之後迎來了演算法的快速發展，產生了一系重要思路和網路模型。這裡主要介紹三個經典的網路模型：VGG、GoogLeNet（Inception）及 ResNet。

在圖 4.16 中展示了 AlexNet 和 VGG（2014 年推出）的網路結構對比。可以看出，其實從宏觀結構來看，兩者並沒有太多本質的差別，仍然是基礎的卷積、池化、全連接層的組合。VGG 的模型結構主要有兩方面的改進：一是完全採用 3×3 的小卷積核，二是增加了網路的深度。與 AlexNet 等舊模型相比，VGG 的多層小卷積核結構可以用更少的參數實現更強的擬合能力。例如，對比單層 5×5 卷積和兩層的 3×3 卷積，假如色版數相同，後者在具有相同接受域（輸出特徵圖中每畫素所關聯的輸入層中的範圍）的基礎上，具有更少的參數（5×5×1：3×3×2=25：18），同時增加了額外的非線性層，因此效能更良好。VGG 的多層小卷積核結構帶來更大的運算量及更多的記憶體占用（神經網路的前向運算過程中，產生更多的中間特徵圖，它們要儲存用於反向傳播的梯度運算），因此該結構需要更強大的硬體作為支撐。

同樣在 2014 年出現的 GoogLeNet 則帶來了更不一樣的網路結構，其中多種不同大小的卷積核透過串聯、並聯的方式，組合成一個 Inception 模組，繼而由多個 Inception 模組線性串聯成 GoogLeNet 的主體。圖 4.17 給出了 Inception 模組內部結構，其中包含 4 條並列的運算路徑，分別採用 1×1、3×3、5×5 這 3 種不同大小的卷積核作為運算主體，用於捕捉不同標準的圖像特徵，最後這些來自不同路徑的特徵圖，再沿色版方向疊加在一起，作為下一層的輸入。多個運算路徑在最後疊加帶來的副作用是容易造成色版數迅速增加，因此 Inception 模組中還引入了額外的 1×1 卷積，用於壓縮輸出色版數，減少運算量。

圖 4.16 AlexNet 和 VGG 網路結構對比

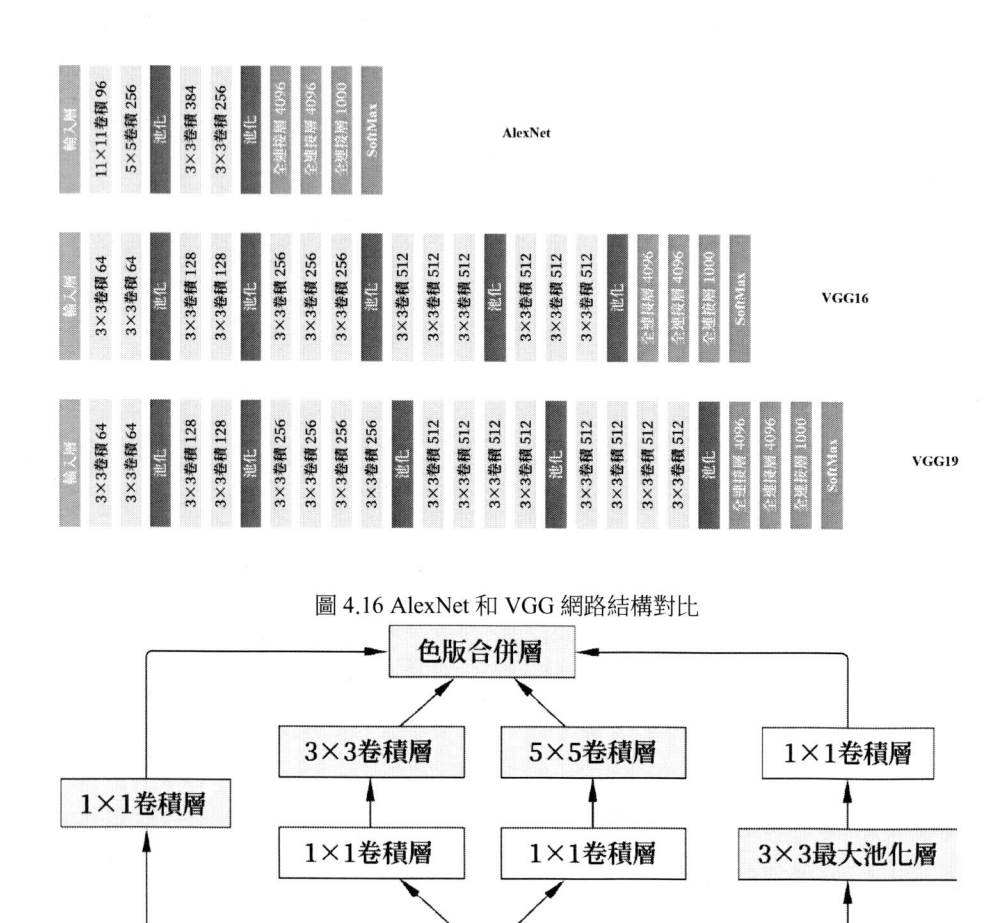

圖 4.17 Inception 模組內部結構

總體而言，在上面的 CNN 網路結構中，網路深度是一直在增加的。自然而然地，引出一個延伸問題，當網路深度加大時，理論上是否總能得到更強的模型？可以設想一個基準模型，在其基礎上增加若干層，**如果將這些層構造為單位變換**，即輸入與輸出完全相同，則更深的模型與基準模型是等價的。考慮到更深的模型還存在繼續最佳化的潛力，說明網路深度增加時，理論上其效能至少是不低於淺層模型的。但從過去一

些實驗來看，似乎網路深度增加到一定程度後，繼續增加網路並不會使效能得到預期的提升。

對於這種實踐未能達到理論預期的情況，2015 年推出的 ResNet 給出了解答，並透過結構的改進，一舉將當時主流的網路深度從 20 層左右提升到 150 多層。ResNet 的核心正是把上述「單位變換」的思路顯式地用網路結構表達出來，構造了如圖 4.18 所示的殘差結構，用一個單位連接，將輸入與輸出直接連接起來，並在輸出端將卷積層的輸出加到輸入上，得到輸出。透過這樣的結構，卷積層的學習過程相當於在學習輸入層與目標輸出的「殘差」，這樣即使它什麼有效資訊都沒學到，退化到單位連接，也可以確保深度網路的效能不會更差。透過重複疊加殘差結構，神經網路的深度可以很深，效能上也與同時期其他網路拉開了明顯的差距。而殘差結構這種想法，也被後續很多網路結構（例如更新版本的 Inception 網路）採用，並獲得了很好的效果。

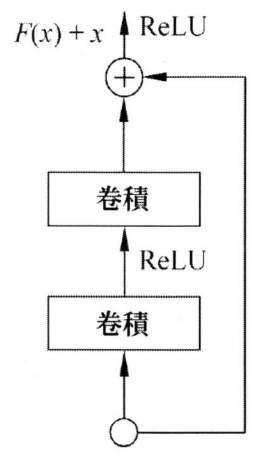

圖 4.18 殘差連接和殘差模組

可以看到，在過去十年左右的時間，視覺領域的深度學習技術一直在快速演化，小到各種訓練技巧，大到基礎的模型架構，都在持續迭代更新。所以目前看來最有效的方法和結構，可能在不久的未來就會被全

新的方法取代。自動駕駛技術的工業應用，本身就面對大量懸而未決的困難問題，因此研究人員也有足夠動力去快速跟進學術界最新的發展。舉例來說，近兩年基於自注意力（self-attention）的 Transformer 結構已經在特斯拉等企業的感知模型中廣泛使用。像這樣快速的迭代步伐，是過去不曾有的。

4.3 自動駕駛中其他模型結構

在本書講解的範圍內，智慧小車面對的環境是封閉的、較單一的軌道環境，所以用簡單的網路就已經可以完成感知的任務。但對於需要在公共道路上行駛的自動駕駛車輛而言，面對的是現實的複雜環境，僅靠簡單的圖像分類網路是不足以勝任自動駕駛需求的。本節對部分高階的自動駕駛任務、模型案例作一般性的介紹，有興趣的讀者可以學習了解學術界和工業界如何「寫」出複雜的自動駕駛程式。

4.3.1 其他視覺感知任務

利用卷積神經網路可以解決圖像的分類問題，例如辨識圖像中的交通號誌。在自動駕駛所面臨的圖像理解任務中，遠不止圖像分類，還涉及很多其他更高階的任務，例如車道線的辨識和擬合、行人的辨識和定位等。以圖 4.19 為例，在真實的駕駛情境中，需要從圖像中抽取出主要的資訊，例如道路邊界、前方的行人、障礙物等。同時，在滿足精度要求的情況下，需要設計盡可能高效能的模型結構，在車載 AI 晶片有限的算力上，完成複雜的任務。

如圖 4.20 所示，這些更高階的圖像理解任務，往往都可以歸類為目標檢測、語義分割這兩種基本的任務，或者基於這兩種任務的擴展（實例分割）。不同於單純的圖像分類，目標檢測需要定位出在一張圖像中每個物體（例如行人）的類別及位置範圍，而實例分割更進一步，需要以畫素為單位，給出每個物體的範圍。這些任務都可以基於卷積神經網路進行有效的處理，特別是網路的前半部分是通用的底層圖像特徵的提取。但由於任務的特殊性，特別是在輸出側需要一些額外的巧妙設計，因為我們通常無法簡單地增加全連接層進行輸出。

圖 4.19 真實的駕駛情境中需要從影像中抽取的資訊
（圖片來源：https://www.tesla.com/autopilotAI）

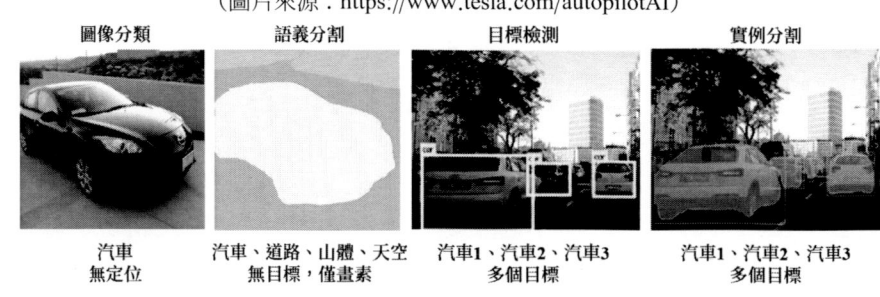

圖像分類	語義分割	目標檢測	實例分割
汽車 無定位	汽車、道路、山體、天空 無目標，僅畫素	汽車1、汽車2、汽車3 多個目標	汽車1、汽車2、汽車3 多個目標

圖 4.20 影像的分類、檢測與分割任務

目標檢測包括對車輛、行人、非機動車、交通號誌等進行檢測。這個任務中需要同時做兩件事：一是分類，辨識出目標是什麼；二是定位出目標在哪裡。前者不言而喻，對於後者，例如定位出目標在一個十字路口，需要能夠分辨出是哪個位置的交通號誌及交通號誌分別是什麼訊號，這樣才能相應地根據號誌的指示移動。更細節地，目標檢測可以分為 2D 和 3D 檢測。前者是在一個 2D 圖像上檢測出物體，它的目標輸出是在圖像座標系中的一個矩形框。後者是在 3D 空間中的檢測，目標輸出是 3D 的邊界框。考量到 2D 畫素空間仍然只是 3D 空間的投影，且如

果考慮到畸變、地面的不平等因素，這種投影還存在不規則的因素，因此相對而言，2D 畫素空間中的檢測與分割，都還需要額外的處理，才能用於後續的決策，而 3D 空間中的檢測，則可以較方便地用於決策規劃環節。

4.3.2 光學雷達等感測器資料的處理

上面介紹的都是基於攝影機圖像的感知方法。圖像本身是非常規則的資料，所以可以用卷積神經網路方便地處理。但圖像本質上相當於把三維世界投影到二維，損失了深度層面的資訊。在自動駕駛系統的感測器中，光學雷達也被廣泛用於感知車輛的周邊環境。與規則的圖像不同，光學雷達產生的資料是 3D 點雲，因此通常無法直接應用成熟的 CNN，需要設計一些針對性的網路結構。

根據不同的光學雷達類型，產生的點雲資料在類型和格式上並不一致，但一般在處理後，可以簡化為一系列 4D 的陣列，其中前 3D 為笛卡兒座標系下的座標（儘管有時感測器輸出的原始座標為極座標，但往往為了後續處理的方便，也會轉換成笛卡兒座標），第四維為反射強度。從資料形式上來看，一方面光學雷達產生的資料直接包含了 3D 空間中的資訊，而不需要像圖像一樣，額外地推測深度資訊；另一方面，儘管光學雷達產生的資料是 3D 空間中的點，但它是稀疏且不規則的。從被掃描的區域來看，點雲只包含光學雷達掃描區域的很小部分，大部分區域是沒有點的（這並不等同於這些區域是空的），同時點雲的空間分布不是規則的，在不同區域的密度差異非常大。

由於這樣的特性，點雲資料不適合直接用處理 3D 資料的卷積神經網路進行處理，而需要做一些巧妙的設計或轉換。目前廣泛採用幾種不同的處理方法，例如直接處理 3D 點雲（PointNet++）；把點雲視為圖資料結

構，然後用圖神經網路處理；或者把點雲投影到 2D，然後用成熟的 2D 圖像處理方法處理。這裡主要以 VoxelNet 為例介紹另一種經典方法——基於體素（voxel，volume pixel，立體像素）的方法。

VoxelNet 的網路結構如圖 4.21 所示。整體上它是一個端到端的 3D 目標檢測網路，輸入是點雲，輸出是三維物體的邊界框。網路可以分成 3 大模組，分別是特徵學習網路（feature learning network）、中間卷積層、區域生成網路（region proposal network，RPN）。

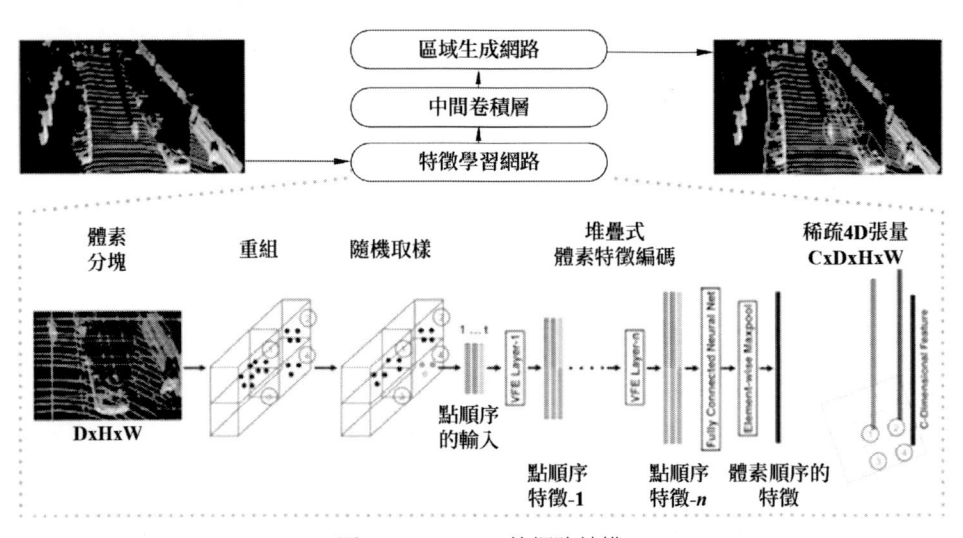

圖 4.21 VoxelNet 的網路結構

其中特徵學習網路用於處理 3D 稀疏點雲，產生稀疏的 4D 特徵張量。這部分網路又大致可分成幾部分，如圖 4.21 下半部虛線框所示。首先將掃描區域中的 3D 點雲劃分為多個規則的體素，由於點雲空間分布高度的不規則性，每個體素中包含的點數是不一樣的，因此引入隨機下取樣，將含有超過 T 個點的體素中的點下取樣到 T 個點。這樣既減少了運算量，又緩解了點雲分布不平衡的問題。然後使用多層的體素特徵編碼（voxel feature encoding，VFE）單元對非空的體素進行局部特徵提取，得到稀疏的體素層面的特徵向量。其中的 VFE 是體素特徵提取的關鍵，它

用全連接網路提取點特徵,並用最大池化得到局部的聚合特徵,然後將兩者拼接構成輸出。

中間卷積層可以進一步處理上述在特徵學習網路中抽取的體素特徵,透過多層 CNN 逐步增大接受域,並在更大的視野範圍內,學習其中的幾何形狀特徵。最後透過成熟的 RPN 實現對目標物體的檢測(分類及定位)。

4.3.3 多模態感測器資料的融合

攝影機和光學雷達都可以產生對環境進行感知的資訊,同時兩者的特性又在一定程度上可以互補。攝影機產生的視覺資訊包含豐富的顏色、紋理等,但攝影機觀察距離遠,無法(直接)得到深度資訊,且對光照條件很敏感,在低亮度或眩光時無法準確反映環境資訊;而光學雷達產生的 3D 點雲直接包含深度資訊,但光學雷達有效感受距離相對較近,易受雨雪天氣影響,另外雖然無法檢測物體的顏色和紋理,但對大多數常見物體(車輛、行人等)的外輪廓,一般都提供了充足的分類資訊。

在理想情況下,最有效的方法還是盡可能地將攝影機與光學雷達產生的資訊進行融合,利用冗餘互補的資訊,形成更全面、更可靠的感知結果。目前較常見的、將不同模態感測器資料融合的方法分為如下三種。

(1)資料級融合(前融合):直接將不同模態的原始資料在空間上對齊後進行融合。

(2)特徵級融合(深度融合):分別對不同模態的原始資料進行特徵提取,並在特徵空間中,將各模態特徵混合在一起。

(3)目標級融合(後融合):在每個模態都對目標進行預測,然後綜合不同模態的結果,形成單一的目標輸出。這種方法可以當成一種整合(ensemble)學習方法。

对不同感测器资料融合方法感兴趣的读者,可参阅本书参考文献中的综述文章[9～11]进一步了解。

4.3.4 自动驾驶模型案例研究

1·特斯拉的模型架构

特斯拉的神经网络承担着大量的感知功能,例如对周边车辆、行人、红绿灯、交通号志、障碍物等的检测,对车道线、可通行区域的分割等,这些不同的任务有上千个。考量车端有限的运算能力,为每个任务设定独立的神经网络分别进行推理运算是不现实的,因此特斯拉的整体网路架构是尽可能让多数任务共享底层的主干网路,在此基础上,逐层根据不同类别任务的各自特点,分叉出不同的任务头(head)。透过这样的架构设计,节省了大量的重复运算,下游的每个具体感知任务,都只需要额外进行少量的运算即可完成,同时这种多工,事实上还有助于训练出具备更广义性的底层网路,带来更优良的效能。因此,这种基本架构设计也被业界同行大量采用。

如图 4.22 所示,特斯拉的整体网路架构宏观上是一个多摄影机输入、多工头输出的结构。底层是来自不同摄影机的原始图像,经图像修正(rectify)、RegNet 网路、BiFPN 网路处理之后,提取出多种标准的特征。然后这些特征共同进入 Transformer 模组 [包含位置编码器、池化(提取上下文摘要)、多层感知器及 Transformer 网路],实现多摄影机融合,并投影到 BEV (bird-eye view,俯瞰图)视角。然后在特征伫列(feature queue)和影片伫列(video queue)中融合时序资讯,再分别进入各任务主干(trunk),并最终进入不同的任务头中完成感知任务。

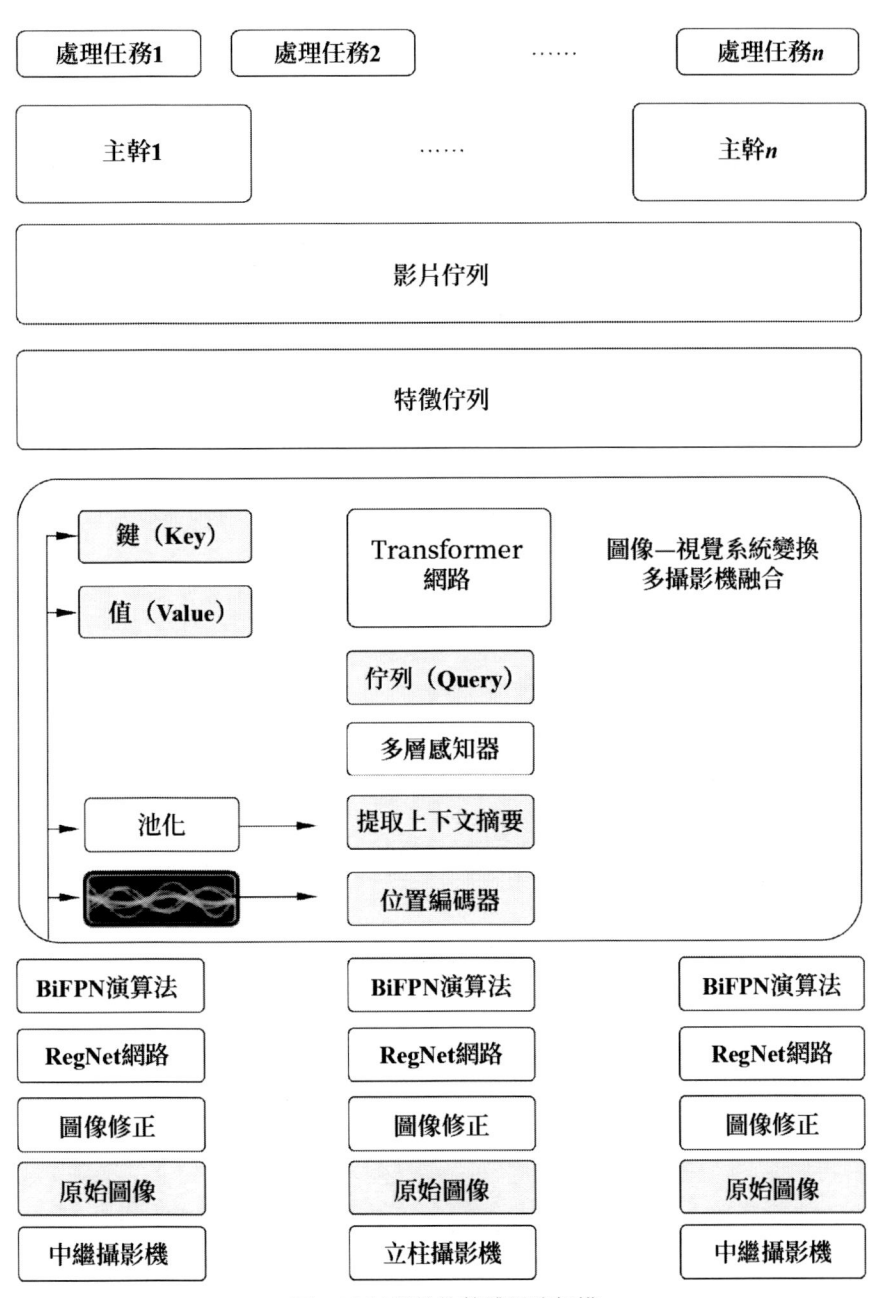

圖 4.22 特斯拉的整體網路架構
（圖片來源：特斯拉 2021 AI Day 的演講，書中進行了翻譯）

第 4 章 寫車：神經網路與自動駕駛應用

特斯拉的多工神經網路需要完成的感知任務可以分成如下幾類：

(1) 移動物體：行人、車輛、腳踏車、動物等；

(2) 靜態物體：路標、車道線、道路指示牌、紅綠燈等；

(3) 環境標籤：學校區域、居住區域、隧道、收費站等。

除此之外，還有一些功能網路，例如 BEV 投影、時序資訊融合等。

1）BEV 投影

特斯拉完成感知的主要資訊來源於多個安裝在不同位置、具有不同視角的攝影機，它們透過視角的相互補充和部分重疊，提供周邊環境中視覺範圍內盡可能完整的資訊。同時，不同攝影機採集的資訊，都是真實世界的三維資訊按不同的方式投影到二維平面上形成的二維資訊，其中存在投影畸變等不確定資訊，直接完成高階的感知任務比較困難。需要將不同攝影機的資訊有系統地融合，才能形成完整的感知資訊，幫助完成後續的決策。特斯拉採用的方法是將這些資訊在特徵空間中投影到統一的 BEV 座標系中。

BEV 投影有不同的方法，特斯拉採用的是基於 Transformer 模型結構，把整個投影過程作成可學習的神經網路，然後用資料驅動學習得到相應的變換。具體來說，首先在 BEV 空間中初始化網格，每個網格中帶有相應的位置編碼；然後利用 Transformer 模型的自注意力結構，根據輸入特徵圖產生相應的權重，進而將特徵值對映到相應的 BEV 空間中。

藉助 BEV 轉換把特徵圖投影之後，就可以在這個統一的座標系下，利用各種感知頭完成不同的任務了。這種轉換，一方面將多個攝影機的資訊綜合到相同的座標系中，完成了多重感測器融合的功能；另一方面，在 BEV 座標系下也可以直接進行後續的決策規劃，使感知與決策聯合到統一的座標體系中。同時，兩者結合使整個感知和決策結果都更準確和健壯，避免障礙物遮擋等帶來的問題。

2）時序資訊融合

車輛行駛是一個動態的過程，很多時候只看某一時刻採集到的圖像，是無法準確判斷環境狀態的，例如判斷其他車輛是否準備避讓，需要加入時間的維度，結合過去一段時間的狀態，才能綜合判斷。特斯拉採用空間 RNN（Spatial RNN）結構，利用上面介紹的 RNN 實現不同時刻訊號的綜合和記憶，形成更好的感知判斷。在引入空間 RNN 之後，對障礙物遮擋、深度估計等方面的感知效果，都有顯著的提升。

2·Wayve 的模型架構

2017 年成立的自動駕駛新創公司 Wayve 採用的方案是端到端的神經網路架構。圖 4.23 是他們在 2021 年公開的宏觀端到端神經網路架構。

在這個架構中，直接訓練一個神經網路，使它學會由感測器輸入，產生運動規劃的輸出。由於其端到端的特點，可以在最佳化的過程中，使梯度資訊直接流過包含不同抽象層級的網路（關於如何用梯度資訊訓練神經網路，將在第 5 章具體講解），從而訓練整個神經網。系統的輸入是 6 個單鏡頭攝影機及其他一些輔助感測器，輸出的是運動的計畫，然後由控制器轉換為具體的執行訊號。

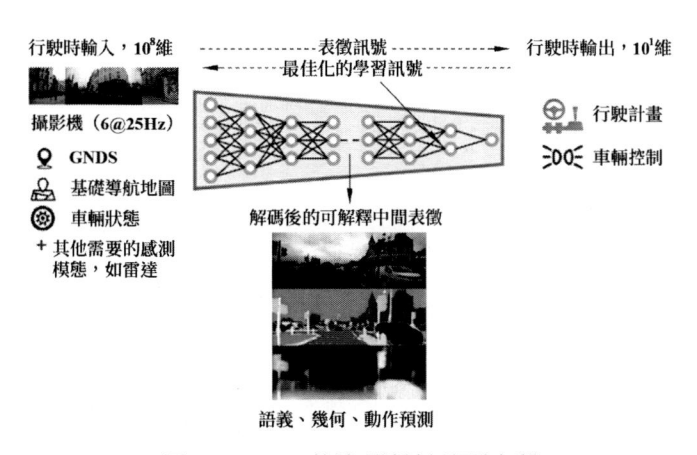

圖 4.23 Wayve 的端到端神經網路架構
（重繪圖，參考來源：https://wayve.ai/blog/driving-intelligence-with-end-to-end-deep-learning）

第 4 章　寫車：神經網路與自動駕駛應用

儘管是端到端的架構，網路的中間部分也引出了一些中間輸出、用於幫助開發、進行可解釋性及安全性驗證。這些中間輸出並非模型中直接使用的特徵向量，而是透過一些中間的隱含狀態進行解碼（decode）。這樣的設計在保留了高維靈活性的同時，也允許提供額外的學習訊號和語義，幫助提高系統的效能。

Wayve 的網路同樣採用多工學習的方式，使用不同的訊號和資料來源，對不同的目標／任務進行訓練，主要包括：

（1）基於專家資料的模仿學習。

（2）基於測試過程中安全人員（駕駛人員）干預行為的線上策略（on-policy）強化學習。

（3）安全人員（駕駛人員）干預後的糾正動作。

（4）基於離線策略（off-policy）資料的狀態預測和動態建模。

（5）關於語義、動作和幾何的電腦視覺表示。

這種基於端到端的網路架構與特斯拉的網路架構有很大不同，它有以下優點：

（1）從成本上來說，車端對算力和感測器的要求更低，成本主要轉移到資料中心裡，訓練大規模深度學習模型；

（2）不需要高精度地圖；

（3）不需要對運動規劃的人工標注。

4.4 智慧小車建模實戰演練

之前已經介紹了自動駕駛以及深度學習演算法開發的一般流程。本節透過實際的程式碼，講解和演示如何針對特定的任務，在 Python 語言和 PyTorch 深度學習框架下搭建一個神經網路，並訓練一個基準版本的模型（第 5 章將繼續講解如何對模型進一步最佳化）。

4.3 節主要介紹了神經網路的理論基礎，但事實上，由於深度學習近十年的發展，神經網路模型的編寫門檻已經被 PyTorch、TensorFlow、Keras 等框架大大降低。相對而言，在神經網路模型以外的部分，例如載入資料、資料淨化、模型驗證等環節，還需要不小的編碼量。整體上，編寫和訓練一個神經網路模型，包含以下幾個主要的環節：

(1)載入資料；

(2)資料的探索、視覺化；

(3)資料淨化；

(4)定義深度神經網路（deep neural network，DNN）模型；

(5)定義訓練框架：資料載入、模型訓練、驗證；

(6)模型的訓練；

(7)模型的保存和評估。

這些步驟對應著資料採集、資料處理、模型訓練與最佳化、模型部署驗證，還包括模型訓練完成之後的評估。

本節主要內容分為兩部分：第一部分以較基礎的手寫數字辨識任務為例，介紹編寫和訓練一個完整神經網路模型的流程，用實際的程式碼演示如何完成從資料準備到模型評估的完整步驟；第二部分針對更複雜

的自動駕駛任務，介紹如何編寫程式碼，完成訓練一個基礎版本的自動駕駛模型。

4.4.1 基於人工神經網路辨識號誌

本節的主要目的是介紹基於 PyTorch 深度學習框架[03]如何搭建一個神經網路模型，並編寫完整的準備和訓練程式碼，完成模型的訓練。為此，選擇一個基礎的圖像分類任務作為範例，用多層感知器的人工神經網路解決這個問題。

這裡選取的任務是 MNIST 手寫數字辨識，目標是編寫一個 MLP 神經網路，實現對數字的辨識，即給定一個含手寫數字的圖片，透過神經網路的變換，輸出對應的數字。這是一個簡單的圖像分類問題，但可以擴展到自動駕駛感知問題中的很多子問題，例如辨識紅綠燈、限速號誌、交通警察的手勢等。

MNIST 作為一個常用的基礎資料集，已經預設整合在大多數的深度學習框架中，可以方便地呼叫使用。在 PyTorch 中，透過下面的程式碼，可以將 MNIST 資料集下載到本地，並賦值給 mnist_data 變數。這裡 mnist_data 是一個陣列，每個元素為一個由 PIL 圖像物件（Pillow 圖像處理模組所定義的物件）和對應的數位標籤組成的元組（tuple）。

1　import torchvision

2　mnist_data = torchvision.datasets.MNIST('./data', download = True, train = True)

在進行任何模型的編寫之前，需要對資料進行探索和評估，了解資料的特性和品質，這部分工作對於後續訓練出高品質的模型至關重要。資料

---

(03) PyTorch：https://pytorch.org/docs/stable/index.html。其他深度學習框架，例如 TensorFlow、Keras 也是很好的參考資料。

探索和評估常見的方法包括兩類：一類是了解資料的統計特徵，從宏觀角度理解資料的分布特性；另一類是透過視覺化的方法，選取資料集的一部分樣本進行觀察，直觀地了解資料的特徵。這兩類資料探索，有助於開發人員更加了解待解決問題的特性和難度，從而針對性地編寫合適的神經網路，此外，也可幫助開發人員發現原始資料中的一些潛在問題，例如發現存在標注錯誤的樣本，避免出現「垃圾進，垃圾出」的情況。

1·統計特徵

最基礎的統計特徵是標籤的統計分布。

MNIST 是一個標準資料集，所以它的資料品質和分布都比較理想。圖 4.24 是 MNIST 標籤的統計分布，可以看出，標籤整體的分布是非常平均的，各個不同的數字所對應的樣本數量很接近，這是理想的狀態。除此之外，還可以運算圖片中畫素值的分布，包括平均值、變異數，以此大致了解圖像的明暗度和對比度的情況。這些資訊也需要在後續圖像資料的歸一化處理中用到。

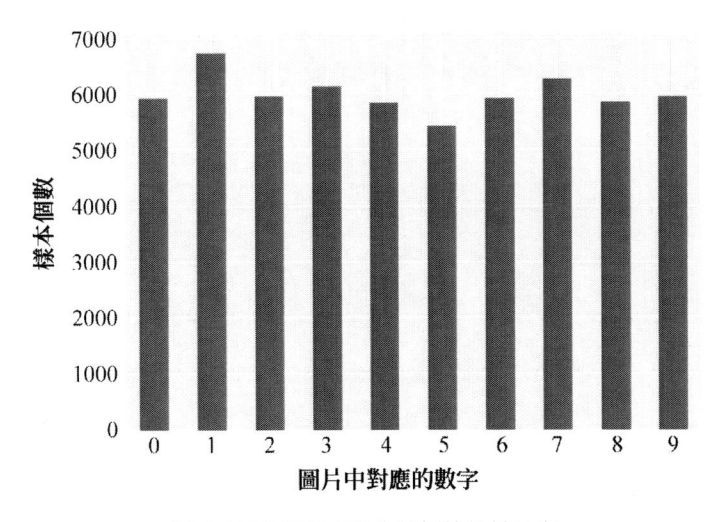

圖 4.24 MNIST 資料集的標籤統計分布

2. 觀察隨機樣本

圖 4.25 給出了一些在 MNIST 資料集中隨機選取的樣本範例，其中的每張圖片都是標準的 28×28 畫素的灰階圖，在電腦中，表示就是 28×28 的二維張量，每個元素都是在 [0，255] 閉區間中的整數。從這裡抽取的幾個隨機樣本可以看出，雖然圖片的解析度較低，但數字的可辨識程度很高；同時可以觀察到，因為是手寫的數字，不同樣本之間的形態也有很大的差異，例如其中的 6265 號和 44732 號樣本。

基於 PyTorch 框架，定義如下的 MLP 神經網路解決手寫數字辨識的問題。在 PyTorch 中有固定的模型定義方式，整體上，神經網路需要定義為一個 Python 類，繼承自 nn.Module 類，裡面過載了兩個方法，即建構函數 __init__ 和前向運算函數 forward。在 __init__ 建構函數中，定義並實例化所需要用到的神經網路層，這將產生每個網路層中的參數（此時還只是隨機初始值，未完成最佳化），然後在前向運算函數 forward 中，定義神經網路（或者模組）的結構，即定義在建構函數中定義的神經網路應該以怎樣的拓撲結構連接起來，構成運算圖。具體程式碼如下：

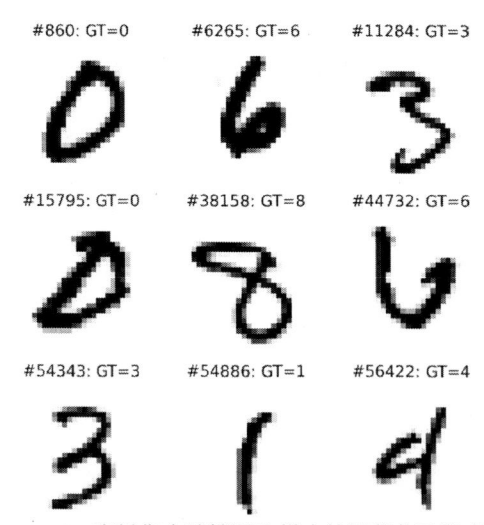

圖 4.25 MNIST 資料集中隨機選取樣本的視覺化及對應的標籤

```
1   class MLP(nn.Module):
2       def __init__(self):
3           super().__init__()
4           self.layers = nn.Sequential(
5               nn.Flatten(),
6               nn.Linear(28 * 28, 128),
7               nn.ReLU(),
8               nn.Linear(128, 10),
9               nn.LogSoftmax(dim = 1)
10          )
11      def forward(self, x):
12          return self.layers(x)
```

這裡採用 PyTorch 的 Sequential 類，將所需的函數變換都包含其中，函數變換包括下面幾部分：

（1）Flatten：將 28×28 的二維矩陣展開成一維的陣列。

（2）Linear：全連接層，第一個參數 28×28 是輸入節點數，第二個參數 128 是輸出節點數（也是本層的神經元個數）。

（3）ReLU：ReLU 是非線性激勵函數。

（4）LogSoftmax：輸出層，這裡採用的函數是 LogSoftmax，它在 Softmax 函數基礎上，再額外增加取對數的操作，使得運算在數值上更穩定。

需要注意，在 MLP 類的建構函數（__init__）中定義的 layers 物件只是實例化一些網路層及其參數，並沒有定義網路是如何運算的。真正的運算定義在 forward 函數中，這裡直接將代表 28×28 畫素的輸入 x 直接傳入 layers 物件，並直接返回透過 layers 運算得到的結果。因為網路結構很簡單，可以把所有的層封裝在一個 Sequential 物件中。在多數實際的網路中，需要在 forward 函數中定義層與層之間更複雜的運算圖結構。

定義好網路之後，接下來需要定義如何將資料載入到 GPU（圖形處理器），以及在載入之前需要對資料做怎樣的變換或增強。這個步驟在不

同的框架中有不同的做法,在 PyTorch 中,通常的做法是定義 Dataset 和 DataLoader 類,前者定義如何獲取資料,後者定義如何在訓練主循環中持續載入資料,並傳遞給神經網路。

如下面的程式碼所示,用三塊程式碼(以空行分隔開)來完成資料載入方式的定義:首先在 transform 中定義需要對 MNIST 資料做的變換(將 0 ～ 255 的整數轉為 0 ～ 1 的浮點數,以及將資料轉換為均值為 0、變異數為 1 的標準分布,注意在這裡用到了前面資料統計分析中得到的畫素均值和變異數);然後從 datasets.MNIST 載入所需的資料;然後在 DataLoader 中定義 mini-batch(小批次)的大小,是否訓練時將資料打亂,以及是否採用多個工作程式完成。這裡把資料分為訓練資料(train_data)和驗證資料(valid_data)兩部分,前者用於訓練神經網路,而後者用來評估神經網路訓練過程的品質變化。

```
1  transform = torchvision.transforms.Compose([
2      torchvision.transforms.ToTensor(),
3      torchvision.transforms.Normalize(
4        (0.1307,), (0.3013,))
5  ])
6
7  train_data = torchvision.datasets.MNIST(
8      './data', train = True, download = False, transform = transform)
9  valid_data = torchvision.datasets.MNIST(
10     './data', train = False, download = False, transform = transform)
11
12 train_loader = torch.utils.data.DataLoader(
13     train_data, batch_size = 256, shuffle = True, num_workers = 3)
14 valid_loader = torch.utils.data.DataLoader(
15     valid_data, batch_size = 4096, shuffle = True, num_workers = 3)
```

有了前面的準備之後,接下來是訓練的主循環,對應於「損失」和「最佳化」兩個環節。在主循環之前,需要將模型移到目標設備中(cuda:0,表示第一個 GPU),並且定義採用的最佳化方法為隨機梯度下降(stochastic gradient descent,SGD)演算法。關於最佳化方法,將在第 5 章進行更詳細的介紹,在這裡暫時將它們當成黑盒函數使用。在循環中,首先將資料和對應的標籤移到 GPU,然後將資料傳給模型進行前向運算,

4.4 智慧小車建模實戰演練

得到當前的損失函數值,再進行反向傳播,得到每個參數的梯度值,最後沿梯度的反方向更新參數值,使損失函數減小。程式碼如下:

```
1   device = 'cuda:0'
2   model = MLP().to(device)
3   optimizer = optim.SGD(model.parameters(), lr = 0.01, momentum = 0.9)
4
5   n_epoch = 30
6
7   for epoch in range(n_epoch):
8
9       model.train()
10      for data, target in train_loader:
11          data, target = data.to(device), target.to(device)
12          optimizer.zero_grad()
13          output = model(data)
14          loss = F.nll_loss(output, target, reduction = 'mean')
15          loss.backward()
16          optimizer.step()
```

在這個循環中,不斷迭代重複這個步驟,直到收斂至滿意的精度結果。為了衡量是否達到滿意的狀態,還需要在主循環中加入「模型評估」的步驟,每訓練一段時間,就在驗證集上運算驗證集上的損失函數及衡量指標——準確度 (accuracy,即模型預測正確的比率)。程式碼如下:

```
1   model.eval()
2   correct = 0
3   losses = []
4   with torch.no_grad():
5       for data, target in valid_loader:
6           data, target = data.to(device), target.to(device)
7           output = model(data)
8           test_loss = F.nll_loss(output, target, reduction = 'mean').item()
9           pred = output.argmax(dim = 1, keepdim = True)
10          correct += pred.eq(target.view_as(pred)).sum().item()
11          losses.append(test_loss)
```

在訓練過程中,或訓練完成之後,可以畫出在訓練集和驗證集上損失函數的變化趨勢,了解當前訓練的狀態;也可以畫出精度的變化曲線,從而了解模型是否得到充分的訓練,或是否已經進入過適區。在圖 4.26 中,給出了訓練 MNIST 的一個實際訓練曲線,從圖 4.26 (b) 可以看出,在大約 15 個 epoch (迭代週期數) 之後,訓練精度就已經接近飽和,但繼續訓練下去,效能仍然有可見的提升。在這裡為了示範,採用的是 Matplotlib 工具直接繪製訓練曲線。但在實際的深度學習模型訓練中，常用專門的工具（如 TensorBoard）記錄和監測訓練的過程。

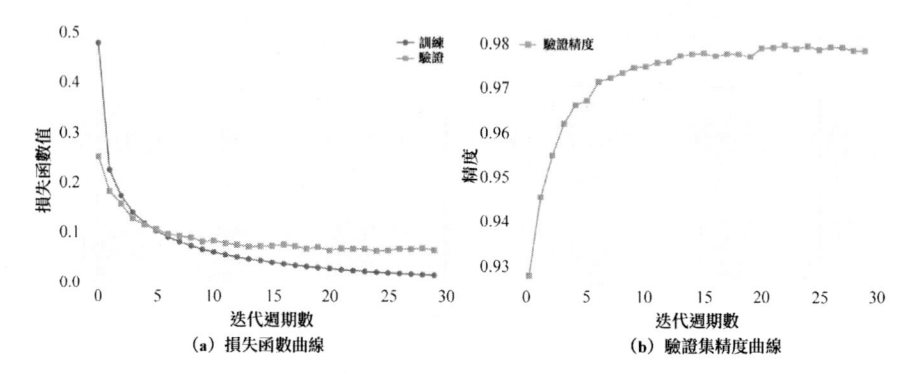

圖 4.26 MNIST 手寫數字辨識網路的訓練曲線

拓展：本節以 MNIST 手寫數字辨識任務為例，演示了一個完整深度學習模型的準備和訓練過程。讀者也可以下載交通號誌辨識的資料集[04]，嘗試編寫神經網路模型，辨識現實中的交通號誌。

4.4.2 基於卷積的端到端自動駕駛網路

本節回到自動駕駛的問題中，嘗試編寫一個基於卷積神經網路實現基本的自動駕駛功能的應用。作為範例，這裡以雙鏡頭攝影機所拍攝到的圖像為輸入，用卷積神經網路從中提取出智慧小車環境的資訊，同時更進一步，將這部分資訊繼續用全連接的網路結構進行處理，引入額外的非線性對映，直接輸出智慧小車控制的執行動作，即速度和方向。端到端的自動駕駛網路架構如圖 4.27 所示，在這種神經網路架構中，輸入的是直接來自感測器的圖像資訊，輸出的是執行機構的控制資訊，實現了感測器輸入到控制器輸出的端到端架構。

---

(04) German Traffic Sign Recognition Benchmark（GTSRB），https://benchmark.ini.rub.de/。

4.4 智慧小車建模實戰演練

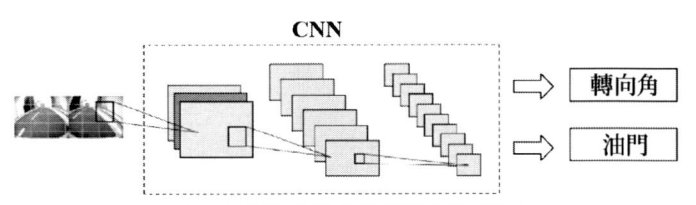

圖 4.27 端到端的自動駕駛網路架構

與 4.4.1 節一樣，在進行任何模型的編寫之前，首先需要對準備的資料有一定的了解。這裡採用的範例資料是人為透過搖桿控制智慧小車在車道中行進，並規避障礙物採集到的，包括智慧小車在行進時用雙鏡頭攝影機得到的彩色圖像資料，及從搖桿上得到的控制資料（注：在範例資料中只採集了智慧小車前進的資料，所以這裡有效的控制資料只有轉向角）。

1. 統計特徵

最基本的統計特徵是標籤的統計分布。圖 4.28 中給出了範例資料中轉向角的分布直方圖，很明顯，這種實際情境中採集到的資料，在整體分布上比 MNIST 標準資料的分布差一些，不同類別的出現頻率有明顯的差異：右轉（轉向角為 1）的數據點比左轉（轉向角為 -1）的數據點大約多一倍，而直行（轉向角為 0）的數據點又比右轉的多一倍多。另外發現這裡的轉向角資料只有 {-1，0，1} 三種數值，而實際上搖桿的控制訊號是可以輸出浮點數的，原因在於這裡採用了一種常見的處理技巧，把連續的目標變數轉換為離散的數值，這樣把一個回歸問題（方向盤應該轉到什麼位置，輸出一個連續值）轉化為分類問題（應該向左轉還是向右轉，輸出一個離散值），以便更容易被深度學習模型解決。

2. 觀察隨機樣本

可以在轉向角資料中隨機選取中間的兩段，每段包含連續的 1,000 個點，繪製出其曲線圖，如圖 4.29 所示。從這裡可以直觀地看到智慧小車不同的行走路線，在第一段中，智慧小車大部分時間都是直行或右

第 4 章 寫車：神經網路與自動駕駛應用

轉，只有偶爾左轉，很可能是在做順時針的大圈繞行。而在第二段中，智慧小車是相對比較平衡地在左轉和右轉之間來回切換，很可能是在躲避連續障礙物或進行小圈的交替繞行。透過轉向角的時間序列視覺化，能夠更加直觀地分析出智慧小車行駛樣本數據的主要特徵。

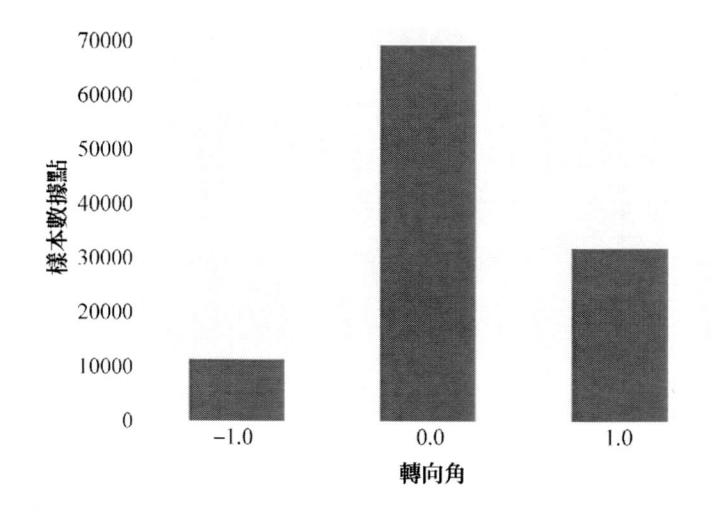

圖 4.28 智慧小車範例資料中轉向角的分布直方圖
注：轉向角的資料已轉換為 {-1，0，1} 的離散值。

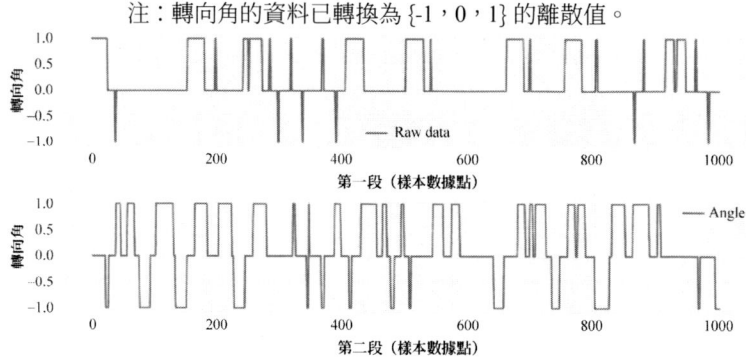

圖 4.29 隨機選取連續的轉向角控制訊號曲線

在圖 4.30 中畫出了一部分隨機選取的直行、右轉和左轉的樣本數據點。這裡可以看到圖像資料其實是來自於雙鏡頭攝影機的兩張圖片的水平拼接，由於兩個攝影機的位置和視角有少許的不同，相當於可以模擬雙眼的效果。透過觀察這些隨機樣本數據點，可以幫助理解哪些視覺要素對轉

4.4 智慧小車建模實戰演練

向的判斷是最重要的，例如車道邊緣的亮白色以及中間的黃色虛線，都是決定方向的重要參考。同時還可以注意到，圖像偏上的區域大部分是無效的環境資訊，對於決策並沒有多少作用，可以嘗試修剪掉一部分。

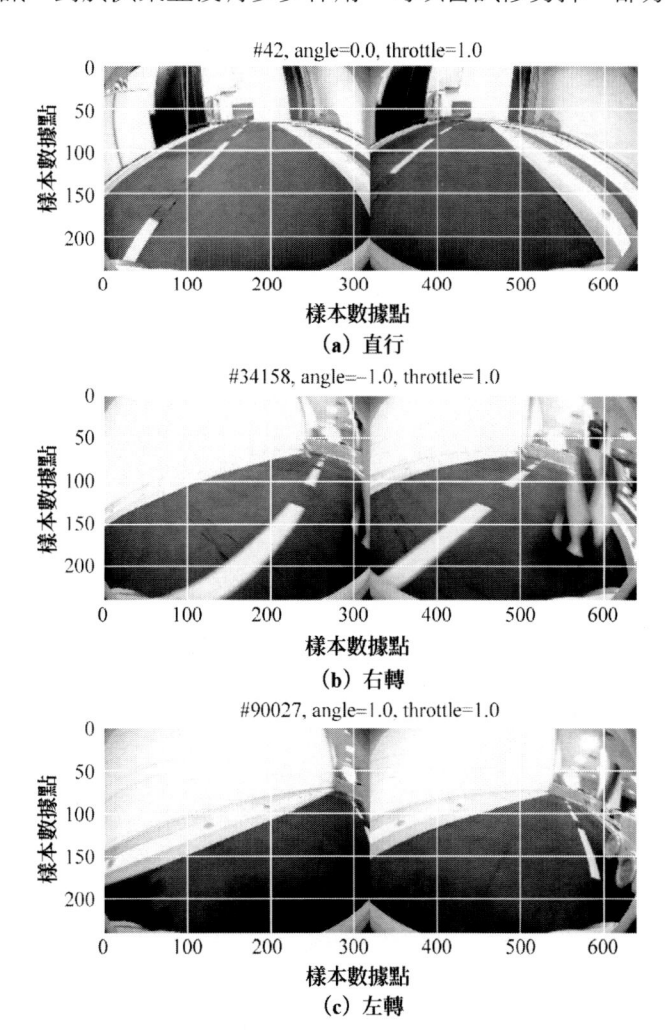

(a) 直行

(b) 右轉

(c) 左轉

圖 4.30 隨機選取的攝影機數據樣本以及對應的轉向角和油門資料

在對範例資料有一些基本了解之後，接下來編寫讀取資料的程式碼。範例資料中的圖像統一放在一個資料夾中，對應的標籤透過預處理的程式碼，已經保存在 parquet 檔案中，可以高效能地讀取。需要注意，

第 4 章　寫車：神經網路與自動駕駛應用

為了避免資料讀取成為模型訓練的瓶頸，在儲存空間允許的情況下，最好提前將資料處理成可以快速讀取的格式，避免在訓練時進行大量的 json 檔案解析等低效率的操作。

在上面 MNIST 的資料中，PyTorch 框架已經將這部分資料內建，可以直接方便地讀取。但對於智慧小車的資料，需要編寫自定義的 Dataset 類，具體程式碼如下：

```
1    class DellCarData2(Dataset):
2        def __init__(self, image_path, metafile_path, indices = None):
3            super().__init__()
4            self.image_path = Path(image_path)
5            self.meta = pd.read_parquet(metafile_path)
6            self.length = self.meta.shape[0]
7            if indices is None:
8                self.indices = np.arange(self.meta.shape[0])
9            else:
10               self.indices = indices
11
12       def __getitem__(self, index):
13
14           i = self.indices[index]
15
16           img = cv2.imread(str(self.image_path / f'{i}_cam-image_array_.jpg'))
17           transform = torchvision.transforms.Compose([
18               torchvision.transforms.ToTensor(),
19               torchvision.transforms.Normalize(IMG_MEAN, IMG_STD)
20           ])
21           img = transform(img).type(torch.float32)
22
23           ang = int(self.meta.loc[i, 'angle']) + 1
24           thr = self.meta.loc[i, 'throttle']
25
26           res = {'image': img, 'angle': ang, 'throttle': thr}
27
28           return res
29
30       def __len__(self):
31           return len(self.indices)
```

其中核心是要實現 _getitem__ 方法，在實現了這個方法之後，就可以用 data[i] 的方式直接讀取資料集中的任何一個樣本了。

定義了 Dataset 類之後，與 MNIST 範例一樣，可以構造出 Dataloader 類，訓練時就可以直接從中取出訓練資料，這裡不再重複。

接下來定義對應於圖 4.27 的神經網路，該網路大致分成兩部分：左

邊是 CNN 的圖像特徵抽取網路，右邊是轉向角和油門的輸出。PyTorch 實現的程式碼如下所示，這裡把 CNN 網路用 Sequential 封裝起來，包含連續的 Conv2d 和 ReLU 函數的疊加，在輸出之前，把特徵圖展開至一維，並連上非線性層和 Dropout（丟棄）層，進一步對資料進行變換，然後再分別連接不同的輸出層，最終得到兩個輸出。具體程式碼如下：

```
1   class CNN(nn.Module):
2       def __init__(self):
3           super().__init__()
4           self.layers = nn.Sequential(
5               nn.Conv2d(3, 24, (5, 5), stride = (2, 2), padding = 'valid'),
6               nn.ReLU(),
7               nn.Conv2d(24, 32, (5, 5), stride = (2, 2), padding = 'valid'),
8               nn.ReLU(),
9               nn.Conv2d(32, 64, (5, 5), stride = (2, 2), padding = 'valid'),
10              nn.ReLU(),
11              nn.Conv2d(64, 64, (3, 3), stride = (1, 1), padding = 'valid'),
12              nn.ReLU(),
13              nn.Conv2d(64, 64, (3, 3), stride = (1, 1), padding = 'valid'),
14              nn.ReLU(),
15              nn.Flatten(),
16              nn.Linear(64 * 23 * 73, 100),
17              nn.ReLU(),
18              nn.Dropout(0.1),
19              nn.Linear(100, 50),
20              nn.Dropout(0.1)
21          )
22
23          self.out_angle = nn.Sequential(nn.Linear(50, 3), nn.LogSoftmax(dim = 1))
24          self.out_throt = nn.Linear(50, 1)
25
26      def forward(self, x):
27          x = self.layers(x)
28          angle_out = self.out_angle(x)
29          throt_out = self.out_throt(x)
30          return angle_out, throt_out
```

該神經網路與 MNIST 範例的神經網路有很大的不同，這裡返回了兩個輸出量，用同一個網路完成了轉向角和油門預測兩個任務。像這樣的多目標神經網路的訓練，與簡單的 MLP 神經網路並沒有太大的差別，仍然是定義一個主循環，不斷地從Dataloader可迭代物件中讀取訓練資料，進行前向運算。主要的差別在於這裡需要分別為每個輸出運算相應的損失函數，並且把它們綜合為單個的標量。該範例採用簡單的加權求和，為轉向角預測設定更大的權重（注：當然這裡由於範例資料的限制，油

第 4 章　寫車：神經網路與自動駕駛應用

門資料並不能提供額外的有效資訊，讀者可以自行蒐集相應資料，訓練出具有速度控制功能的模型）。得到損失函數之後，進行反向傳播和權重更新。具體程式碼如下：

```
1   for epoch in range(n_epoch):
2
3       model.train()
4
5       losses = []
6       for data in train_loader:
7           x_img = data['image'].to(device)
8           y_ang = data['angle'].to(device)
9           y_thr = data['throttle'].type(torch.float32).to(device)
10
11          optimizer.zero_grad()
12          out_ang, out_thr = model(x_img)
13          loss_ang = F.nll_loss(out_ang, y_ang, reduction = 'mean')
14          loss_thr = F.mse_loss(out_thr.squeeze(), y_thr, reduction = 'mean')
15          loss = 0.9 * loss_ang + 0.1 * loss_thr
16          loss.backward()
17          optimizer.step()
```

類似地，也可以用訓練曲線來評估損失函數的收斂情況，以及模型在驗證集上的表現，如圖 4.31 所示。在這裡訓練了 10 個 epoch（迭代週期數），可以看到損失函數的收斂比 MNIST 中多了很多雜訊，但整體的趨勢仍然是在穩定地收斂。從驗證集的精度上看，一個 epoch 之後，就達到了接近 87% 的精度，後續仍然在穩定但慢速地提升，可以繼續進行訓練，以達到更高的精度。

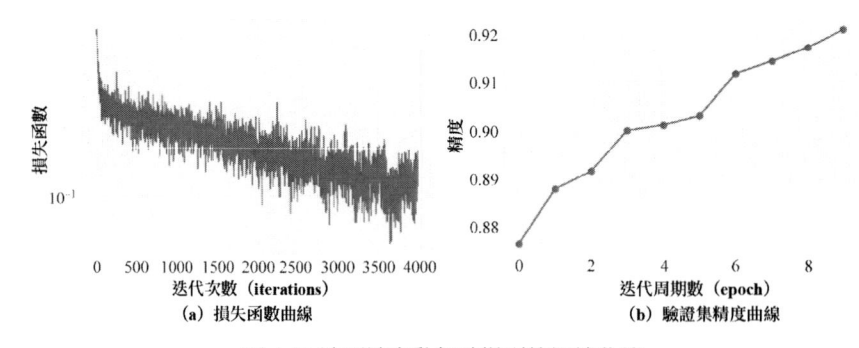

(a) 損失函數曲線　　(b) 驗證集精度曲線

圖 4.31 端到端自動駕駛模型的訓練曲線

4.5 開放性思考

本章主要介紹如何基於神經網路編寫自動駕駛核心的感知與決策演算法，在智慧小車平臺上實現基於視覺訊號的自動駕駛基礎功能。藉助卷積神經網路作為圖像特徵抽取層，再結合兩個不同的輸出端，實現一個端到端的自動駕駛網路，似乎很輕鬆地解決了自動駕駛的核心演算法。但讀者也應當了解到，在智慧小車平臺所解決的自動駕駛問題，相比於真實世界中的自動駕駛問題，簡化了很多。

從演算法的輸入端來說，智慧小車平臺主要依靠攝影機（感測器）感知周邊的環境，但現在多數具有 L3 級以上自動駕駛功能的車輛，裝備多個不同功能與參數的攝影機，且不少廠家還會裝備光學雷達，這種配置在帶來更豐富資訊的同時，也提出了更大的挑戰。如何有效地融合感測器的資訊，一方面需要充分利用各感測器的特性進行互補，感知到最全面的資訊；另一方面也要求能夠從冗餘的資訊中，抽取最可靠和穩健的成分。

從演算法的輸出端來說，一個完整的自動駕駛系統，遠不止控制油（電）門和轉向角兩個方面。即使是油門和轉向角的控制，也還涉及能量消耗的經濟性（盡量在高效率的狀態上行駛）、乘坐的舒適性（盡量平緩地加減速和轉向）等問題。演算法通常也不會做成一個大型的端到端網路，而是更細地拆分為不同的功能模組，例如在感知模組中，通常需要顯式地輸出車道線、行人、障礙物的畫素分割等資訊。

基於以上背景，讀者在理解智慧小車上簡化的自動駕駛演算法原理及編寫實踐之後，嘗試對以下問題進行研究，更進一步地了解自動駕駛業界的需求、技術進展和面臨的困難。

(1)試調查、研究和闡述在真實的自動駕駛系統中，輸入給感知模組的感測器訊號有哪些？決策和控制模組需要控制的執行機構有哪些？在智慧小車中做了哪些簡化？

(2)一個能夠上路執行的自動駕駛系統，除了本章涉及的基礎感知與決策模組以外，還需要其他模組來完成一個真正全自動的駕駛，例如路徑規劃、車輛軌跡等模組，試研究和闡述完成一個真正的「寫車」任務——實現一個完整的自動駕駛系統——涉及哪些感知和決策模組？

(3)特斯拉和 Waymo 公司都在公開資料中不同程度地介紹過它們的自動駕駛技術方案，試調查這兩家公司分別如何使用神經網路解決感知、預測和決策問題，用到哪些與深度學習相關的人工智慧技術（採用什麼網路結構？解決了什麼問題？）。

4.6 本章小結

如圖 4.32 虛線框所示，本章主要介紹如何編寫出一個程式（演算法模型），承載和實現自動駕駛系統的「大腦」功能。這個程式具有能夠學習的功能，且可以利用前面介紹的資料蒐集和處理所產生的資料集，驅動自身演化成一個能夠完成自動駕駛任務的模型。訓練演化模型的方法是第 5 章的內容，而訓練演化的基礎和前置環節，則是本章介紹的重點。

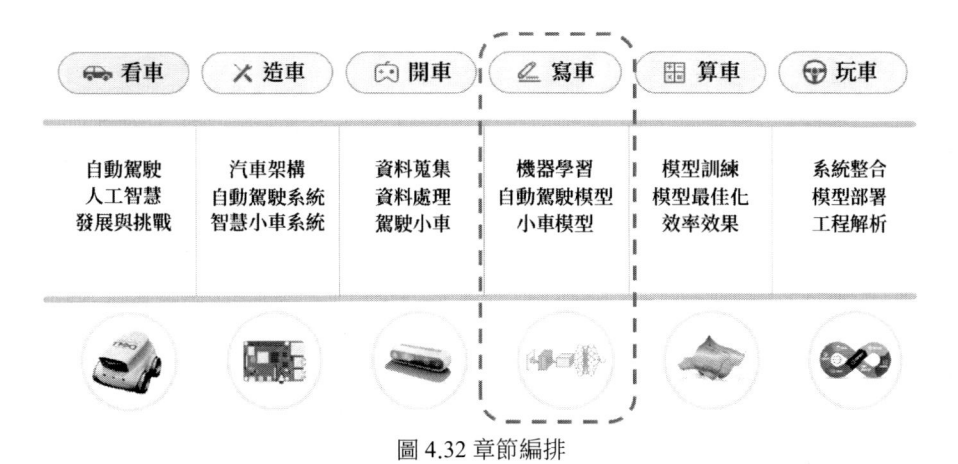

圖 4.32 章節編排

這種用資料驅動演算法或模型的學習過程，屬於「機器學習」的範疇。而對應於自動駕駛中涉及的感知及部分決策問題，深度神經網路是目前最有效的主流方法。本章的理論部分從機器學習與神經網路的基礎概念出發，介紹神經元、通用近似定理等預備知識，然後介紹與自動駕駛相關的神經網路架構，著重介紹處理圖像資料的卷積神經網路。在實戰演練部分，先從簡單的 MNIST 手寫數字辨識任務開始，學習如何用神經網路解決基本的電腦視覺問題，然後拓展到智慧小車的自動駕駛問題：如何用一個端到端的神經網路，把從攝影機採集到的視覺訊號轉換成智慧小車力矩、轉向角等執行訊號，完成智慧小車基礎的自動駕駛任務。

第 4 章　寫車：神經網路與自動駕駛應用

　　由於智慧小車是自動駕駛模擬車輛，其車身較輕，馬達動力相對較弱，所用感測器無論從數量上還是品質上，遠無法與業界真實自動駕駛車輛相比。對智慧小車控制上的要求，也相比真實汽車做了很多簡化，因此所用的「端到端」演算法模型，也是相對基礎和簡單的。這樣的內容安排，一方面有利於初學讀者了解自動駕駛中人工智慧的基礎知識和基本應用；另一方面也為讀者進入後續更深入的學習打開通路，特別是開放性思考有助於啟發讀者進一步結合現實交通的複雜情境，進行更加深入的學習。

第 5 章

算車：效能提升與最佳化

第 5 章　算車：效能提升與最佳化

5.0 本章導讀

本章主要圍繞神經網路模型的訓練和最佳化展開，在人工智慧深度學習領域，神經網路模型的設計是基礎，而對神經網路模型的訓練和最佳化，則是實現模型功能的必經路徑。目前相關神經網路模型訓練和最佳化的研究已經非常深入，形成了很多各有特點的「流派」，而本章僅對自動駕駛情境中較為常見的電腦視覺圖像分類及智慧小車端到端自動駕駛等基礎模型進行分析和講解，對於自動駕駛技術研發中出現的一些新模型及其訓練最佳化方法，本章將不再過多擴展。

前面 4.1 節介紹了自動駕駛模型研發的 4 大環節：資料、模型、損失、最佳化。第 4 章著重講述如何完成其中的「模型」部分，即如何建構一個簡化的端到端神經網路[12]模型，把從攝影機採集到的視覺訊號轉換成智慧小車的力矩、轉向角等執行訊號。這個端到端神經網路基本結構可以選擇 CNN（卷積神經網路）模型，其功能是實現對攝影機輸出的影像（路況資訊）進行處理，而處理的結果，則是對智慧小車行駛方向（例如左轉、右轉等）和速度的「指揮」。當神經網路模型的基本結建構立好之後，神經網路模型的功能並不是隨之完成的，初建的模型實際上不具備任何功能，就如同一個初生的嬰兒，無法說出有實際意義的語言一樣。初建的模型要透過資料集的訓練，才有可能實現特定的功能，而訓練的過程，就如同兒童認知的過程，需要有良好的學習方法和不斷的實踐驗證，這就是本章主要介紹的內容，對應於模型研發中的「損失」和「最佳化」兩個環節。

端到端模型訓練的基本框架如圖 5.1 所示，在這個簡化版本的自動駕駛系統中，CNN 模型充當的角色是「大腦」，為了讓「大腦」具備功能，必須經過訓練，訓練的材料就是資料集。根據第 3 章的介紹，資料

集中有來自車輛內部或外部各類感測器的大量資料，其中最基礎的就是攝影機的圖片資料、駕駛方向盤的轉動和油門的百分比資料，這恰好構成了本章介紹的端到端模型訓練和最佳化的基本資料集。應當指出，真實的自動駕駛模型遠比本章介紹的端到端模型複雜，所採用的數據資訊，也遠遠超過本章所介紹的範圍，而本章介紹的內容卻是更高級別技術研發的基礎，學習這些內容，有助於讀者輕鬆打開通往自動駕駛技術研發的大門。

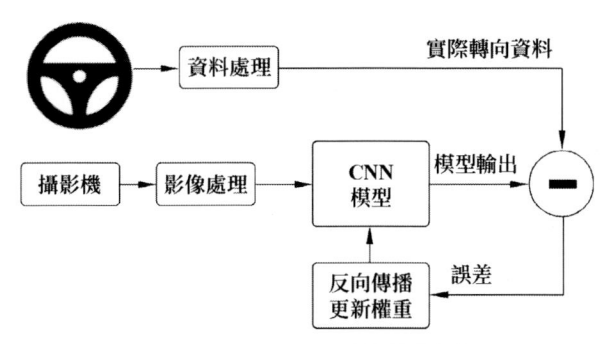

圖 5.1 端到端模型訓練的基本框架

在圖 5.1 中，以汽車的轉向控制說明模型訓練的基本框架。大量來自車載攝影機的圖片資料，經過隨機位移或旋轉等預處理後，輸入 CNN 模型中，經過模型運算產生輸出結果，開始時，模型輸出的是像拋硬幣一樣的隨機值，需要與駕駛方向盤實際的作業資料進行比對，利用比對之後的誤差資訊，對 CNN 模型內部的參數進行調整，調整的目的是減少誤差，讓比對誤差趨近於零，即模型的輸出動作與採集到的真值資料一致，這個過程就是對模型的訓練。當誤差越來越趨近於零，小到一個最低閾值時，這個模型就具備了自動駕駛的基本功能，當有新的車載攝影機資料輸入時，其輸出的結果就可以直接用於控制汽車的方向盤。如何利用誤差資訊更加有效地調整模型內部參數，這是模型最佳化需要實現的目標。本章將圍繞如何建立訓練指標參數，如何完成參數調整，以及如何提高運算效率等問題，進行相應的介紹。

5.1 模型與訓練參數

5.1.1 模型訓練資料

自動駕駛模型訓練資料的採集，一般是透過人工駕駛裝載有採集設備的汽車，在道路行駛過程中，一邊採集道路環境資料，一邊記錄人工駕駛的作業資料，兩方面的資料相結合，最終形成自動駕駛訓練所需的資料集。人工駕駛的作業資料，將作為自動駕駛生成資料的重要參考，而車輛轉向和油門的相關資料，則是這些作業資料中最基本的構成元素。儘管第 3 章介紹了很多業界的自動駕駛資料集，但對本書使用車道沙盤環境的智慧小車而言，這些資料都過於複雜，無論做資料處理還是進行模型訓練，所付出的代價都很大，因此本節將對智慧小車本身所需的訓練資料進行簡單的介紹。

車輛行駛中可以利用車輛的轉彎半徑 r 作為轉向角的描述參數，如圖 5.2 所示。最小轉彎半徑 r_{min} 是指當汽車的方向盤轉到某個方向極限的位置時，汽車的行駛路徑就會繞一個圓心畫圓，顯然 r_{min} 越小，汽車的轉向角就越大。汽車轉向角的大小與車輛自身特徵相關，例如對於前後輪距大的汽車，其最小轉彎半徑相對也大，相同車身尺寸特徵的汽車 r_{min} 越小，其方向盤能夠控制的轉向輪的轉向角也就越大。為了與轉向角描述保持一致，通常會採用 $1/r_{min}$ 記錄智慧小車的最大轉向角。同樣，在汽車行駛過程中的轉向角，也可以用 $1/r$ 表示，然而在真實環境中，車輛操作的轉向角資料是非常複雜的，對於駕駛人員在通過不同轉彎道路時，轉動方向盤的程度是不同的，即使通過相同的轉向角道路，車輛的轉向操作也會因人而異，與通過時的車速、駕駛人員的經驗、車輛的載重狀態都密切相關。

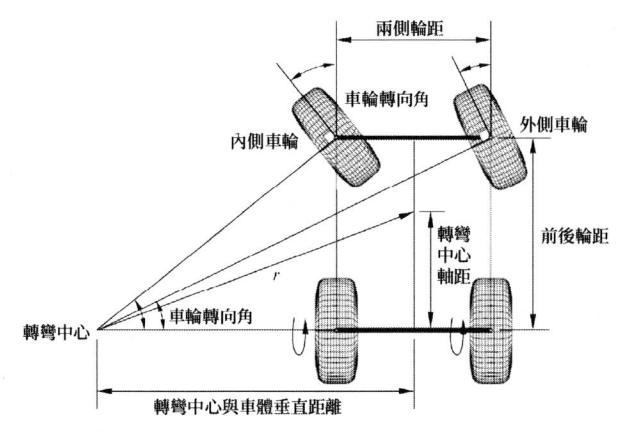

圖 5.2 車輛的轉彎半徑和轉向角

　　因此，類似於轉向這種作業資料，需要人為降低其複雜度。對複雜的作業資料，通常可以採用量化編碼的方式簡化，而最極端的簡化，就是將轉向資料直接判定為「轉向」、「未轉向」兩類，以區分轉向的方向，轉向資料最終可以判斷為「左轉」、「直行」、「右轉」三類。而轉向的程度會直接使用 r_{min} 這個最小轉彎半徑作為轉向角。雖然這種極端的簡化會對真實的車輛操作帶來嚴重的影響，但是在本書所介紹的智慧小車中，這種極端的簡化卻是一種可以選擇的方案。在智慧小車中，自動駕駛模型轉向控制參數的輸出頻率，遠高於人類駕駛人員的操作頻率，例如每秒輸出控制參數 20 次。使用這種極端的簡化方式，智慧小車自動駕駛模型每一次控制輸出都是極端的，要麼左轉到底，要麼右轉到底，但是由於智慧小車對控制的回應是有慣性的，這種高頻率的操作控制最終展現出的效果，並不是智慧小車前進時的左右擺動，而是類似於人類駕駛操控汽車那樣，讓智慧小車連貫性轉向運動。因此，智慧小車所採用的資料集中，除了包括車載攝影機記錄的第一視角路況圖像，同時包括的人工駕駛作業資料，可以採用上述極端簡化的格式進行記錄，例如對應的行進方向用「左轉」、「直行」、「右轉」表示，而轉向時的角度則用 $1/r_{min}$ 替代。

在智慧小車的自動駕駛實驗中，對於給定道路情境 x，駕駛人員的操作 y 定義了一個樣本。透過人工駕駛的方式，累計蒐集了 m 個有標注的樣本數據，可以按下面的形式分別定義資料集 D、資料特徵集 X 和資料標注集 Y。

$$D=\{(x_i, y_i)\}, i=1, 2, \cdots\cdots, m$$
$$X=\{x_i\}, i=1, 2, \cdots\cdots, m$$
$$Y=\{y_i\}, i=1, 2, \cdots\cdots, m$$

其中，x_i 為特徵，在自動駕駛中，一般指從道路情境中得到的各種感測器資訊，在智慧小車中，主要是來自於攝影機的圖像資訊；y_i 為在當前道路情境 x_i 下應該採用的駕駛操作，根據候選駕駛操作集的數量，定義該向量的維度，例如若將自動駕駛智慧小車的轉向離散化為「左轉」、「直行」、「右轉」三個可能值，那麼 y_i 可以用獨熱編碼（one-hot encoding）的形式定義為三維向量，並用 [1，0，0]、[0，1，0]、[0，0，1] 分別表示「左轉」、「直行」、「右轉」這三個對應的操作。

由大量道路情境圖像和操作標籤組成的資料，就是智慧小車模型訓練所需的資料集 D。

5.1.2 智慧小車 CNN 模型

根據第 4 章對卷積神經網路的介紹，下面以自動駕駛智慧小車端到端基礎模型為例進行講解。自動駕駛智慧小車 CNN 模型（見圖 5.3）的輸入層將攝影機產生的圖像資料轉換為適合神經網路運算的張量資料，然後資料連續進入 5 個卷積層（其中激勵函數未畫出）和後續的處理層。

圖 5.3 智慧小車 CNN 模型

主要說明如下：

(1) 對攝影機獲取的圖像資料進行重取樣，符合網路模型對輸入圖像解析度要求後，資料透過輸入層進入模型網路。

(2) 資料依次進入 5 個二維卷積層：前 3 層為步幅為 2 的 5×5 卷積，且色版數逐層加深，由輸入層的 3 增加到 64。後 2 層為 2 個 3×3、步幅為 1 的卷積層，卷積核數目均為 64。透過這 2 層，進一步抽取圖像中的特徵資訊。在 5 層卷積處理之後，沿圖像空間尺度方向（寬和高方向）的大小被縮小，資訊從空間尺度上濃縮，而在色版維度上用更多的特徵圖拓展。

(3) 完成卷積的資料依次進入全連接層和處理層：首先是將資料用 Flatten（壓平）層將三維張量拉長為一維陣列，接下來用 Flatten 層將特徵圖由三維張量拉平為一維陣列，並進入 2 層全連接層，用非線性變換將特徵的維度降低至 100。為防止出現過適，在全連接層後用 Dropout（丟棄）層，將本層的輸入特徵隨機丟棄 10%，再向下一層傳遞。

(4) 網路的最後是轉向角和油門兩個輸出層。在範例網路中，將轉向角離散化為 3 個值（左轉、右轉、直行），將油門定義為單一輸出值。相當於將前者定義為分類問題，需要用 softmax 函數產生每種轉向動作的機率輸出，後者定義為回歸問題，直接輸出油門的百分比。

5.1.3 參數和超參數

一般而言，神經網路可被視為由若干「層」構成的複合運算網路。在前面定義的端到端 CNN 模型中，主要包含卷積層、全連接層、Dropout 層等，其中卷積層和全連接層都具有可學習的參數，這些參數是神經網路訓練過程中要被最佳化的對象，而 Dropout 層、Flatten 層等是對資料的變換，不具有可學習的參數。假設深度神經網路的模型一共有 L 層，則深度神經網路的參數可以表示為

$$\Theta = \{\theta^{(i)}\}, i=1, 2, \cdots\cdots, L-1$$

其中，$\theta^{(i)}$ 表示連接第 i 層和第 i + 1 層的參數矩陣，深度神經網路的全體參數記為 Θ，這裡也可簡稱為模型參數集或模型權重集。

訓練神經網路的目的就是要找到一套好的模型參數，使之可以將輸入資料對映為合適的輸出值。現代的神經網路模型，特別是深度學習神經網路模型，通常具有非常大的參數量，典型的深度模型通常都具有百萬量級的參數，而當前業界中一些超大模型參數的數量，已經開始用「千億」為單位進行運算了。這樣規模的模型參數，需要透過電腦用深度學習演算法，從資料集中學習到更新的資訊，自動地進行更新。模型訓練需要大量資料，用迭代的方式將資料傳遞給模型並更新其中的參數，這個過程所需的運算量巨大，對電腦的算力也有相應的要求。

如果說深度神經網路中的參數是基本變數，是模型「微觀」視角的內部變數，那麼超參數（hyperparameter）則是控制深度神經網路模型配置和訓練的外部「宏觀」變數。例如，神經網路的層數是一個超參數，它影響了模型的容量和學習能力；神經網路訓練過程中的學習率，影響模型訓練的收斂速度和收斂的品質。超參數通常需要預先定義，它們對模型訓練的效率和訓練的效果都會產生影響。常見的超參數及其對模型訓練的敏感度（其數值變化對模型訓練的影響能力），如表 5.1 所示。

表 5.1 模型超參數與敏感度

超參數	敏感度
學習率（learning rate）	高
損失函數（loss function）選擇	高
迭代週期數（epoch）	高
資料批次大小（batch-size）	中
隱藏層數（number of hidden layers）	中
隱藏層的單元數／神經元數（number of hidden layer units）	高
最佳化器（optimizer）選擇	低
網路初始化權重（weight initialization）	中

　　智慧小車自動駕駛的控制器選用了 CNN 模型，其模型參數集 Θ 包括每個卷積核的數值和全連接函數運算時的權重數值（這些數值是神經網路各層連接的參數）。對於一個二維卷積核，通常其參數就是一個矩陣，以尺寸為 3×3 的卷積核為例，其參數矩陣的大小是 3×3，矩陣有 9 個元素變數（模型參數）；對於 3 色版二維卷積核（尺寸 3×3），其參數矩陣的大小就是 3×3×3，矩陣有 27 個元素變數；對於更多色版（n 色版）二維卷積核，其參數矩陣的大小就是 $m_1 \times m_2 \times n$（m_1，m_2 表示二維卷積核的尺寸）。顯然對圖 5.3 中的 CNN 模型，如果輸入的圖像是 RGB 三色版資料，第一個卷積層中的卷積核尺寸就是 5×5×3，而這一層中，這種卷積核的數量是 24 個，總共參數個數為 5×5×3×24。由於這些參數的初始值幾乎都不相同，因此同一幅 RGB 圖像資料經過第一個卷積層的運算後，24 個卷積核產生的運算結果也完全不同。

　　那為何需要這麼做呢？回顧第 4 章的介紹，可以把每個卷積核都看成一個匹配特定範本的濾鏡，透過這些濾鏡觀察同一幅 RGB 圖像，看到的是完全不同的樣子。卷積核的參數決定了濾鏡的作用，用不同參數的

濾鏡處理同一幅 RGB 圖像，相當於用多個不同的濾鏡獨立地處理，分別生成對應的範本匹配值。這個輸出仍然是多元張量，與輸入的 RGB 圖像並無二致，因此仍然可以當作圖像，被下一層卷積層處理，主要的差別在於這種中間特徵圖不再具有 RGB 顏色色版的含義，且色版數量可以是任意整數。

經過初始化的神經網路中，卷積核參數是隨機的，因此經濾鏡處理生成的特徵圖也是沒有意義的，那麼如何修改濾鏡效能，使生成的特徵圖具有意義呢？這正是模型訓練需要解決的問題。顯然，整個 CNN 模型中需要調整的參數有很多，每一幅輸入圖像資料能夠提供的調整也十分有限，因此這個調整過程依賴大量的資料輸入和誤差校正，需要的運算量也是巨大的，這就是模型訓練對算力要求的根本原因。但如果僅是確保了算力的提供，也未必就能完成調整。如何調整？調整的規則是什麼？這些也是訓練中需要解決的關鍵問題。如表 5.1 所示的超參數，對於模型中參數的調整會產生一定的影響，敏感性高的超參數，對參數的調整影響大，反之則小。下面會對涉及的超參數進行介紹。

5.1.4 損失函數

在自動駕駛模型研發的第 3 個環節中，損失函數用於定量評估當前模型效能的好壞。更具體地說，它表示在當前參數集的取值情況下，給定輸入值 x 產生的模型輸出回應 $\hat{y}$，與真值 y 的偏離程度。定義損失函數是為了判斷每次參數調整後模型輸出誤差變化的情況。如果模型內部參數的初始設定值是隨機的，那麼在訓練過程中，這些參數的調整必然要遵循一些規則，有些參數調大，有些參數需要調小，經過這些調整後，模型整體的輸出誤差應該逐步減小。定義損失函數使電腦有了定量的明確目標，即減小損失函數的數值，從而可以呼叫最佳化演算法，自

5.1 模型與訓練參數

動地使用演算法中定義的規則,完成最佳化。

以智慧小車的 CNN 模型(含模型參數 Θ)為例,當輸入道路情境圖像 x 後,模型推理(前向運算)輸出的結果,將是對駕駛操作的預測 $\hat{y}$。首先定義在模型推理過程中所產生的一些中間變數:令 $a^{(i-1)}$ 為神經網路第 i-1 層的輸出結果,$z^{(i)}$ 為第 i 層進行線性變換結果,$a^{(i)}$ 是將激勵函數 g 作用於 $z^{(i)}$ 的結果。從 $a^{(i-1)}$ 到 $z^{(i)}$ 的變換(線性變換),記為 $\theta^{(i-1)}$;從 $a^{(i-1)}$ 到 $a^{(i)}$ 的變換(先進行線性變換,後透過激勵函數進行非線性變換),記為 h_θ (i-1)。

$$a^{(i)} = g(z^{(i)})$$
$$z^{(i)} = \theta^{(i-1)}(a^{(i-1)})$$
$$a^{(i)} = h_{\theta^{(i-1)}}(a^{(i-1)}) = g(\theta^{(i-1)}(a^{(i-1)}))$$

輸入道路情境圖像 x 在模型參數 Θ 作用下得到模型推理結果 $\hat{y}$ 的全過程,可以記為 H_Θ:

$$\hat{y} = H_\Theta(x) = h_{\theta^{(L)}}(h_{\theta^{(L-1)}}(h_{\theta^{(L-2)}}(\cdots h_{\theta^{(1)}}(x)\cdots)))$$

顯然,從道路情境圖像 x 到輸出模型預測駕駛操作 $\hat{y}$ 的推導的過程路徑,可簡記為

$$x = a^{(1)} \to z^{(2)} \to a^{(2)} \to \cdots \to z^{(L-1)} \to a^{(L-1)} \to \cdots \to \hat{y}$$

在智慧小車 CNN 模型中,輸入的道路情境圖像 x 先經過卷積和激勵函數的運算後,還需要透過全連接層、丟棄層等的運算,才能從道路情境圖像 x 中建構出關鍵的特徵,其中全連接層和丟棄層的運算,也可用類似 h_θ 定義進行表達,並將最後的結果 $a^{(L-1)}$ 輸入線性分類器(softmax 函數是一種實現分類常用的演算法),以得到道路情境圖像 x 對應的駕駛操作預測 $\hat{y}$。考量自動駕駛任務的複雜性,模型輸出的線性分類器會被定義為多分類問題的類型,智慧小車的模型輸出結果就有「左轉」、「直

行」、「右轉」等多個轉向分類。對於模型的預測結果 $\hat{y}$，一般取機率值最大的輸出節點對應的駕駛操作，作為模型的最終輸出，例如 5.1.2 節中模型的輸出為 $\hat{y}$ =[0.5，0.3，0.2] 時，具體的結果應該採用「左轉」作為當前道路情境下的駕駛操作選擇。

損失函數可定義為樣本（數據）標注 y 和模型預測輸出 $\hat{y}$ 之間的誤差，即

$$L(y, \hat{y})$$
$$\hat{y} = H_\Theta(x)$$

對於給定的第 i 個樣本 x_i，比較根據其深度神經網路預測值 $\hat{y}_i$ 和事先已被標記的樣本標注 y_i。對於轉向角的輸出，本章的 CNN 模型將其定義為對離散值的預測，因此損失函數選擇使用交叉熵（cross entropy，CE）作為單樣本損失 L_i 的定義，則

$$L_i = \mathrm{CE}(y_i, \hat{y}_i) = -\sum_{j=1}^{K} y_{i,j} \cdot \ln \hat{y}_{i,j} + (1 - y_{i,j}) \cdot \ln(1 - \hat{y}_{i,j})$$

其中，$y_{i,j}$ 表示第 i 個樣本的標記在第 j 維的取值，例如 y_i=[1，0，0]，$y_{i,1}$=1，$y_{i,2}$=0，$y_{i,3}$=0；$\hat{y}_{i,j}$ 表示第 i 個樣本的模型預測輸出在第 j 維的取值，例如 $\hat{y}_i$ =[0.5，0.3，0.2]，$\hat{y}_{i,1}$ =0.5，$\hat{y}_{i,2}$ =0.3，$\hat{y}_{i,3}$ =0.2。

透過對全體樣本的交叉熵損失函數求平均，不難將單樣本交叉熵損失函數推廣至全體樣本，則

$$J(\Theta) = L_{\mathrm{angle}} = L_\Theta(y, \hat{y}) = \frac{1}{m}\sum_{i=1}^{m} L_i = \frac{1}{m}\sum_{i} \mathrm{CE}(y_i, \hat{y}_i)$$
$$= -\frac{1}{m}\sum_{i=1}^{m}\sum_{j=1}^{K} y_{i,j} \cdot \ln(\hat{y}_{i,j}) + (1 - y_{i,j}) \cdot \ln(1 - \hat{y}_{i,j})$$

由此定義的損失函數，能成為判定模型訓練好壞的指標，模型在利用大量資料進行反覆訓練的過程中，若損失函數的輸出不斷降低，就意

味著模型輸出的誤差越來越小，輸出值越來越接近訓練樣本的標注值，模型將逐步具備預設的功能意義。

類似地，也可以定義並運算油門輸出的損失函數。油門採用的是連續值的輸出，定義為一個回歸問題，因此損失函數採用均方誤差（mean squared error，MSE），其定義為

$$\mathrm{MSE} = \frac{1}{m}\sum_{i=1}^{m}(y_i - \hat{y}_i)^2$$

最終總共的損失函數，應當是兩部分輸出損失函數的加權和（具體權重的取值需要經過測試，選擇合適的數值），並以此為依據，對整個神經網路的參數進行調整。

$$J(\Theta) = 0.9 \times \mathrm{Langle} + 0.1 \times \mathrm{Lthrottle}$$

如果訓練的結果最終是調整模型內部參數，使模型輸出的損失函數出現最小值，那麼訓練問題就轉換為求解參數最佳化問題，即尋找

$$\Theta^* = \mathrm{argmin}_\Theta J(\Theta)$$

其中，Θ^* 表示使函數 $J(\Theta)$ 達到最小值時 Θ 的取值。現實中，無法在模型訓練過程中達到真正的最小值，一般透過最佳化迭代，將損失函數減小到一定範圍即可。

通常在設計深度神經網路過程中，對模型進行訓練需要預先確定模型的超參數。選擇恰當的超參數，能夠提高模型參數最佳化問題的求解效率。這個求解過程通常是利用最佳化演算法，透過反向傳播（backward propagation，BP）演算法，運算出 Θ 的梯度，基於 Θ 的梯度，使用隨機梯度下降（stochastic gradient descent，SGD）演算法更新 Θ 值，進一步最小化損失函數，從而完成對深度神經網路內部參數的最佳化。

5.2 神經網路模型訓練

模型訓練的過程就是在超參數已確定的前提下，求解 $\min_\Theta J(\Theta)$，從而確定 Θ 的過程。而 $J(\Theta)$ 又是典型的多極值非凸函數，在實際訓練模型過程中，會發現即使超參數一致，也會有每次最佳化的結果不一樣的情況。根據實際經驗，學習率的選擇，會顯著影響模型最佳化的最終結果，最佳化器的求解和數據樣本的分批次大小，對最佳化效果也有一定的影響。本節將介紹梯度下降和反向傳播演算法求解梯度。在深度學習框架中，反向傳播演算法一般屬於完全後端實現的模組，不對使用者暴露介面，而梯度下降的過程，則需要考慮到上述超參數的選擇，具體超參數的最佳化選擇會在後面介紹，本節著重於理解這些超參數對最佳化結果的影響。

用 Python 程式表達的智慧小車 CNN 模型訓練的主要程式碼如下（可參見每列程式碼的注釋，後續程式碼將不再進行逐一注釋）。

```
1   # 根據n_epoch變數的數值進行多次迴圈運行，每次迴圈的序號存放在epoch變數中
2   for epoch in range(n_epoch):
3       # 將模型設定為訓練模式
4       model.train()
5
6       # 初始化losses損失值陣列
7       losses = []
8       # 從訓練資料集train_loader中提取訓練資料到data變數
9       # 重複迴圈直到訓練資料集中的所有資料都被取出
10      for data in train_loader:
11          # 將本輪訓練資料data中的影像資料移動到目標裝置（例如GPU）
12          x_img = data['image'].to(device)
13          y_ang = data['angle'].to(device)
14          y_thr = data['throttle'].type(torch.float32).to(device)
15
16          # 將最佳化器optimizer狀態歸零
17          optimizer.zero_grad()
18          # 將x_img輸入模型，並取得運算結果out_ang, out_thr
19          out_ang, out_thr = model(x_img)
20          # 使用負對數似然損失函數計算轉向變數的損失值
21          loss_ang = F.nll_loss(out_ang, y_ang, reduction = 'mean')
22          # 使用均方誤差損失函數計算油門變數的損失值
23          loss_thr = F.mse_loss(out_thr.squeeze(), y_thr, reduction = 'mean')
24          # 將轉向與油門變數的損失值加權生成總損失值
25          loss = 0.9 * loss_ang + 0.1 * loss_thr
26          # 進行損失函數的反向傳播
27          loss.backward()
28          # 執行最佳化步驟，更新模型權重
29          optimizer.step()
```

下面將展開闡述這段程式碼背後的原理。

5.2.1 梯度下降迭代

模型訓練的程式碼在整體邏輯上是一個兩層的循環：外層循環重複 n_epoch 次，把完整的資料集傳給內層的訓練邏輯，內層循環把完整的資料集拆分為多個小批次，迭代更新模型內部的參數。在每一次小批次的迭代中，包含以下幾個子步驟：

(1) 將資料複製到運算設備（通常是 GPU）上。

(2) 將最佳化器的狀態重新歸零。

(3) 進行前饋運算，將輸入傳給 CNN 模型，經各層運算之後，得到兩個輸出。

(4) 分別運算兩個輸出的損失函數，加權求和得到總損失函數值。這一步將得到在當前小批次的資料中，模型預測的輸出值與真值的差異。

(5) 反向傳播，得到損失函數關於各參數的梯度值，即每一個參數應該往哪個方向調整，以及在這個位置損失函數對該參數的敏感程度。

(6) 按照預定義的最佳化器演算法，執行參數更新。

1. 迭代最佳化

可以看到，上述步驟整體的邏輯都是在為最後兩個步驟服務的，訓練的核心步驟就是透過反向傳播得到損失函數關於每一個參數的偏微分，並以此為依據，對參數進行更新，迭代多次，直到損失函數減小到可接受的範圍。之所以需要把資料拆成小批次，且每次迭代更新一小步，有幾方面的原因：①神經網路的損失函數是一個關於模型參數的非凸函數，且具有數量龐大的最佳化變數，因此其最佳化方法有別於傳統凸函數的最佳化方法；②將問題轉化為對 Θ 最佳化，使其損失值稍微減少，那問題的難度就大大降低了；③透過拆分成小批次，每一步的運算

都可以快速地在 GPU 有限的記憶體中完成，以便有效地利用硬體加速器的算力，實現更快的收斂。

2. 迭代最佳化的最佳方向 —— 梯度

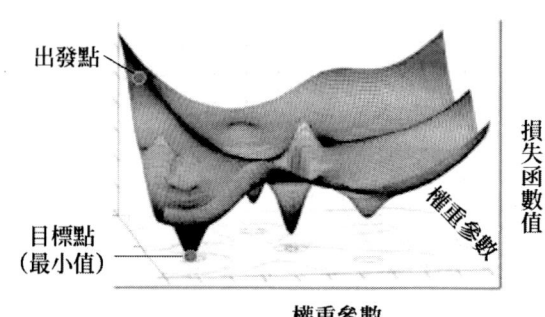

圖 5.4 損失函數參數最佳化問題示意圖

梯度是一個向量，通常表示某個函數在該點處的方向導數的最大值，也就是沿著該方向（此梯度的方向），函數在該點處變化最快，變化率（梯度的模）最大。用梯度解決最佳化問題是非常有效率的一種方法。以圖 5.4 為例，損失函數構成的曲面，在局部有很多極值點，找到這些極值點，並求出最小值，就可以完成最佳化問題的求解。顯然如果從曲面上任意一點開始移動，若想用最快速度移動到最近的極值點，從這個點的局部資訊來看，沿著梯度是最好的辦法。在移動前，先求取當前位置點的梯度，然後沿著下降梯度方向，移動到下一個點，再重複求取當前位置的梯度，再繼續沿著梯度方向移動，最後如果收斂，就會抵達極值點。但為什麼有時所抵達的終點不一定是最小值點呢？這是因為這個曲面可能存在若干個極值點，當出發起始點的位置選擇不恰當時，沿著梯度前進未必就能正好找到最小值點，很可能是進入了最靠近起始點位置的極值點。一旦進入極值點，如果還是單純使用原先的梯度方法，更大的可能性是陷入這個極值點所在的「陷阱」中無法走出來，移動迭代過

程會被判定為結束,而此時所找到的點不是最小值,也無法得到全局最佳解。對於具有百萬量級,甚至更高資料量級的神經網路來說,損失函數的最佳化問題會更加複雜,因為高維空間中存在更多鞍點(即偏微分為 0,但仍未達到局部最佳),這時最佳化器很難從這種狀態中跳出。儘管如此,梯度法目前仍然是最有效的方法,只不過在具體實施過程中需要採用一些策略進行調整,以避免過早地陷入局部極值點上,後續將對此做進一步的分析。

而迭代最佳化的方向不需要隨機尋找,因為可以直接運算出最好的方向,這就是從數學運算出當前局部最陡峭的方向,這個方向就是損失函數的梯度。假設在反向傳播中已經得到參數 $\theta^{(i)}$ 的梯度的 ∇_θ(i)(運算方法會在後續詳細介紹),可用如下迭代公式更新參數的值

$$\theta^{(i)} = \theta^{(i)} - \eta \times \nabla_{\theta^{(i)}}$$

其中,η 為學習率或步長。

3. 學習率

梯度指明了函數在哪個方向是變化率最大的,但是沒有指明在這個方向上應該走多遠。選擇步長(也叫學習率)將會是神經網路訓練中最重要(也是最困難)的超參數設定之一。這就好比人們可以感受到腳朝向的不同方向,地形的傾斜程度不同,但是該跨出多長的步長呢?不確定。如圖 5.5 所示,如果謹慎地小步走,可以比較穩定地收斂到某個局部最佳解,但是進展較慢,需要較多的迭代次數和時間。相反,如果想盡快下山,那就大步走吧!但結果有時也會適得其反。因為梯度只指示了在當前局部位置的最陡峭方向,並不是指向真正的最佳值,在某些點,如果步長過大,反而可能越過最低點,導致更高的損失值。

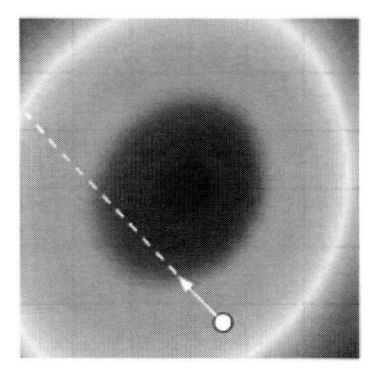

圖 5.5 學習率與梯度下降

學習率是模型訓練最佳化器的重要參數，在智慧小車模型訓練中，具體程式碼如下（其中，變數 lr 就是學習率）：

1　model = Net()

2　optimizer = torch.optim.Adam(model.parameters(), lr=0.0005)

4. 隨機梯度下降

梯度下降演算法的基本思路是跟隨負梯度方向，重複地運算梯度，然後對參數進行更新。梯度下降演算法是對神經網路的損失函數最佳化處理中最常用的方法。模型參數 Θ 一直跟著梯度走，直到結果不再變化。正如 5.2 節程式碼所示，這個簡單的循環已經被現在的深度學習框架，例如 PyTorch 作了高度的封裝，使用者並不需要手動實現其中的細節。

在自動駕駛深度神經網路的訓練過程中，訓練資料可以達到百萬量級。根據損失函數運算的公式 $L = \frac{1}{m}\sum_i L_i$，每一次運算損失函數，都需要對完整的資料集進行遍歷，運算每一個數據點上的損失函數，再運算算術平均。如果運算整個訓練集才獲得僅僅一次參數更新，從算力成本的角度來看，這是十分浪費的，因此一個常用的方法是，選取訓練集中的小批次（mini batch）資料進行單獨的運算和參數更新，即小批次資料梯度下降（mini batch gradient descent）演算法。這個演算法的本質，是用小批

次資料中的損失函數作為全量資料損失函數的近似，透過在訓練集中多次選取不同的小批次資料進行訓練，來大幅度提高參數更新的效率。例如在目前常用的卷積神經網路中，整個訓練集包含幾十萬、甚至上百萬個樣本，而對於小批次資料中的樣本數，其典型值僅為 256 個，每次運算一個小批次資料，就可以實現一次參數的更新，而每次迭代運算所需的時間，遠遠少於整個訓練集訓練所需的時間，參數更新的效率大大提高。這個演算法之所以行之有效，是因為訓練集中的資料都是相關的，小批次資料的梯度，就是對整個訓練集梯度的一個近似。因此，在實踐中，透過運算小批次資料的梯度，可以實現更快速的收斂，並以此來進行更頻繁的參數更新。小批次資料策略中有個極端情況，就是將小批次中樣本數量設定為 1 個，即每次迭代都只隨機選取一個樣本，並根據單個樣本的梯度資訊來更新模型參數，這種策略被稱為隨機梯度下降（stochastic gradient descent，SGD）演算法，有時候也被稱為線上梯度下降演算法。這種策略在實際情況中極少採用，因為當前的運算訓練通常都是在 GPU 等加速器中進行向量化的操作，一次運算 100 個資料的向量，比 100 次運算 1 個資料的純量要有效率得多。因此，通常所說的 SGD 演算法，指的是小批次資料梯度下降演算法。

小批次資料中包含的樣本數的大小（即批次大小，batch size）是一個超參數，在實際應用中，由於其影響相對較小，有時並不透過交叉驗證呼叫參數，而是在 GPU 記憶體允許的情況下，選擇盡可能大的批次大小，使 GPU 可以盡量在滿負荷的狀態下執行，或有時乾脆設定為固定大小，例如 32、64、128 等。

此外，超參數 epochs 表示遍歷全體樣本集的次數（迭代週期數）。為了避免在出現無法收斂的情況時，資料的訓練過程無法終止，通常會人為設定一個重複遍歷全體樣本集的次數，作為訓練運算的上限，這個上

限就是 epochs。如果 epochs 過小，很有可能訓練並未達到最佳化迭代的最佳次數就終止，此時得到的結果並不是最佳解。如果訓練超過一定次數時，訓練也很有可能出現過適的現象，過適會導致模型最終的適應性降低。如果在訓練中發現產生過適現象時，訓練通常需要提前終止，而不一定要達到 epochs 所設定的上限值。

在神經網路基於梯度下降演算法的最佳化中，還有一個重要概念是「動量」（momentum）。因為每一個小批次的迭代運算中，小批次資料提供的梯度資訊，僅僅是真實梯度資訊的近似，還存在一定的隨機雜訊，如果單純地用梯度下降演算法最佳化，最佳化的路徑將會受雜訊影響變得十分曲折，收斂很慢。一個有效的解決方法，是對移動路徑進行移動平均，這樣可以使最佳化路徑變得更加光滑。動量方法正是基於這個思路，對每一步的梯度訊號進行移動指數平均，減小局部雜訊的影響。這種情形就像從山上下坡時，每一個局部點的梯度都會受到各種小石頭的影響，使局部提供的梯度資訊與全局梯度不一致。而動量方法就像是一個有質量的小球滾下山，它本身的動量可以幫助小球衝過局部的坑洞，更快地滾下山。因為動量的有效性，它也是深度學習框架中 SGD 最佳化器自帶的重要參數。

除了原始的 SGD 演算法以外，實際中也有一些其他基於 SGD 演算法的改進最佳化演算法，其中的代表是 Adam 演算法。Adam 演算法的主要特點是可以根據最佳化情況，自適應地獨立調整每一個參數的學習步長。因為這個特性，它相比 SGD 演算法，可以更不依賴人工調整參數，很多時候預設設定就能得到很好的效果，因此 Adam 演算法也是目前應用最廣泛的最佳化演算法之一。

5.2.2 反向傳播梯度運算

反向傳播（back propagation，BP）演算法是深度學習神經網路中的常用學習演算法，它是梯度下降演算法的基礎。反向傳播演算法是用自動微分（automatic differentiation）實現精確梯度運算的方法之一，適用於神經網路中的梯度運算。它是各種深度學習框架最基礎的功能，雖然各框架在底層反向傳播演算法的設計上都有一些不同的取捨，但原理上採用的都是反向傳播演算法。

如圖 5.6 所示，反向傳播演算法由正向傳播（前饋運算）和反向傳播（梯度運算）這兩個環節反覆進行循環迭代而構成，這個循環迭代會一直持續到網路對輸入的回應輸出達到預定的目標範圍為止[13]。在正向傳播過程中，輸入資料沿著正向路徑，經過輸入層、隱藏層傳向輸出層，得到輸出結果，然後將輸出結果與真值比較，運算損失函數值。然後從損失函數開始，進入反向傳播環節。透過逐層求出目標函數對網路模型中各神經元權重值的偏微分，構成目標函數對權重值向量的梯度，作為修改權重值的依據。

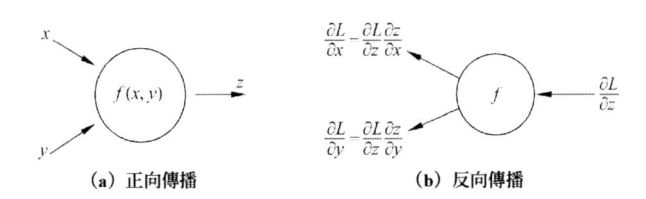

(a) 正向傳播　　(b) 反向傳播

圖 5.6 反向傳播演算法

1. 求導的連鎖律

反向傳播可以視為微積分中複合函數求導的連鎖律在神經網路中的應用，而神經網路正好可以視為由一層層函數巢狀而成的複合函數。

在神經網路的梯度運算中，最終的目標是求出損失函數 L 相對於每一個參數的偏微分。圖 5.6 給出了複合函數視角下神經網路中正向傳播

和反向傳播在一個神經元局部的運算方法。圖 5.6（a）正向傳播的輸入變數為 x 和 y，輸出 z 為函數 f（x，y）的運算結果。圖 5.6（b）是反向傳播，對於輸出求偏微分 ∂L/∂z，即相對於 z 的損失函數的梯度，損失函數中對 x 和 y 的梯度，可以透過連鎖律運算。

2.反向傳播演算法 —— 前饋運算

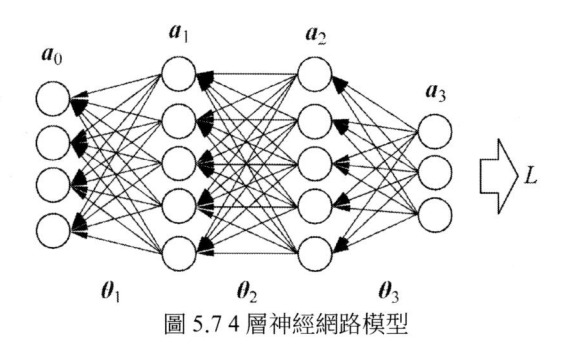

圖 5.7 4 層神經網路模型

以如圖 5.7 所示的神經網路模型為例，介紹神經網路的前饋運算和反向傳播過程。不失一般性地，這裡假定神經網路為一個 4 層的全連接網路，激勵函數為 sigmoid 函數，最後一層輸出層的激勵函數為 softmax 函數。

神經網路的前饋運算指的是由輸入 a_0 經各層變換運算得到輸出 a_3 的過程。這裡以 a_1 到 a_2 為例，展開公式如下：

$$a_2 = \sigma(\text{Linear}(a_1; \theta_1)) = \sigma(W_1 a_1 + b_1)$$

其中，$\sigma(x) = 1/(1 + e^{-x})$ 為 sigmoid 函數；Linear 為全連接層變換，是對輸入的仿射變換，其參數 θ_1 包含 W_1 和 b_1 兩部分。

其餘各層之間也是用相同的變換完成運算，唯一的差別是輸出層，其激勵函數不是 sigmoid 而是 softmax 函數（用於產生機率預測值）。

3.反向傳播演算法 —— 反向傳播

反向傳播是在完成前饋運算之後，運算損失函數相對所有模型參數的偏微分（∂L/∂θ，其中 θ 為模型的任一參數）的過程。這裡同樣只對

5.2 神經網路模型訓練

a_2 到 a_1 的反向傳播過程展開討論。

$$o_2 = W_1 a_1 + b_1$$

前饋運算可以表達為 a_2 和 o_2 兩部分

$$a_2 = \sigma(o_2); o_2 = W_1 a_1 + b_1$$

假定 $\partial L \partial a_2$ 已知，則可以推匯出當前層參數的偏微分為

$$\frac{\partial L}{\partial W_1} = \frac{\partial L}{\partial a_2} \times \frac{\partial a_2}{\partial o_1} \times \frac{\partial o_1}{\partial W_1}; \frac{\partial L}{\partial b_1} = \frac{\partial L}{\partial a_2} \times \frac{\partial a_2}{\partial o_1} \times \frac{\partial o_1}{\partial b_1}$$

其中 $\partial a_2/\partial o_1$ 就是 sigmoid 函數的偏微分，其解析公式為 $\partial a_2/\partial o_1 = a_2(1-a_2)$；而 $\partial o_1/\partial W_1 = a_1$，$\partial o_1/\partial b_1 = 1$。因此在假定後一層導數 $\partial L/\partial a_2$ 已知的情況下，很容易代入上式運算出損失函數相對於當前層參數的導數。

同樣地，為了運算前一層參數的導數，需要用到 $\partial L/\partial a_1$，也可以很容易地用下式推算，得到

$$\frac{\partial L}{\partial a_1} = \frac{\partial L}{\partial a_2} \times \frac{\partial a_2}{\partial o_1} \times \frac{\partial o_1}{\partial a_1}$$

回顧這裡的推導過程，對本層梯度（也就是對本層所有參數的偏微分）的運算是一個遞迴過程，它假定損失函數對本層輸出量 a_2 的偏微分已知，就可以運算出損失函數對本層所有參數的偏微分，並給出損失函數對本層輸入量 a_1 的偏微分，用於前一層的梯度運算。

按照完全相同的原理，反向傳播就是從最右端的損失函數開始，逐層地往前運算，遞迴地運算出損失函數相對每個參數的偏微分。對於其他結構的神經網路，例如卷積神經網路，採用的是完全相同的原理，進行反向傳播運算，差別只在於局部梯度的運算方法有所不同。從使用者的角度來說，絕大多數運算元（如卷積、ReLU、softmax 運算元）都可以

被認為已經內建在軟體框架中，其中反向傳播的具體細節，都被封裝在 nn.Module 中，實際使用時只需透過 loss.backward()函數呼叫就可以完成。只有在需要用到自定義運算元（例如某種新的激勵函數）時，才需要手動實現其局部導數。

注意在上述反向傳播的運算中，會用到前饋運算的中間值，例如運算 $\partial a_2/\partial o_1$ 需要用到 a_2 的值，這不僅是為了簡便，也是多數情況下程式碼中實際的實現方式，可避免在反向傳播中的重複運算，代價是需要用更多記憶體保存這些中間值。

5.2.3 訓練參數調整實例分析

模型訓練參數批次大小（batch size）和學習率（learning rate）的選擇，對結果會產生直接的影響。

關於學習率的選擇：學習率設定得過高，會導致學習不充分，學習率設定得過低，會降低學習的效率。一般而言，可以結合不同的批次大小，分別從小到大地設定學習率，並記錄不同設定的損失值，當發現損失值曲線有明顯的持續降低時，該設定就是一個合適的學習率及相應的批次大小組合，如圖 5.8 所示。

由於每一個小批次資料能提供的梯度資訊都是全局梯度的近似，相當於在「真實梯度」的基礎上包含一定的雜訊。一方面這種雜訊會使最佳化方向經常偏離全局梯度方向，使收斂更慢，但另一方面，適量的雜訊也有助於幫助最佳化器跳出局部的鞍點。需要先透過分析或實驗，預估每個批次的資料所能產生的雜訊大小，並以此決定小批次的大小。如果批次大小設定得過小，雜訊相對前進方向較大，容易產生損失值抖動的問題，沒有辦法收斂到最佳值，甚至不會收斂；如果批次大小設定得較大（例如 batch size $>$ 1,000，具體數值與問題的性質相關，沒有固定的

範圍），會導致訓練次數的不足，使模型收斂的時間成本增加；如果批次大小設定過大，模型的收斂也會受到影響。

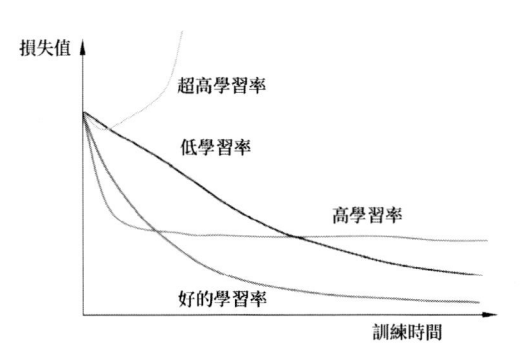

圖 5.8 不同學習率下的訓練結果

下面給出了 MNIST 手寫數字分類程式碼：

```
1   import torch
2   import torchvision.datasets as dsets
3   import torchvision.transforms as transforms
4   import torch.nn.init
5
6   device = 'cuda' if torch.cuda.is_available() else 'cpu'
7   # 設定固定的隨機種子（seed），方便實驗可重現
8   torch.manual_seed(777)
9   if device == 'cuda':
10      torch.cuda.manual_seed_all(777)
11  # 設定主要的超參數
12  learning_rate = 0.001
13  training_epochs = 15
14  batch_size = 100
15
16  # 載入MNIST資料集
17  mnist_train = dsets.MNIST(root = 'MNIST_data/',
18                            train = True,
19                            transform = transforms.ToTensor(),
20                            download = True)
21
22  mnist_test = dsets.MNIST(root = 'MNIST_data/',
23                           train = False,
24                           transform = transforms.ToTensor(),
25                           download = True)
26  data_loader = torch.utils.data.DataLoader(dataset = mnist_train,
27                                            batch_size = batch_size,
28                                            shuffle = True,
```

第 5 章　算車：效能提升與最佳化

```
29                                        drop_last = True)
30
31  # 建立包含2層卷積層的CNN模型
32  class CNN(torch.nn.Module):
33      def __init__(self):
34          super(CNN, self).__init__()
35          self.layer1 = torch.nn.Sequential(
36              torch.nn.Conv2d(1, 32, kernel_size = 3, stride = 1, padding = 1),
37              torch.nn.ReLU(),
38              torch.nn.MaxPool2d(kernel_size = 2, stride = 2))
39          self.layer2 = torch.nn.Sequential(
40              torch.nn.Conv2d(32, 64, kernel_size = 3, stride = 1, padding = 1),
41              torch.nn.ReLU(),
42              torch.nn.MaxPool2d(kernel_size = 2, stride = 2))
43          # 用全連接層將7×7×64個輸入映射到10個輸出
44          self.fc = torch.nn.Linear(7 * 7 * 64, 10, bias = True)
45          torch.nn.init.xavier_uniform_(self.fc.weight)
46
47      def forward(self, x):
48          out = self.layer1(x)
49          out = self.layer2(out)
50          out = out.view(out.size(0), -1)    # 進入全連接層前將資料轉換為一維
51          out = self.fc(out)
52          return out
53
54  # 實例化CNN模型，並移動到計算裝置（GPU）中
55  model = CNN().to(device)
56  # 定義損失函數和最佳化器
57  # softmax已經包含在CE損失函數中
58  criterion = torch.nn.CrossEntropyLoss().to(device)
59  optimizer = torch.optim.Adam(model.parameters(), lr = learning_rate)
60
61  # 訓練模型
62  total_batch = len(data_loader)
63  for epoch in range(training_epochs):
64      avg_cost = 0
65
66      for X, Y in data_loader:
67          X = X.to(device)
68          Y = Y.to(device)
69          optimizer.zero_grad()
70          hypothesis = model(X)
71          cost = criterion(hypothesis, Y)
72          cost.backward()
73          optimizer.step()
74          avg_cost += cost / total_batch
75
76      print('[Epoch: {:>4}] cost = {:>.9}'.format(epoch + 1, avg_cost))
77
78  # 檢查模型在測試集上的準確度
79  with torch.no_grad():
80      X_test = mnist_test.test_data.view(len(mnist_test), 1, 28, 28).float().to(device)
81      Y_test = mnist_test.test_labels.to(device)
82      prediction = model(X_test)
83      correct_prediction = torch.argmax(prediction, 1) == Y_test
84      accuracy = correct_prediction.float().mean()
85      print('Accuracy:', accuracy.item())
```

透過調整變數 batch_size（批次大小）和軟體套裝自帶的最佳化工具 Adam 函數的輸入參數，可以設定不同的 batch_size 和 lr（學習率）的值，進而可以觀察和比較損失值在訓練集、驗證集和測試集上的不同收斂過程。

MNIST 不同超參數設定的訓練結果，如表 5.2 所示。

表 5.2 MNIST 不同超參數設定的訓練結果

批次大小	5000	2000	1000	500	256	100	50	20	10	5	2	1
總迭代週期數	200	200	200	200	200	200	200	200	200	200		
總迭代次數	1999	4999	9999	19999	38999	99999	199999	499999	999999	1999999		
200 週期用時	1	1.068	116	138	1.75	3.016	5.027	8.513	13.773	24.055		
達到 0.99 精度的週期數	—	—	135	78	41	45	24	9	9	—	不能收斂	
達到 0.99 精度的用時	—	—	2.12	1.48	1	1.874	1.7	1.082	1.729	—		
最佳訓練分數	0.015	0.011	0.01	0.01	0.01	0.009	0.0098	0.0084	0.01	0.032		

最佳訓練的週期數	182	170	198	100	93	111	38	49	51	17	不能收斂
最佳測試成績	0.014	0.01	0.01	0.01	0.01	0.008	0.0083	0.0088	0.008	0.0262	
最終測試誤差（200週期）	0.0134	0.01	0.01	0.01	0.01	0.009	0.0082	0.0088	0.008	0.0262	

透過對比表 5.2 中資料可知：

(1) 批次大小為 1 和 2 時，模型無法收斂。

(2) 從精度 (accuracy) 達到 0.99 的週期數來看，批次大小設定得較大時，需要更多的週期才能達到較好的效果。

(3) 從最佳測試成績中可以看出，批次大小設定得較小（例如 batch_size < 5）時，模型並不能收斂到最佳值；實際上，當批次大小設定過大（例如 batch_size > 5,000）時，也可能出現模型不能收斂的情況。

5.3 模型超參數最佳化

從之前的介紹中不難發現，超參數的設定會直接影響訓練的結果。通常所指的超參數，主要包括深度學習模型本身的結構參數（不同於模型內部的參數，而是激勵函數的類型、網路層數、每層的神經元數等）和模型訓練過程的參數（最佳化方法、學習率、批次大小、正則化參數）等。在自動駕駛情境中，由於訓練樣本的獲取和模型訓練的成本都較高，所以超參數的設定十分重要，合適的超參數能夠進一步最佳化整體的訓練，將更多的算力集中在當前有限的資料集上。本節將著重介紹如何最佳化超參數，以最終獲得一個具有良好廣義化能力的自動駕駛決策模型。

超參數最佳化（hyperparameter optimization）是找到一組較佳的超參數，使得在該超參數組合下求解 $\min_\Theta J(\Theta)$ 得到 Θ 最佳的過程。這是一個兩層的最佳化問題：內層是神經網路的訓練過程，最佳化變數是神經網路中的參數（典型數量為百萬量級）；外層是超參數最佳化過程，最佳化變數是各種超參數（典型數量為幾個到十幾個）。由於評估每一組超參數的組合，都需要完成內層的最佳化，即進行模型訓練求得 Θ，因此超參數最佳化主要存在下面幾方面的困難：

(1) 搜尋空間很大：因為很多超參數是離散的變數，例如神經網路的層數、最佳化演算法的選擇等，所以超參數最佳化是一個組合最佳化問題，搜尋空間是指數級的。

(2) 單次評估比較耗時：評估一組超參數配置需要完成一次訓練，其時間成本很高，特別是對大模型來說，效率很低。

(3) 可用的最佳化演算法受限：梯度下降演算法無法用於帶有離散變數的組合最佳化問題中，其他一些依賴多樣本數據點評估的常見演算法，例如遺傳演算法也不適用。

5.3.1 常見超參數最佳化方法

1・網格搜尋與隨機搜尋

網格搜尋（grid search）是超參數最佳化中的常見策略。它透過對每個超參數選擇若干數值，然後遍歷所有備選超參數組合，從而尋找一組最佳的超參數配置。超參數中往往同時有離散變數和連續變數，例如網路層數是離散變數，而學習率是連續變數。如果所有的變數都是離散變數，那麼超參數最佳化最簡單的方法，是遍歷所有的參數組合。當某些超參數可能的取值過多，或者是連續變數時，可以對這些超參數進行取樣，例如在可行範圍內均勻地取值，或者根據經驗，人為選擇一些典型值。透過降取樣，把搜尋空間的大小控制在合理的範圍內。然後透過網格搜尋，用遍歷的方式對這些離散的組合分別進行模型訓練，並評估每個超參數組合所訓練出的模型在驗證集上的效能，最終選取最佳的配置。

網格搜尋實質上是把超參數空間進行離散化，然後用遍歷的方法尋找最佳值。它的搜尋策略是公平地探索在超參數空間中人為選擇的離散點。這種做法雖然在實現上非常簡單，但需要遍歷的組合數為每個超參數可能取值數的乘積，很容易就超出允許的範圍。例如有 8 個超參數，為簡化討論，這裡假設每個超參數都可能取 5 個值，則需要遍歷的參數組合數為 5^8=390,625，即使是很保守的估計，也很快超出可行範圍。不同超參數對模型效能的影響有很大差異，例如學習率對模型訓練效果的影響，通常大於正則化係數，這時候公平搜尋的效率就很低，可能會在低敏感度的區域中耗費過多的時間。

網格搜尋的主要優點在於實現非常簡單，但由於上述缺點，在實際中的使用率小於另一種策略 —— 隨機搜尋（random search）。如果說網格搜尋是在指定空間內用均勻網格取樣，隨機搜尋則是把均勻網格取樣替

換為隨機取樣。具體來說，隨機搜尋在每個超參數組合中，都對每個超參數進行獨立的隨機取值，透過模型訓練，選出一個效能最好的配置。相對於網格搜尋，隨機搜尋的主要優勢包括：

(1)隨機搜尋的搜尋次數是直接人為給出的，而網格搜尋的搜尋次數隨超參數的數量呈指數成長。

(2)每一次超參數組合的運算中，對連續變數來說，都搜尋了不同的數值，而網格搜尋則只限定在幾個固定的數值中重複運算，因此隨機搜尋有更大機率以更少的搜尋次數找到更優質的解。

網格搜尋和隨機搜尋都是簡單的策略，搜尋過程中並沒有根據已經搜尋到的資訊進行回饋，再繼續決定如何搜尋，而只是簡單地根據預設的規則進行搜尋。這樣的好處是每次搜尋是獨立的，可以很簡單地並行搜尋，適合大規模集群的並行化搜尋，但不足之處也很明顯，搜尋效率相對較低。

2·貝氏最佳化

提高搜尋效率的關鍵在於充分利用已搜尋組合給出的資訊，以此為指導，決定後續如何搜尋。在超參數最佳化問題上，貝氏最佳化（bayesian optimization）是一種常見的自適應最佳化演算法。與神經網路訓練所採用的梯度下降演算法不同，後者需要依賴梯度決定最佳化的方向，而貝氏最佳化屬於黑盒最佳化演算法，它把被最佳化函數當成一個黑盒函數，只需要函數給出指定輸入的輸出即可 —— 對應超參數最佳化情境，這個黑盒函數的輸入是一組超參數組合，輸出就是該組合對應的、所訓練出模型的效能。貝氏最佳化演算法的大致流程是：

(1)選擇一些初始點 $\{x\}$（超參數組合），評估這些點上對應的函數值 $\{y\}$（模型效能），構成初始數值集 $\mathcal{D}$；

(2)用已有資料集擬合黑盒函數的代理模型 $p(y|x,\mathcal{D})$；

(3)將代理模型代入一個預定義的採集函數 $\mathcal{S}(x,p(y|x,\mathcal{D}))$，並令下一個搜尋的點 x_{i+1}=argmax$_x(\mathcal{S}(x,p(y|x,D)))$；

(4)運算下一個搜尋點對應的函數值 y_{i+1}，這一步需要訓練神經網路，是最耗時的步驟；

(5)將 (x_{i+1}，y_{i+1}) 合併到資料集中，返回第(2)步，直至達到預設的迭代次數或效能目標。

貝氏最佳化演算法整體的思路是利用已搜尋的點中所包含的資訊，選擇下一個能達到最大收益的點，從而減少最佳化迭代的次數〔第(4)步的次數〕。完成這個目標有兩個關鍵：一是黑盒函數的代理模型（surrogate model）；二是採集函數（acquisition function）。

貝氏最佳化中採用的代理模型，用於根據已有的資料近似擬合黑盒函數，常用的代理模型包括高斯過程（gaussian process，GP）回歸、樹狀結構 Parzen 估計（tree-structured parzen estimator，TPE）方法、隨機森林等。其中高斯過程是目前應用較多的一種，但其明顯的缺點是當資料量稍大時，運算複雜度就會急遽上升，導致其最佳化效率下降。

在有了代理模型之後，並不是直接用代理模型求最佳值，因為代理模型只是基於已有資料對黑盒函數的近似，求出來的最佳值並不準確，還需要採集函數幫助決定下一組評估的點。同樣地，採集函數有不同的選擇，常用的一種稱為期望改善（expectation improvement，EI）函數。設目前已搜尋資料集中的最佳值為 y^*，則 EI 函數運算公式為

$$\mathrm{EI}(x,\mathcal{D}) = \int_{-\infty}^{\infty} \max(y^* - y, 0) P(y|x,\mathcal{D}) \mathrm{d}y$$

期望改善函數是定義一個樣本 x 在當前模型 P（f（x）|x，H）下，f（x）超過最好結果 y^* 的期望。

貝氏最佳化中有一個很重要的問題是探索與開發的權衡 (exploration-exploitation trade-off)。開發 (exploitation) 指的是根據已知的資訊，尋找最有可能是最佳點的位置，而探索 (exploration) 指尋找最不確定的位置，因為這些位置最有可能讓目前的估計 (代理函數) 更準確，從而可以幫助定位到更優質的解。開發與探索都有助於找到最佳解，但兩者存在矛盾，因此貝氏最佳化的核心問題，就是對兩者進行權衡。具體的選擇需要根據問題的要求來定，當允許的探索次數較少時 (訓練非常耗時，或資源有限時)，傾向於開發，反之則傾向於探索。類似的想法在人工智慧的其他領域 (例如強化學習) 中也會遇到。

3. 神經網路架構搜尋

前面介紹的超參數最佳化方法是基於已經確定的網路結構，或有少量網路結構參數 (例如網路層數、卷積核數) 的情況，而事實上，神經網路的結構本身就是一個對效能影響巨大的超參數。例如在第 4 章介紹 CNN 網路可以有效地處理圖像辨識任務，但在卷積層內疊加不同尺度的卷積核 (Inception 模型) 和在卷積層之間增加殘差連接 (ResNet)，都可以有效地提升網路效能。神經網路架構搜尋 (neural architecture search，NAS) 是一種自動實現神經網路架構設計最佳化的方法。與前述超參數最佳化方法一樣，NAS 的自動化網路搜尋需要定義一個搜尋空間，然後按一定的策略搜尋該空間，找到最 (較) 佳的配置組合。對 NAS 而言，它有 3 個核心要素：搜尋空間、搜尋策略和效能評估方法。

搜尋空間定義的是可行的網路結構類型，一般包括網路的拓撲結構 (有多少層、每層多大、層與層之間如何連接) 以及層的類型 (全連接、卷積、激勵函數) 等。搜尋策略指的是如何迭代最佳化，可以採用前面介紹的貝氏最佳化，而遺傳演算法、強化學習及基於梯度的方法 (需要將離散最佳化問題轉化為連續最佳化問題) 是常見的方法。由於 NAS 中需

要的迭代次數較多，如果每次都進行完整的訓練會過於耗時，因此通常需要一些方法加快效能評估，例如用前面若干訓練步的效能外推，或共享一部分相似子網路的參數，加速模型的收斂等。

5.3.2 超參數最佳化工具

對一般的小規模超參數最佳化，通常採用的是專家經驗結合簡單的網格或隨機搜尋策略，但對更大規模的超參數最佳化問題，需要藉助自動化庫幫助搜尋。目前主流的超參數最佳化庫都整合了貝氏最佳化等演算法，並提供了不同的選項，建構最佳化策略。較常用的貝氏最佳化庫包括 HyperOpt、BayesianOptimization、Spearmint 等。

Auto-PyTorch 是一個針對 PyTorch 框架的超參數最佳化工具，它的主要特色是結合一般的超參數搜尋和神經網路架構搜尋，大幅降低了超參數最佳化中所需的手動工作。

安裝完 Auto-PyTorch 後，即可用於最佳化模型的效能。以來源於 Auto-PyTorch 官方範例的程式碼片段為例，演示了在 FashionMNIST 資料集上對模型超參數最佳化的過程。在這個例子中，最佳化之後，可以觀察到超參數最佳化過程中模型效能的不斷提升，模型在測試集上的驗證精度，可以從初始模型的 0.93 逐步提升至 0.99 左右。具體程式碼如下：

5.3 模型超參數最佳化

```python
1   import numpy as np
2   import sklearn.model_selection
3   import torchvision.datasets
4
5   from autoPyTorch.pipeline.image_classification import ImageClassificationPipeline
6
7   trainset = torchvision.datasets.FashionMNIST(
8       root = '../datasets/', train = True, download = True)
9   data = trainset.data.numpy()
10  data = np.expand_dims(data, axis = 3)
11  dataset_properties = dict()
12  # 定義用於圖像分類的pipeline物件
13  pipeline = ImageClassificationPipeline(dataset_properties = dataset_properties)
14
15  # 拆分訓練集和驗證集
16  train_indices, val_indices = sklearn.model_selection.train_test_split(
17      list(range(data.shape[0])),
18      random_state = 1,
19      test_size = 0.25,
20  )
21
22  pipeline_cs = pipeline.get_hyperparameter_search_space()
23  print("Pipeline CS:\n", '_' * 40, f"\n{pipeline_cs}")
24  config = pipeline_cs.sample_configuration()
25  print("Pipeline Random Config:\n", '_' * 40, f"\n{config}")
26  pipeline.set_hyperparameters(config)
27
28  print("Fitting the pipeline...")
29  # 呼叫pipeline物件的fit方法，完成真正的最佳化過程
30  pipeline.fit(X = dict(X_train = data,
31              is_small_preprocess = True,
32              dataset_properties = dict(mean = np.array([np.mean(data[:, :, :, i]) for i in range(1)]),
33                  std = np.array([np.std(data[:, :, :, i]) for i in range(1)]),
34                  num_classes = 10,
35                  num_features = data.shape[1] * data.shape[2],
36                  image_height = data.shape[1],
37                  image_width = data.shape[2],
38                  is_small_preprocess = True),
39              train_indices = train_indices,
40              val_indices = val_indices,
41              )
42  )
43
44  print(pipeline)
```

5.4 訓練效率與推理效果

模型的訓練需要耗費大量的資料和算力，此時系統更加注重訓練的效率問題，超參數最佳化是提升效率的途徑之一，而最大限度有效利用此前訓練的累積（模型遷移），也是一條提升效率的途徑。

訓練結果的優劣，最終還是展現在實際應用中模型推理的準確性上，即推理效果是否理想。推理過程是將情境的新資料（非訓練資料集或測試資料集數據）輸入模型，並將得到的結果用於解決情境的應用問題，如果問題得以順利解決，則說明推理的效果達到預期。

與模型訓練可以透過後臺伺服器進行離線運算不同，模型推理過程通常需要在應用現場進行線上運算，對模型運算的即時性也提出了要求。

5.4.1 離線運算與線上運算

模型運算可以分為離線運算和線上運算兩個模組，表 5.3 從效果和效率指標對模組進行了對比分析。其中效果指標方面：主要關注深度學習模型分類的準確性；效率指標方面：主要關注深度學習模型離線訓練的經濟性和模型線上推理的即時性和功耗。

表 5.3 模組指標對比

離線／線上運算模組	效果指標	效率指標	算力來源
離線運算模組	深度學習模型分類準確率	使用雲端服務資源的經濟成本（使用的是通用型加速器）	雲端服務資源
線上運算模組	驗證 AI 晶片邏輯運算的正確性	模型線上推理即時性和功耗（使用的是專用型加速器）	自動駕駛車、邊緣伺服器

離線運算一般指模型的離線訓練和超參數最佳化，一般用於解決模型功能實現的「效果」問題。自動駕駛領域離線運算模組一般用模型分類

準確率評估「效果」，即

$$模型分類正確率 = \frac{累積正確的自駕決策數量}{累積自駕決策數量}$$

離線運算通常部署在雲端，基於大規模標注的訓練數據，透過 GPU、CPU 等通用型加速器和分散式訓練的演算法求得「效果」較佳的深度神經網路模型。

在實踐中，離線運算的「效率」通常要考量經濟成本問題，更關注對雲端服務運算資源的利用效率。採用遷移學習的方法，則可以重複使用在大規模通用資料上訓練而成的預訓練模型，並將預訓練模型在特定實例資料上進行微調，以降低離線運算的經濟成本。

線上運算一般指模型的線上推理和運算，通常部署在自動駕駛車輛上，或者以智慧運輸的方式，在邊緣伺服器上進行模型推理，此時更注重運算的「效率」。在這裡，效率主要指低延遲、低功耗、低成本三方面。低延遲可以透過最佳化模型線上推理的運算時間改進。例如在紅綠燈辨識情境中（如圖 5.9 所示），紅綠燈的狀態是即時發生變化的，必須用低延遲確保自動駕駛車對當前紅綠燈轉換的快速回應。

圖 5.9 紅綠燈辨識情境

第 5 章　算車：效能提升與最佳化

　　線上運算的功耗可用單位功耗下的運算能力進行描述。當前處於研發階段的自動駕駛原型車，都搭載了大量的感測器和高效能的處理器，並使用高精度的神經網路模型，這些都需要消耗大量電能，自動駕駛系統的耗電量高達 4kW，對純用電池供電的自動駕駛汽車的續航能力，形成巨大挑戰。在成本方面，由於自動駕駛技術還未最終成熟，原型車還在使用通用型加速器，也導致了自動駕駛系統硬體成本居高不下。這顯示從低延遲、低功耗和低成本三方面來看，線上運算的效率都不盡理想。

5.4.2 模型遷移

　　對於深度學習神經網路的訓練，「遷移學習」的概念近年來得到廣泛的應用，遷移學習直觀上可理解為是老手與新手之間的「知識轉移」過程。在 5.1 節的相關介紹中，提到神經網路的模型參數需要經過資料訓練才能使其有意義，在訓練過程中，透過大量資料運算和反向傳播，不斷更新模型參數，這些模型參數構成了神經網路中各個連接的權重，記錄了對資料學習的結果。如果能將這些權重提取出來，就可以遷移到其他的神經網路模型中，「遷移」了學習的結果，如此一來，就不需要從零開始、重新訓練一個神經網路模型了。本節主要介紹「預訓練模型（pre-trained model）＋微調（fine tune）」這個遷移學習的正規化。

　　所謂預訓練模型是前人為了解決類似問題所創造出來的模型。在解決問題時，不用從零開始訓練一個新模型，可以透過選擇類似問題訓練出的模型作為基礎，進行更新。例如研發一款圖像辨識的應用產品，可以花數年時間從零開始建構一個效能優良的圖像辨識演算法，也可以從 Google 在 ImageNet 資料集上訓練得到的 Inception 模型（一個預訓練模型）起步，完成圖像辨識功能。一個預訓練模型可能對應用並不是 100% 的準確匹配，但是它可以節省大量設計和訓練成本。

在神經網路模型的訓練過程中,如果希望無需透過多次正向傳播和反向傳播的反覆迭代,就能找到合適的模型參數(權重),則可以透過使用之前在大數據集上經過訓練的預訓練模型,這些模型可以直接提供相應的網路結構和權重,為解決目前正在面對的問題提供幫助。這個過程是「遷移學習」,將預訓練的模型「遷移」到目前正在應對的特定問題中。在選擇預訓練模型時,需要非常仔細,如果問題與預訓練模型訓練情景有很大的出入,那模型所得到的預測結果將會不準確。

ImageNet 資料集目前已經被廣泛用作訓練集,因為它規模足夠大(包括 120 萬張圖片),有助於訓練普適模型。ImageNet 的訓練目標是將所有的圖片正確地劃分到 1,000 個分類條目下。這 1,000 個分類條目基本上都來源於日常生活,例如貓或狗的種類、各種家庭日用品、日常通勤工具等。透過遷移學習,這些預訓練的模型對 ImageNet 資料集以外的圖片也表現出良好的廣義化效能。既然預訓練模型已經能夠達到很好的效果,那就無需在短時間內去修改過多的模型參數,在遷移學習中使用這些預訓練模型時,往往只需進行微調處理就足夠了。模型的修改通常會採用比一般訓練模型更低的學習率。

當有了可用於「遷移學習」的預訓練模型時,可採用如下方法微調模型:

(1)特徵提取。可以將預訓練模型作為特徵提取裝置來使用,具體的做法是:將輸出層去掉,然後將剩下的整個網路作為一個固定的特徵提取機,應用到新的資料集中。

(2)採用預訓練模型的結構。此時微調模型的具體做法是:保留預訓練模型的結構,將原有的權重隨機化,然後依據自己的資料集進行訓練。

(3)訓練特定層並凍結其他層。這是一種對預訓練模型進行部分訓練的微調,具體的做法是:將模型起始的一些層的權重維持不變,重新訓

練後面的層，得到新的權重。在微調過程中，可以進行多次嘗試，以便依據結果找到凍結層和特定層之間的最佳搭配。

如何使用預訓練模型，這是由資料集大小以及新舊資料集（要解決的資料集與預訓練的資料集）之間資料的相似度所決定的。靈活地使用預訓練模型，能夠最大限度地增加解決問題的能力，可以作為開放性思考的重要參考。

5.4.3 硬體加速器

為了使人工智慧真正應用在實際生活中，就需要解決深度神經網路在訓練和推理過程中的效率問題。效率主要由運算速度、功耗及運算成本等因素決定，這些因素與其運算平臺的硬體息息相關。而訓練與推理對加速器的需求也稍有不同，前者注重在強大算力支撐下的大吞吐量（throughput），可以在一定時間內完成盡可能多的資料訓練，後者更注重單批資料處理的端到端延遲（latency）。這兩個指標都直接跟加速器的運算能力相關，但又存在本質差別，由此分別發展出專門針對訓練和推理的加速晶片。

在人工智慧領域，運算平臺中負責處理大量運算的硬體加速器[14]，通常分為通用型加速器和專用型加速器兩種。

通用型加速器是面向多種應用情境所設計的通用硬體設備，以 CPU 和 GPU 為代表，通常能夠處理和應對多種不同的運算任務。自動駕駛任務是人工智慧應用中的一個情境任務，類似的應用情境還有很多，例如人臉辨識支付、智慧音響語音辨識等。雖然這些運算任務中的神經網路模型的結構各不相同，但通用型加速器都能完成對這些模型的訓練和推理。

專用型加速器是面向單一應用情境所設計的專用硬體設備，以各種 ASIC 晶片（如 Google 的 TPU）為代表。專用型加速器雖然功能單一，但其在自身的運算任務中的效率，卻遠高於通用型加速器。

1·通用型加速器

通用型加速器的核心部件一般是通用處理器，例如傳統的中央處理器（central processing unit，CPU）、圖形處理器（graphics processing unit，GPU）等，被廣泛用於深度神經網路的離線訓練。而在很多深度神經網路的推理情境應用中，通用型加速器卻存在即時性差、功耗高、成本高等問題，特別在自動駕駛任務的商用情境中，這些問題更為突出。例如自動駕駛需要辨識道路、行人、紅綠燈等狀況，如果使用 CPU 作為加速器，即時性差的問題將嚴重影響車輛自動駕駛的安全性，如果換成 GPU，雖然能顯著加速推理過程，但其功耗大的問題，對儲存能源有限的車輛而言，卻是沉重的負擔。

GPU 最早出現在 1999 年，由輝達公司首先提出。作為圖形處理器，GPU 能處理絕大部分圖形資料運算，其內部有遠超 CPU 比例的邏輯運算處理單元，雖然這些處理單元的功能相對單一，卻數量龐大。這個特點讓 GPU 更擅長處理大批次且高度統一的資料，能夠實現連續的大規模運算任務，深度神經網路的訓練和推理，恰好屬於此類運算任務。GPU 仍然屬於通用型處理器，其任務的實現依賴於裝載的程式碼，不同的任務可以透過不同的程式碼實現。為保障大型運算任務的實施，GPU 一般會保留大規模的邏輯處理單元，這是其功耗大的主要原因。

現場可程式化邏輯閘陣列（field programmable gate array，FPGA）[15] 也可以作為一種通用型的加速器，在自動駕駛等情境中多有應用。由於自動駕駛的人工智慧模型雖然運算密集，但其運算精度的需求卻不高，相對於 GPU 或 CPU 中使用固定的高精度運算結構，FPGA 可以更加靈活地配置運算結構，達到節省運算成本的目的。而且在固定的運算任務中，FPGA 比 CPU 更快，比 GPU 功耗更低，這些特點也構成了它本身的優勢。相對於開發專用 AI 晶片，FPGA 開發週期更短，對小批次應用而

言，其成本也相對更便宜，因此，自動駕駛開發廠商透過 FPGA 嘗試不同架構、不同策略的方案，在研發階段獲得了很好的實驗結果。然而，一旦自動駕駛技術實際應用，需要在大批次的車輛上安裝使用時，再使用 FPGA 作為加速器，就沒有優勢了。

2. 專用型加速器

當自動駕駛技術實際應用時，特定應用積體電路（application specific integrated circuit，ASIC）晶片[16]實現車輛的自動駕駛功能，是最終的方案選擇。實現自動駕駛功能的深度神經網路模型，在訓練過程中需要使用大量的算力，處理巨量的資料，而訓練完成的模型在車輛中實現自動駕駛功能時，就轉入了模型推理過程，模型推理的運算量遠小於模型訓練所需的運算量。模型推理應用對運算的即時性要求非常高，對能量消耗也十分敏感，因此當自動駕駛模型需要大規模部署在車輛中時，就不能再使用通用型加速器作為媒介了，而採用專用型加速器就成為最佳的選擇。類似情況在目前成熟的圖像辨識、語音辨識等應用情境中已經發生了。

對於投入市場的電子產品，提高其 CP 值常用的方法，就是將產品的核心功能用 ASIC 晶片實現。如果產品的市場投放量足夠多，達到數萬、數十萬量級，開發 ASIC 晶片作為產品的電子核心是最佳方案。為加速深度學習演算法的推理運算，目前已經出現了很多物美價廉的專用 AI 晶片（一般是為實現 AI 演算法而專門設計出的 ASIC 晶片），這類 AI 晶片體積小，功耗低，成本也不高，尤其適用於圖像辨識、語音辨識等應用情境。

車端的自動駕駛晶片，由於巨大的市場潛力和不斷成熟的技術，目前處於快速發展的階段，晶片的發展日新月異。以當前輝達的旗艦產品 Orin 為例，它可以提供 254 TOPS 的運算能力，已經可以支撐複雜自動駕駛模型的即時推理。自動駕駛模型仍在快速發展，可以預見未來將會出現更大、更複雜，需要更強大算力支撐的模型。

5.5 開放性思考

1. 智慧小車模型的遷移與微調

1）智慧小車模型遷移

綜合使用智慧小車採集的資料，請讀者分析下列情況下，自動駕駛任務可以採用的模型遷移方法分別是什麼？

(1)資料集小，資料相似度高（與預訓練模型的訓練資料相比而言）。

提示：在這種情況下，因為資料與預訓練模型的訓練資料相似度很高，因此不需要重新訓練模型。只需要將輸出層改製成符合問題情境下的結構就可以，使用預處理模型作為特徵模式提取器。例如使用在 ImageNet 上訓練的模型辨認一組新照片中的貓或狗。在這裡，需要被辨認的圖片與 ImageNet 庫中的圖片類似，但是所輸出的結果只需包括兩項——貓或狗。此時需要做的，就是把全連接層和輸出層的輸出，從 1,000 個類別改為 2 個類別。

(2)資料集小，資料相似度不高。

提示：在這種情況下，可以凍結預訓練模型中的前 k 層中的參數，然後重新訓練後面的 n-k 層，當然最後一層也需要根據相應的輸出格式進行修改。因為資料的相似度不高，重新訓練的過程就變得非常關鍵。而由於新資料集小，所以要透過凍結預訓練模型的前 k 層進行彌補。

(3)資料集大，資料相似度不高。

提示：在這種情況下，如果有一個很大的資料集，神經網路模型的訓練會比較高效能。然而，因為實際資料與預訓練模型的訓練資料之間存在很大差異，採用預訓練模型的效率不高，此時最好還是將預處理模型中的參數全初始化後，在新資料集的基礎上，從頭開始訓練。

(4) 資料集大，資料相似度高。

提示：這種情況最為理想，採用預訓練模型會非常高效能。最好的方式是保持預訓練模型原有的結構和參數不變，隨後在新資料集的基礎上進行訓練。

2) 智慧小車模型微調

請讀者嘗試在 PyTorch 中選擇一個在 ImageNet 預訓練的深度學習模型，並透過智慧小車採集得到的資料，在預訓練模型上進行微調，根據模型的準確率、離線訓練時間等兩個指標，評估和比較遷移學習與從零開始訓練兩種不同方法所得到模型的結果。

2·GPU 模型訓練加速實驗

首先請讀者對 GPU 的模型訓練環境進行如下配置：

(1) 如圖 5.10 所示，使用 nvidia-smi 命令檢視 GPU 是否可用 (或在模型訓練時，用此命令觀察 GPU 的資源利用率)。

```
xiongyu@ubuntu:~$ watch nvidia-smi
|   0  47741    C   ./mtcnn_c                                    461MiB |
Every 2.0s: nvidia-smi

Fri Jun 29 11:25:43 2018

+-----------------------------------------------------------------------------+
| NVIDIA-SMI 390.48                 Driver Version: 390.48                    |
|-------------------------------+----------------------+----------------------+
| GPU  Name        Persistence-M| Bus-Id        Disp.A | Volatile Uncorr. ECC |
| Fan  Temp  Perf  Pwr:Usage/Cap|         Memory-Usage | GPU-Util  Compute M. |
|===============================+======================+======================|
|   0  Tesla M40           On   | 00000000:03:00.0 Off |                    0 |
|  0%   57C    P0   217W / 250W |  10806MiB / 11448MiB |     99%      Default |
+-------------------------------+----------------------+----------------------+
|   1  Tesla M40           On   | 00000000:04:00.0 Off |                    0 |
|  0%   58C    P0   200W / 250W |   9992MiB / 11448MiB |     99%      Default |
+-------------------------------+----------------------+----------------------+
|   2  Tesla M40           On   | 00000000:84:00.0 Off |                    0 |
|  0%   56C    P0   222W / 250W |   9955MiB / 11448MiB |     99%      Default |
+-------------------------------+----------------------+----------------------+
|   3  Tesla M40           On   | 00000000:85:00.0 Off |                    0 |
|  0%   57C    P0   203W / 250W |   9960MiB / 11448MiB |     98%      Default |
+-------------------------------+----------------------+----------------------+

+-----------------------------------------------------------------------------+
| Processes:                                                       GPU Memory |
|  GPU       PID   Type   Process name                             Usage      |
|=============================================================================|
|    0     35346      C   python2                                      110MiB |
|    0     55323      C   python                                     10673MiB |
|    1     55323      C   python                                      9970MiB |
```

圖 5.10 在 Linux 系統中檢視輝達 GPU 資訊

（2）根據 GPU 版本下載相容 CUDA 並安裝，根據 CUDA 版本下載相容的 cudnn 版本並安裝。

（3）根據 CUDA 版本安裝相容的 PyTorch。

（4）檢視 GPU 是否對 PyTorch 可用。

```
1   import torch
2   torch.cuda.is_available()
3   torch.cuda.current_device()
4   torch.cuda.device(0)
5
6   torch.cuda.device_count()
7   torch.cuda.get_device_name(0)
8
9   #檢查PyTorch使用的CUDA版本
10  torch.version.cuda
11
12  #查看GPU數量
13  torch.cuda.device_count()
14
15  #嘗試使用第0個GPU，若失敗則改用CPU
16  device = torch.device("cuda:0" if torch.cuda.is_available() else "cpu")
17  # 或 device = torch.device("cuda:0")
18  for batch_idx, (img, label) in enumerate(train_loader):
19      img = img.to(device)
20      label = label.to(device)
```

配置好 GPU 環境後，對於 5.2.3 節中的實例，在程式碼頭部加上如下程式碼，即可使用 GPU 進行模型訓練，其中「0，1，2，3」分別代表 GPU 對應的 ID。

1　import os

2　os.environ[" CUDA_VISIBLE_DEVICES "] = " 0,1,2,3 "

請讀者比較 GPU 加速後的模型訓練和使用 CPU 的模型訓練的情況，分析訓練速度和效率的變化。

第 5 章　算車：效能提升與最佳化

5.6 本章小結

如圖 5.11 虛線框所示，本章著重介紹了對自動駕駛演算法模型的訓練和最佳化。利用大量資料完成對演算法模型的訓練，是機器學習的關鍵環節，對模型的功能實現有重要的影響。隨著人工智慧技術的發展，所用演算法模型的結構正變得越來越複雜，內含的參數越來越多，上億參數的模型也在不斷出現，因此每次訓練所需的算力也越來越大。模型訓練所消耗的巨大算力和大數據，都將計入研發成本，但並非成本投入越大，所得到的結果就會越好，這還取決於模型訓練時的最佳化策略，以及對最佳化工具的使用等。

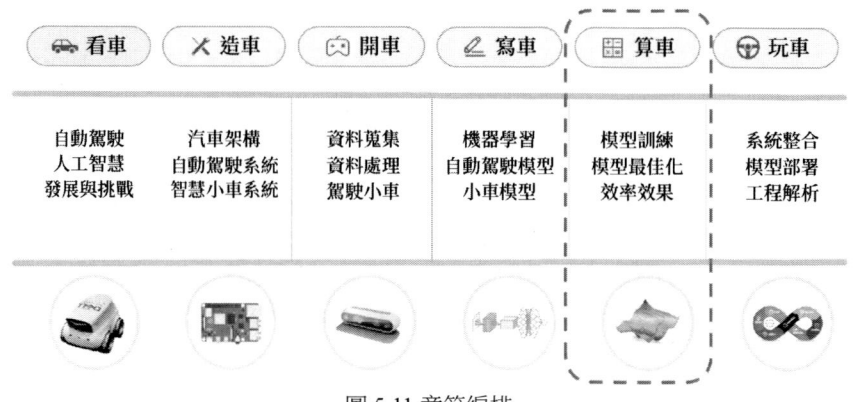

圖 5.11 章節編排

本章對自動駕駛演算法模型和訓練最佳化進行了相關討論，其目的是提升自動駕駛系統的「效果」和「效率」。實際上，「效果」和「效率」亦是全書關注的主要問題之一。為了提升自動駕駛系統的「效果」，在硬體方面，可透過使用高畫質攝影機，獲取更清晰的道路情境資料（提高採集圖像的解析度），用多鏡頭廣角攝影機，獲取更多道路情境角度，從原始資料上提升對實際自動駕駛情境的表徵能力；在軟體演算法方面，可以透過使用高品質的標注數據、更複雜的深度神經網路結構等方法，提

高演算法的準確性和適用性。

　　顯然，為了提升自動駕駛系統的「效果」所引入的硬體更多、更精密，深度學習自動駕駛模型參數相對規模也會更大，運算成本快速上升，這些對自動駕駛系統的「效率」，提出了更高的要求。對模型進行最佳化是有效降低研發成本的路徑之一。有效使用最佳化工具，可以大幅減少訓練時間，提高訓練成效，這些最佳化工具不僅限於本章介紹的超參數最佳化工具或模型遷移等，還包括模型推理時對模型的裁剪工具和加速工具等，這裡不再展開介紹，有興趣的讀者可自行查閱相關資料。

第 5 章　算車：效能提升與最佳化

第 6 章

玩車：智慧小車部署與系統驗證

第 6 章　玩車：智慧小車部署與系統驗證

6.0 本章導讀

自動駕駛系統以及大部分的智慧系統，通常是由眾多不同功能模組組合而成的複雜系統，自動駕駛系統主要包括了感測、感知、決策和執行等多個模組，如圖 6.1 所示。每個模組實際上都涉及大量硬體和軟體演算法，它們各司其職，又互相連接，共同構成一個完整的系統。要將如此複雜的系統部署在汽車中，所面臨的工程問題多，具有很大的挑戰性。

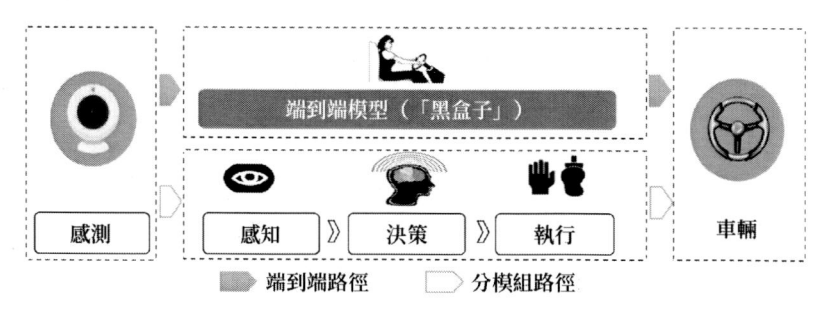

圖 6.1 自動駕駛系統功能模組

在工程中，依據實際情況使用每個功能模組時，都需要對其進行必要的偵錯和最佳化，而將各個精細設計的模組組合在一起，使之完成系統的整體功能，將面對更多挑戰。如果希望在不損失每個模組效能，避免發生「木桶效應」的前提下，系統部署時還應考量系統整體效果的最佳化和調整。這就要求工程人員不但有扎實的理論基礎，還要有豐富的實踐經驗。在充分學習了相關的理論知識後，讀者也將面臨最後一關的挑戰，就是將自動駕駛系統部署在車輛中。

本章以智慧小車模型部署與系統偵錯為例，介紹部署自動駕駛系統的具體過程和相關事項，所講內容與第 2 章的自動駕駛系統軟硬體基礎、第 4 ～ 5 章的自動駕駛神經網路模型的訓練與最佳化，都存在密切

的關聯。本章會將之前所涉及的知識點串聯在一起，從工程的角度介紹如何讓智慧小車啟動，如何對駕駛效能進行整體最佳化，如何應對偵錯過程中的常見問題等。本章還會結合一些自動駕駛應用情境中的尖端技術焦點進行探討，並給出將其運用到智慧小車上的一些建議方案。希望讀者能夠在輕鬆體驗智慧小車的工程實踐中邊「玩」邊學，獲得自動駕駛技術實際應用的快樂。

第 6 章　玩車：智慧小車部署與系統驗證

6.1 智慧小車主要工作流程

自動駕駛系統是車輛行駛閉迴路控制中對駕駛人員的替代，擔負類似駕駛人員的職能（如圖 6.2 所示），除了讀取來自感測器的資料之外，自動駕駛系統還需要完成感知、決策和執行等相關的功能。感知模組能夠對各類感測器所提供的環境資訊，進行理解和分析，這些資訊具體可分為對道路環境的測繪、對車輛自身位置的定位和對移動目標或障礙的探測等。決策模組需要對感知的結果進行整理，對其中會發生移動的目標進行預測，再結合地圖和道路環境，做出對具體行進路線的規劃等。執行模組則是將決策的輸出最終落實到汽車驅動部件和輔助裝置的具體動作上，從而完成對車輛的操控。

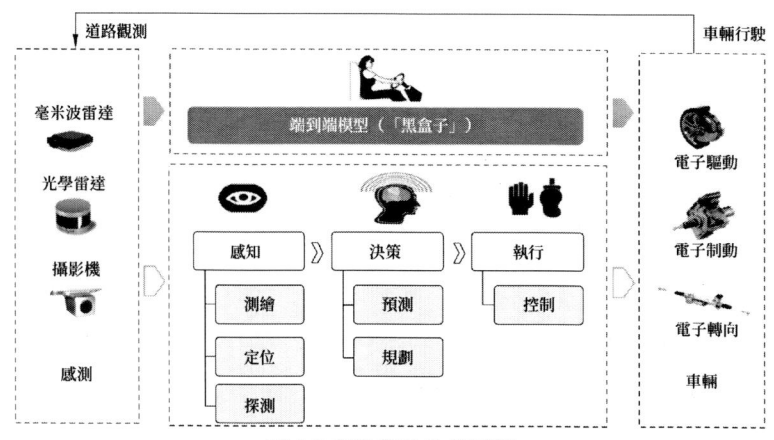

圖 6.2 自動駕駛功能框架

智慧小車的自動駕駛系統同樣遵循這個功能框架，小車在行駛過程中不斷循環，依次呼叫如圖 6.3 所示的功能，完成對智慧小車的自動駕駛控制，與目前業界研發的自動駕駛汽車有所不同，智慧小車的自動駕駛系統採用端到端神經網路的模型結構，將感知、決策和執行 3 個功能模組封裝在一個「黑盒子」中，大大簡化了智慧小車整體偵錯的複雜度。

智慧小車實現自動駕駛的具體流程為：

(1)攝影機拍攝：透過攝影機拍攝智慧小車視角的即時圖片。

(2)圖像處理：將拍攝到的圖片透過預設演算法進行處理。

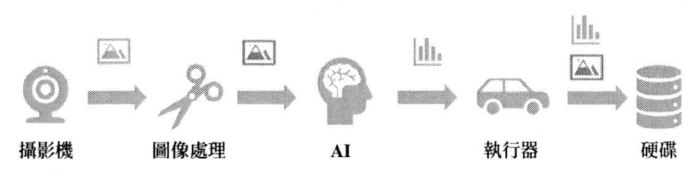

圖 6.3 智慧小車工作邏輯流程

(3) AI（人工智慧）推理：將處理過的照片放入經過訓練好的神經網路模型中推理，得到一組決策值（轉向、油門操作指令）。

(4)執行器執行：將決策值傳遞給智慧小車步進馬達驅動器，控制智慧小車行進。

(5)硬碟儲存：將拍攝到的圖片和操作決策值（轉向、油門）保存下來，以便後續分析使用。

此處的(1)～(4)步，對應了自動駕駛流程中的感測、感知、決策和執行。然而受智慧小車自身功耗和算力的限制，各個模組的功能，相對於真正自動駕駛汽車，進行了大量簡化，例如感測部分，僅僅採集攝影機的單一資料，智慧小車自動駕駛系統採用端到端神經網路模型結構等。雖然進行了簡化，但在行駛過程中，智慧小車透過不斷循環如圖 6.3 所示的流程，依然能夠在車道沙盤環境中成功勝任自動駕駛的任務。需要注意的是：智慧小車並不會一次性執行上面描述的全部步驟［步驟(1)～(5)］，而是根據不同的執行模式，選擇性地呼叫其中的部分流程。

從工程的整體視角來看，如圖 6.4 所示，智慧小車系統執行模式分為離線運算（訓練）和線上運算（駕駛）兩個分支，線上運算又包括手動駕駛（使用遙控搖桿）和自動駕駛（不使用遙控搖桿）模式。

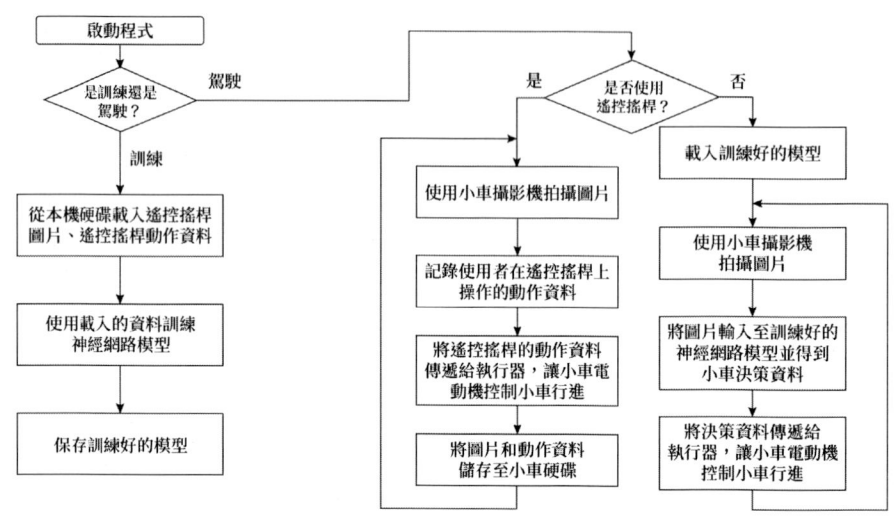

第 6 章　玩車：智慧小車部署與系統驗證

圖 6.4 智慧小車系統執行模式

　　回顧 2.4 節對智慧小車系統的介紹，智慧小車的手動駕駛模式主要負責資料蒐集：使用者使用遙控搖桿操控智慧小車在車道沙盤環境中行駛並採集資料，行駛過程中，車載攝影機即時拍攝車道路況圖片，同時輔助控制器記錄下遙控搖桿的操作（油門、轉向）指令，核心控制器將二者一一對應後，保存至儲存器（TF 卡）中。系統按規範命名（通常按照行為發生的時間和影格號進行文件命名）的方式進行儲存管理，為確保後續模型訓練的效果，資料蒐集需要保持一定的規模，一般情況下，資料蒐集過程建議持續 20 分鐘以上，按每秒保存 20 影格資料運算，資料集大小應在 2 萬張圖片以上。這個模式的操作過程，涉及上述第 (4) 步和第 (5) 步。

　　智慧小車的自動駕駛模式主要是運用自動駕駛演算法模型進行推理：執行自動駕駛模式前，先將訓練好的模型下載到智慧小車內的系統儲存器中，即模型部署；模型部署完成後啟動智慧小車，進入自動駕駛模式，如圖 6.5 所示，智慧小車會連續拍攝車道路況圖片，並將圖片輸入自動駕駛演算法模型中，獲得輸出的決策值，利用執行器完成小車的行進控制。這個模式的操作過程，涉及上述第 (1) ～ (4) 步。這個過程是透過

系統自動循環迭代完成的，自動駕駛演算法模型的每次決策，都會驅動智慧小車行進（或轉向）小段距離，車載攝影機會拍攝到新的車道路況圖片，再次輸入自動駕駛演算法模型中，透過不斷重複，智慧小車就能夠在車道中保持連貫地自動駕駛。

智慧小車系統模型的訓練是以離線執行的方式在後臺伺服器中進行的：使用者應將蒐集好的資料（資料儲存在智慧小車的本地儲存器中）手動傳輸至伺服器，如圖 6.6 所示的過程，對設計好的自動駕駛演算法模型進行訓練。智慧小車的自動駕駛演算法模型，是一個輕量化的卷積神經網路模型（參見 4.4.3 節），訓練過程中需要進行最佳化或利用模型遷移提高訓練效率（參見 5.3 節、5.4 節）。倘若訓練中所使用的資料進行過預處理（圖像增強、圖形矯正等），這部分預處理的演算法也應當納入圖 6.5 智慧小車模型推理的過程中，以保持訓練和推理資料的一致性。

圖 6.5 智慧小車運用模型進行推理的過程

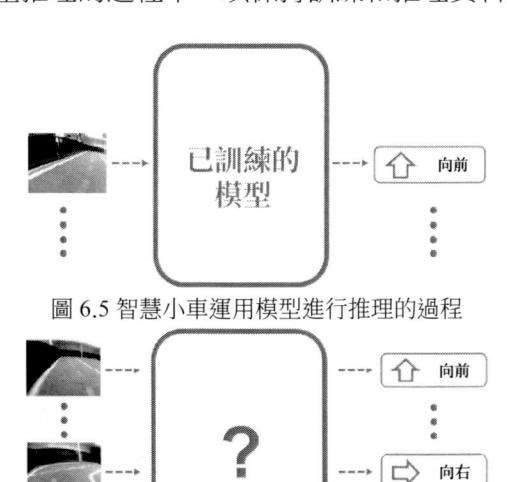

圖 6.6 智慧小車自動駕駛演算法的訓練過程

上述這三種執行模式中，手動駕駛模式和自動駕駛模式均在智慧小車上進行，模型訓練在後臺伺服器上進行。智慧小車和後臺伺服器及相關的軟體環境，共同構成了智慧小車系統。

第 6 章　玩車：智慧小車部署與系統驗證

6.2 智慧小車系統部署實現

智慧小車系統的工作流程主要包含了三種工作模式：模型訓練模式、手動駕駛模式、自動駕駛模式。本節將詳細介紹這三種模式的具體部署和實現方法。為了方便讀者理解，本節首先從應用（使用者）的角度，介紹智慧小車自動駕駛模式的具體部署和實現方法，之後再從研發的角度，介紹手動駕駛模式和模型訓練模式的具體實現方法。

6.2.1 自動駕駛模式的部署實現

智慧小車的執行邏輯實質上是在迭代執行「感測→感知→決策→執行」的一組動作，在程序上，這組動作邏輯以無限循環的形式實現。

首先建立一個名為 vehicle 的物件（參見 2.4.3 節），這個物件本質上是一個有序列表。所有智慧小車涉及的功能模組均作為元件，編寫為單獨的類文件，並保持統一的對外介面（程式設計中物件導向的抽象設計）。在程式中會宣告這些模組的物件，並按照執行的順序，將它們依次新增進 vehicle 的列表中。每個功能（元件）模組的類函數保持一致的對外介面，該介面具有如下特徵：

(1) 統一的資料儲存模式。使用 key-value pair（鍵值對）的格式，將模組所需要的輸入與輸出進行儲存和讀取。所儲存的資料會被放在記憶體中，透過鍵值對方式，進行檢索並讀取或更新。

(2) 每個類函數均包括 init，run，shutdown 函數，如圖 6.7 所示，分別對應初始化模組、更新模組的值和結束模組執行的任務。

vehicle 物件並不知道每個元件模組具體負責的任務，智慧小車工作時，會依序執行 vehicle 列表中的每個元件模組（呼叫各模組中統一介面

的 run 函數），並且無限循環這個列表（見圖 6.8）。這種物件導向的抽象設計思路，也方便使用者後續增加修改模組的功能。

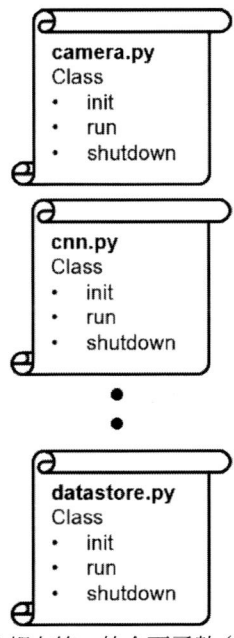

圖 6.7 不同模組元件都有統一的介面函數（init、run、shutdown）

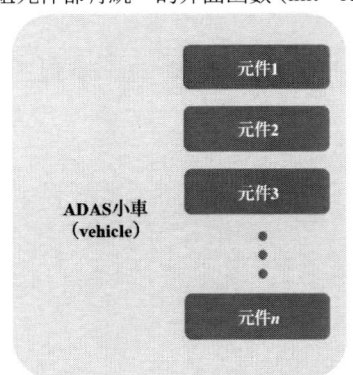

圖 6.8 智慧小車元件循環執行邏輯

對於以上這段描述，即智慧小車自動駕駛模式主邏輯程式，可用如下的虛擬碼（虛擬碼並非真正可執行的程式碼，是為了讓讀者更清楚了解程式結構和含義而撰寫的程式碼）表示：

```
1   # 建立vehicle物件，依序將各模組加入列表
2   # vehicle包含mem參數，用於儲存資訊的key-value對應
3   V = vehicle()
4   mem = Memory()
5
6   cam = Camera()
7   V.add(cam, outputs=['image'])
8
9   imgProc = ImageProcess()
10  V.add(imgProc, inputs=['image'], outputs=['imgProc'])
11
12  AI = CNN()
13  V.add(AI, inputs=['imageProc'], outputs=['angle', 'throttle'])
14
15  motor = Actuator()
16  V.add(motor, inputs=['angle', 'throttle'])
17
18  # 無限迴圈遍歷vehicle列表，讓小車執行自駕
19  while True:
20      for part in V:
21          inputs = mem.get(part['inputs'])
22          outputs = part.run(inputs)
23          if outputs:
24              mem.put(part['outputs'], outputs)
```

在啟動伊始，首先宣告了一個 vehicle 物件，該物件的核心為一個有序列表。同時，也宣告一個 memory 物件，透過 key-value 對的方式，在記憶體對資料進行讀寫操作。然後，在智慧小車自動駕駛模式主邏輯虛擬碼中，依次宣告攝影機、圖片處理、神經網路和步進馬達模組的物件，並將它們依次新增進 vehicle 物件的列表中。值得注意的是，V.add（cam，outputs=['image']）這一列程式碼，不但新增了模組，也定義了其輸入輸出所對應儲存位置的鍵值。

定義並建立完 vehicle 列表後，智慧小車的主邏輯便真正執行起來。在 while true 的無限循環內，透過一個 for 循環，依次呼叫 vehicle 列表中的每一個模組，並得到之前所定義的、該元件的輸入資料所存放位置的鍵值對。透過讀取該元件所需的輸入資料，並將其傳入該元件的 run 函數中進行運算，再將輸出結果放入對應的鍵值對位置進行儲存。

這是智慧小車自動駕駛模式的核心主邏輯流程（虛擬碼）。後續介紹智慧小車的最佳化、不同模組的增加和修改，都是在這一套主邏輯上進行的。

6.2.2 手動駕駛模式的部署實現

在智慧小車的手動駕駛模式（資料蒐集模式）中，使用者透過遙控搖桿控制智慧小車的行駛，智慧小車一邊行進，一邊透過攝影機獲取路況圖片。這個過程有一套類似智慧小車自動駕駛模式的工程程式碼進行控制。這段智慧小車手動駕駛模式主邏輯虛擬碼如下：

```
1   #建立vehicle物件，依序將各模組加入列表
2   #vehicle包含mem參數，用於儲存資訊的key-value對應
3   V = vehicle()
4   mem = Memory()
5
6   cam = Camera()
7   V.add(cam, outputs=['image'])
8
9   ctr = JS_Controller()
10  V.add(ctr, outputs=['angle', 'throttle'])
11
12  motor = Actuator()
13  V.add(motor, inputs=['angle', 'throttle'])
14
15  tub = TubWritter()
16  V.add(tub, inputs=['image','angle', 'throttle'])
17
18  #無限迴圈遍歷vehicle列表，讓小車執行自駕
19  while True:
20      for part in V:
21          inputs = mem.get(part['inputs'])
22          outputs = part.run(inputs)
23          if outputs:
24              mem.put(part['outputs'], outputs)
```

相比智慧小車自動駕駛模式主邏輯虛擬碼，這段虛擬碼的變化僅僅是一些模組的替換。

在手動駕駛模式中加入了遙控搖桿控制模組 JS_Controller 和資料儲存模組 TubWriter。其 vehicle 物件的有序列表中，依次包含了攝影機、遙控搖桿控制、步進馬達和資料儲存模組的物件，即在每一個循環裡，攝影機和遙控搖桿操控的資料均會被資料儲存模組記錄到智慧小車的本地儲存器中。在手動駕駛模式下，步進馬達模組僅受遙控搖桿控制，與攝影機對路況圖片的採集無關。

第 6 章　玩車：智慧小車部署與系統驗證

　　整個流程包括虛擬碼中 while 循環內的邏輯，自動駕駛和手動駕駛模式都是完全一致的，這得益於物件導向的抽象設計思路。對此，自動駕駛和手動駕駛模式的程式碼可以合併為一段程式碼邏輯，透過使用一個 AUTO_DRIVE 變數，控制智慧小車的模式選擇及其所新增的模組，從而簡化了程式。智慧小車自動駕駛模式與手動駕駛模式共用的虛擬碼如下：

```
1   # AUTO_DRIVE變數控制是否為自駕模式，該變數的值可由外部傳入以實現控制
2   AUTO_DRIVE = True
3
4   # 建立vehicle物件，依序將各模組加入列表
5   # vehicle包含mem參數，用於儲存資訊的key-value對應
6   V = vehicle()
7   mem = Memory()
8
9   cam = Camera()
10  V.add(cam, outputs = ['image'])
11
12  if AUTO_DRIVE:
13      imgProc = ImageProcess()
14      V.add(imgProc, inputs = ['image'], outputs = ['imageProc'])
15      AI = CNN()
16      V.add(AI, inputs = ['imageProc'], outputs = ['angle', 'throttle'])
17  else:
18      ctr = JS_Controller()
19      V.add(ctr, outputs = ['angle', 'throttle'])
20
21  motor = Actuator()
22  V.add(motor, inputs = ['angle', 'throttle'])
23
24  if not AUTO_DRIVE:
25      tub = TubWriter()
26      V.add(tub, inputs = ['image','angle', 'throttle'])
27
28  # 無限迴圈遍歷vehicle列表，讓小車執行自駕
29  while True:
30      for part in V:
31          inputs = mem.get(part['inputs'])
32          outputs = part.run(inputs)
33          if outputs:
34              mem.put(part['outputs'], outputs)
```

　　智慧小車的實際程式碼會和上述虛擬碼略有出入，但其核心思想和流程是一致的。

6.2.3 模型訓練模式的部署實現

在手動駕駛模式（資料蒐集模式）下蒐集大量的資料後，接下來的工作是進入模型訓練模式。正如 6.1 節中所提到的，神經網路的模型訓練對設備運算能力的要求（通常對顯示卡的要求）較高，故不同於前面介紹的兩個模式在智慧小車上部署實現，這個模式將在算力較強、配備獨立顯示卡的電腦、甚至伺服器上進行。

首先需要將蒐集到的大量路況圖片與遙控搖桿操控資料傳輸到後臺（訓練）伺服器中。如 3.3.2 節的介紹，圖片為 jpg 格式，而遙控搖桿操控資料為 json 格式，每個 json 文件內包含油門（表示變數為 throttle）和轉向（表示變數為 angle）資料。這些資料一般會以時間戳記的方式命名，使每一時刻的圖片 jpg 檔案和遙控搖桿操控資料 json 檔案一一對應。

在正式開始模型訓練前，需要對資料進行淨化以及預處理（見 3.3.5 節），簡要回顧如下：

(1)資料淨化：在資料蒐集階段，人工操控難免會出現錯誤操作。例如對遙控搖桿操作不當，在某些位置讓智慧小車做出了錯誤的決策（該右轉的時候左轉，撞到了障礙物等）。這些操作不當的資料，不但不能幫助訓練模型，反而會對模型的效果產生抑制作用。所以當蒐集的資料傳入訓練伺服器後，首先需要對資料進行人工淨化。這是非常費時費力的一步，需要人為地瀏覽所有蒐集到的圖片，並憑藉對操作環境的分析，將訓練時操作錯誤時刻生成的路況圖片，進行人工刪除。

(2)資料預處理：完成了資料淨化後，便得到了邏輯上正確的圖片和遙控搖桿操控資料。將這些圖片作為輸入（訓練資料集），遙控搖桿資料作為輸出（數據標注），透過尋找它們之間的對映關係，來建立自動駕駛控制模型。然而這些原始資料摻雜了很多雜訊和環境干擾，因此還需

要進行資料的預處理。對圖片資料可以根據圖片處理的一些先驗知識進行運算，然後再將處理過的圖片作為輸入，與遙控搖桿操控資料進行擬合，這個過程就是人工智慧常見的資料預處理過程。通常情況下，對於智慧小車圖片，可以進行顏色上的分類，基於傳統電腦視覺的特徵提取過濾，還可以根據深度資訊進行圖片過濾（如果配備有景深攝影機）等。由於使用了處理過的圖片作為訓練資料集輸入訓練模型，因此在自動駕駛模式中，同樣也需將預處理的演算法邏輯放入圖片處理模組內，以確保自動駕駛時，傳入神經網路模組的圖片資料和訓練時使用的、處理過的圖片具有一樣的規格。

在完成了資料淨化及預處理後，便可以開始真正的模型訓練過程。首先需要設計一個模型，其輸入和輸出的維度分別與處理過的圖片和搖桿資料相符。第 4 章介紹了智慧小車中預設卷積神經網路模型，並進行了分析，該模型結構雖然較為簡單，但也能完成車道沙盤這種簡單道路環境中自動駕駛的要求。讀者也可根據自己所掌握的人工智慧相關知識，對神經網路結構進行重構。

透過啟動訓練指令碼，將蒐集並淨化處理過的資料傳入設計好的神經網路模型，透過大量的資料，讓神經網路模型習得其內在特徵，調整好其內部的各項權重數值。在訓練中，可以運用第 5 章介紹的知識，對網路的各項參數（batch_size、early_stopping、learning_rate 等）進行最佳化，使模型獲得更好的訓練效果。最終訓練完成的模型參數將被保存下來，把完成訓練的模型下載至智慧小車中，再透過啟動自動駕駛模式，智慧小車便會使用訓練好的模型，進行即時感知、決策和執行，實現在車道沙盤中的自動駕駛。

6.3 智慧小車程式碼更改與效能最佳化

本節將會介紹如何修改智慧小車的程式碼，並從模組級別和系統級別分別對智慧小車進行最佳化。

6.3.1 模組級別的程式碼更改與效能最佳化

6.2 節已經介紹智慧小車的整體執行流程是由一個個模組組成，因此要對智慧小車的效能進行最佳化，首先需要對各個模組的效能進行最佳化。智慧小車中的各個模組，例如攝影機、圖像處理、神經網路等模組，都可以單獨進行設計和測試。對於每個模組，只需使其最上層的類介面符合 6.2 節所介紹的資料格式即可，該模組便可與智慧小車系統的整體進行相容。對單獨模組進行設計和測試時，需要將設計測試的環境因素也考慮進去，這裡主要包括兩方面：

（1）相容性：智慧小車上使用的是 ARM 架構的處理器，因此在設計一個模組時，即使在 x86 的環境下偵錯，也需要注意這個模組執行所需要的一些依賴包是否能與 ARM 處理器相容。通常需要將這些依賴包在 ARM 的處理器上先進行安裝和偵錯以確保相容，避免發生模組獨立偵錯完成後，無法整合到智慧小車環境的情況。

（2）運算負載：由於智慧小車的算力較弱，當一些模組對運算資源的要求較高時，在一臺效能較強的機器上執行，比放在智慧小車上執行的實際結果，會有較大差異。因此在實現元件的功能時，也需要考量其複雜程度以及對資源的消耗程度，以防止當模組部署在智慧小車上時，其效能出現大幅度衰減的情況。

在自動駕駛系統框架中新增一個元件模組，需要做的是：在對應的元件庫目錄下新建一個新元件模組文件，在其中建立該元件的類函數，

包括 init，run，shutdown，並將寫好的元件邏輯填入；在智慧小車最上層邏輯的文件（見圖 6.7）中，引入新建元件檔案內定義的類函數，宣告一個新元件的物件，插入 vehicle 列表到適當位置，填寫新元件的輸入、輸出，並與其餘元件進行連接。

本節以溫度感測器為例，介紹新增元件的過程，實際上溫度感測器可能對智慧小車駕駛的影響很小，但不妨礙用它作為一個例子。假設這個溫度感測器能夠得到當前時刻環境的溫度值，而系統希望將這個參數傳入神經網路以幫助決策，則可以按照以下的方法修改程式碼：

（1）在元件庫目錄下新建一個溫度感測器的模組文件 TempSensor.py，定義其類函數和相應的 init、run、shutdown 介面函數。將最新檢測到的溫度值放在 temp 變數裡，並使其作為 run 函數的輸出，在每次呼叫時，返回上層智慧小車主邏輯。init 函數呼叫感測器自身驅動的介面進行初始化。shutdown 函數負責關閉感測器，很多時候不需要主動編寫 shutdown 函數，當程式終止元件時，即自行完成了控制釋放。但對某些特殊的元件──感測器，在終止元件執行時，無法自行釋放，則需要根據其驅動介面的要求，編寫 shutdown 函數中的釋放邏輯，否則可能會影響下一次對該元件的使用。相關虛擬碼如下：

```
1    # TempSensor.py範例程式碼
2    # import與溫度感測器本身相關的驅動程式庫
3
4    class TempSensor():
5        def __init__(self):
6            #根據溫度感測器驅動進行初始化
7            self.temp = None
8        def run(self):
9            # 在這裡呼叫溫度感測器本身的介面函式，取得當前溫度，存入self.temp變數中
10           return self.temp
11       def shutdown(self):
12           #如果需要，呼叫溫度感測器本身的介面函式，關閉並釋放對溫度感測器的控制
```

（2）對智慧小車的上層邏輯，也需在其中加入感測器模組。在宣告溫度感測器的物件 tempSensor 後，程式將其透過 V.add 函數加入 vehicle 的

6.3 智慧小車程式碼更改與效能最佳化

列表中,並定義了它的輸出。在 AI 和資料儲存模組中,變數 temp 被作為輸入傳入其中。在自動駕駛模式下,溫度值將與圖片資料一起作為神經網路模型的輸入量,成為模型決策的參數;在手動駕駛模式下,溫度與圖片資料和遙控搖桿資料,將一起被保存下來,用於模型訓練。相關虛擬碼如下:

```
1   AUTO_DRIVE = True
2
3   V = Vehicle()
4   mem = Memory()
5
6   cam = Camera()
7   V.add(cam, outputs=['image'])
8
9   tempSensor = TempSensor()
10  V.add(tempSensor, outputs=['temp'])
11
12  if AUTO_DRIVE:
13      imgProc = ImageProcess()
14      V.add(imgProc, inputs=['image'], outputs=['imageProc'])
15      AI = CNN()
16      V.add(AI, inputs=['imageProc', 'temp'], outputs=['angle', 'throttle'])
17  else:
18      ctr = JS_Controller()
19      V.add(ctr, outputs=['angle', 'throttle'])
20
21  motor = Actuator()
22  V.add(motor, inputs=['angle', 'throttle'])
23
24  if not AUTO_DRIVE:
25      tub = TubWriter()
26      V.add(tub, inputs=['image', 'temp', 'angle', 'throttle'])
27
28  while True:
29      for part in V:
30          inputs = mem.get(part['inputs'])
31          outputs = part.run(inputs)
32          if outputs:
33              mem.put(part['outputs'], outputs)
```

(3)由於溫度值也作為神經網路模型的輸入參數,此時需要調整神經網路模型的輸入格式,為溫度值增加模型輸入維度,並調整神經網路結構。經過重新訓練的模型,將具備溫度值的參考。

修改模組的流程與新增模組類似,只需在對應的模組文件內修改

init、run、shutdown 等函數即可。如果修改涉及模組的輸入和輸出，還需在智慧小車上層 vehicle 物件邏輯內進行對應的改動。

6.3.2 系統級別的程式碼更改與效能最佳化

除了對智慧小車各模組進行修改和最佳化之外，若將各模組整合並協調運轉，則還需要在系統級別對整個自動駕駛系統進行最佳化。

由於智慧小車算力有限，若智慧小車主程式載入了過多的模組執行，過高的資源消耗、過長的運算時間，都會導致智慧小車在行駛過程中發生延遲，決策輸出如果延遲，則必然會造成各種「交通事故」。

圖 6.8 中，智慧小車是按照 vehicle 列表中元件排列的順序依次執行元件運算，並不斷循環，這意味著，如果前一個元件沒有完成運算，則下一個元件便無法執行。當某個模組的運算時間過長，智慧小車長時間無法更新決策判斷，則會繼續延續上一個循環的決策一直執行下去，例如上一輪的決策是右轉，則智慧小車會持續右轉（甚至原地打轉）；上一輪的決策是直行，則智慧小車無視左轉、右轉，持續直行。因此設計時，每個模組的運算時間不應過長，以確保整個 vehicle 載入的所有模組，能在較短的時間走完一次循環。這樣即使在某次循環中智慧小車執行了一個錯誤決策，但若 vehicle 流程時間足夠短，智慧小車也有機會在下一輪決策中做出補救。

對於縮減 vehicle 流程單次循環的執行時間，除了修改各個模組，以縮短各自運算時間外，還可以對整體流程進行最佳化調整，例如採用多程式並行的方式等。對某些不需要以前序模組輸出為輸入，且執行時間又較長的模組，可以將它另外新建為一個程式、單獨執行，並將這類模組的輸出保存為中間變數，以備系統查詢更新（從旁觀者的角度，每多開一個程式，相應元件在新程式中獨立重複執行，並將輸出值持續覆

蓋、更新到該中間變數)。當整個智慧小車 vehicle 的列表順序執行到該元件時,該元件實際上並沒有執行運算操作,而是直接從指定中間變數讀取了其最新值,以替代該模組的更新。

如圖 6.9 所示,如果元件 2 運算時間較長,而其又不依賴元件 1 的輸出,則可以單獨開設啟動一個程式,使元件 2 不斷運算並保存更新輸出值。這樣元件 2 就能與整個智慧小車 vehicle 流程保持並行執行,而不會拖慢整體的執行速度。當智慧小車流程執行到元件 2 時,智慧小車流程中的元件 2 模組不涉及運算操作,而是直接從並行程式中獲取其最新運算的值,這樣大大節省了原本元件 2 模組運算所消耗的時間,縮短了智慧小車主流程的運算週期,從而提高了整體駕駛的穩定性。

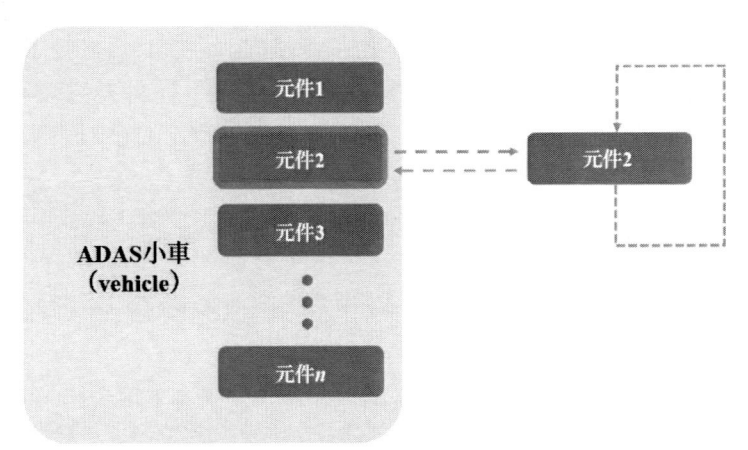

圖 6.9 多程式模式下的智慧小車主邏輯

但需要注意的是:多程式平行運算勢必會增加資源的占用和消耗,偵錯時也需要驗證,確保兩條流程並行後不會因資源占用過高,而造成智慧小車系統的整體延遲。

接下來用攝影機模組在程式碼中實現多程式操作為例,進行說明:

第 6 章　玩車：智慧小車部署與系統驗證

(1)原始版本虛擬碼如下：

```
1   # camera.py原始版本（單進程版）範例程式碼
2   # import與攝影機本身相關的驅動程式庫
3
4   class Camera() :
5       def __init__(self, resolution = (480, 640), framerate = 6):
6           self.frame = None    # frame用來儲存擷取到的畫面
7           # camera_init為攝影機初始化的介面函式（範例程式碼）
8           self.camera = camera_init(resolution, framerate)
9           print('Camera initialized.')
10          time.sleep(2)
11
12      def run(self):
13          self.frame = self.camera.camera_capture()   # camera_capture為攝影機擷取畫面的介面
14                                                        函式（範例程式碼）
15          return self.frame
16      def shutdown(self):
17          # 如果需要，呼叫攝影機本身的介面函式，關閉並釋放對攝影機的控制
```

(2)多程式版本虛擬碼如下：

```
1   # camera.py多進程版本範例程式碼
2   # import與攝影機本身相關的驅動程式庫
3
4   class Camera() :
5       def __init__(self, resolution = (480, 640), framerate = 6):
6           self.resolution, self.framerate = resolution, framerate
7           self.frame = None
8           self.on = True
9           self.camera = camera_init(resolution, framerate)
10          print('Camera initialized.')
11          time.sleep(2)
12
13      def update(self):
14          while self.on:
15              start = datetime.now()
16              self.frame = self.camera.camera_capture()
17              stop = datetime.now()
18              s = 1 / self.framerate - (stop - start).total_seconds()
19              if s > 0:
20                  time.sleep(s)
21
22      def run_threaded(self):
23          return self.frame
24
25      def shutdown(self):
26          # 如果需要，呼叫攝影機本身的介面函式，關閉並釋放對攝影機的控制
27          self.on = False
```

6.3 智慧小車程式碼更改與效能最佳化

　　上述程式碼分別列舉了單程式和多程式模式下攝影機模組執行的方法：在單程式版本中，攝影機對路況圖片的捕捉更新在 run 函數中完成，根據智慧小車的上層邏輯，在執行攝影機模組功能時，會呼叫 run 函數，整個程式必須等待攝影機返回 self.frame 值後，才能繼續執行下一模組；而在多程式版本中，由於加入了 update 函數，使路況圖片的捕捉在另一個程式中獨立完成，對 vehicle 的主程式幾乎沒有影響。update 函數的路況圖片捕捉巢狀在 while 循環中，攝影機會不斷地捕捉最新的畫面，並放入 self.frame 變數中，while 循環會以人為設定的取樣頻率 framerate 間隔執行，只要智慧小車的運算資源足夠，就不會拖慢主程式的速度。與單程式的 run 函數相對應，多程式程式碼中將其改為 run_threaded 函數，這個函數不涉及任何邏輯運算，而只是單純返回當前時刻 self.frame 變數的最新值，即圖 6.9 中的描繪。

　　同樣地，模組改為多程式後，智慧小車的主流程也需做出相應的改動。在新增需要多程式執行的模組時，在 V.add 函數中加入一個 threaded 變數，以便後續操作時，區分多程式與單程式模組。將所有元件新增至 vehicle 列表後，透過遍歷列表，將所有設定了多程式模式的元件模組分別單獨新建一個程式並執行。智慧小車的主循環需要檢測當下執行的模組是否為多程式模組，若是，則執行 run_threaded 函數，否則就執行 run 函數。需要強調的是：多程式模組最好不需要依賴其他模組的輸出作為自己的輸入，否則在時序上可能會產生衝突。支援多程式的智慧小車主流程虛擬碼如下：

第 6 章　玩車：智慧小車部署與系統驗證

```
1   AUTO_DRIVE = True
2
3   V = Vehicle()
4   mem = Memory()
5
6   cam = Camera()
7   V.add(cam, outputs = ['image'], threaded = True)
8
9   if AUTO_DRIVE:
10      imgProc = ImageProcess()
11      V.add(imgProc, inputs = ['image'], outputs = ['imageProc'])
12      AI = CNN()
13      V.add(AI, inputs = ['imageProc'], outputs = ['angle', 'throttle'])
14  else:
15      ctr = JS_Controller()
16      V.add(ctr, outputs = ['angle', 'throttle'])
17
18  motor = Actuator()
19  V.add(motor, inputs = ['angle', 'throttle'])
20
21  if not AUTO_DRIVE:
22      tub = TubWritter()
23      V.add(tub, inputs = ['image', 'angle', 'throttle'])
24
25  for part in V:
26      if part.threaded == True:
27      # 檢測每個模組是否為多進程模式，若是，則啟動並讓其在背景執行
28          part.get('thread').start()
29
30  while True:
31      for part in V:
32          inputs = mem.get(part['inputs'])
33          if part.threaded == True:
34              outputs = part.run_threaded(inputs)
35          else:
36              outputs = part.run(inputs)
37          if outputs:
38              mem.put(part['outputs'], outputs)
```

除此之外，關於系統級別的最佳化，還包括許多方面。根本上，系統還是由眾多元件模組構成的，集中各個模組一起執行時，如果執行效果不佳，通常會發生「木桶效應」。若其中某個模組成為整個系統執行的「最短木板」，並非一定是對該模組的偵錯最佳化不當所造成的，更多時候是其他模組過多、占據了系統資源導致的。在這種情況下，應該透過偵錯，及時發現該模組「最短木板」的所在和產生的原因，並作出針對性的最佳化，而不是盲目地對整個系統或所有模組重複、逐一修改或最佳化。

6.4 智慧小車系統問題偵錯與升級最佳化

智慧小車在執行過程中，最常見直觀的問題便是「翻車」。這裡的「翻車」並不是指智慧小車發生側翻，而是對各種意外情況的總稱，例如在該轉彎的地方沒有進行轉向操作，遇到障礙物沒有進行避開操作等。很多時候，發生「翻車」的緣由並不是顯而易見的，其背後往往存在一些隱形的深層問題。本節會列舉一些常見的問題，並討論解決方法。

6.4.1 智慧小車系統問題偵錯

1. 蒐集的資料未淨化完全

當用遙控搖桿操控智慧小車，使之蒐集到了足夠的資料後，便需要將蒐集到的資料傳入伺服器，用於模型訓練。開始訓練前，需要對原始資料進行淨化，將訓練集中不合規的資料修正或刪除。資料未經淨化所導致的直觀結果是模型訓練的精準度尚可，但在實際行駛中、進行推理決策時，卻經常出錯。

對智慧小車而言，資料淨化是將遙控搖桿人為操作不當的資料刪除。透過人工瀏覽路況圖片，並綜合分析前後相鄰智慧小車行駛方向的圖片，判斷此刻遙控搖桿操作是否適當，從而決定是否刪除當前資料。這個操作非常煩瑣，但必不可少，如果發現智慧小車自動駕駛頻頻出錯，但模型訓練精度尚可時，可以考慮再次淨化資料，並重新訓練模型。

2. 訓練與推理的環境差異，導致行駛效果不佳

在自動駕駛模式中，智慧小車行駛的道路環境如果與資料蒐集時的道路環境不完全一致（最直觀例子是環境照明有很大差異），而自動駕駛演算法模型並未對此進行補償，智慧小車則很容易出現決策錯誤，造成

「翻車」事故。

對於這種情況，可以透過資料增強（data augmentation）的方式，增強自動駕駛演算法模型的穩健性。資料增強透過特定的預處理（改變圖片亮度、對比度及旋轉、變形圖片等）方法，對現有的有限資料進行處理，以生成更多的新資料，藉此增加訓練樣本的數量及多樣性，從而使訓練出的模型更加穩定，並擴大適用範圍。本例中，可以透過指令碼調整訓練資料集中圖片的背景亮度，生成更多的新訓練資料，使模型能夠更適應不同的光照環境。

3. 模型設計或訓練不當

機器學習最普遍的問題可能是模型設計不當或模型訓練不當。

由於其較為複雜，且需要依照具體情況具體分析，在這裡對模型設計不當問題不作具體的展開。讀者可使用智慧小車內自帶的神經網路模型，或參照一些成熟的神經網路模型為原型，進行模型設計，在獲得較好的行駛效果後，再嘗試修改網路結構。關於模型訓練問題，讀者可以根據第 5 章所介紹的方法，對網路的訓練參數（learning rate，batch size 等）進行配置和最佳化。實作中最常見的問題是過適，當出現過適時，訓練指令碼會提示 early stopping 參數，並終止訓練任務。如果不希望過早終止訓練任務，可以透過調整 early stopping 參數中 min_delta 值，讓程式對 early stopping 參數的檢測變得沒那麼敏感，從而避免訓練過早終止，但這樣操作很可能會對模型的訓練精度產生影響。而針對此類過適問題，更好的解決方案是拿起遙控搖桿再訓練一些資料，用更大的訓練集重新進行模型的訓練。

4. 運算效能瓶頸

在 6.3.2 節討論了智慧小車在運算資源占用上的一些問題，例如智慧小車的主循環為序列執行，各個模組有序地排列在 vehicle 列表內按順序依次執行，當某一模組執行時間過長，會產生「該轉彎不轉彎」、「該避讓不避讓」等現象。解決的方法是新建獨立程式，減少主循環中模組所占用的時間，但由於獨立程式與主循環同時執行，對智慧小車系統的資源占有相對較高，若在某一瞬間資源占有率過高，也會發生運算延遲等問題，同樣會造成行駛效果不佳的現象。

這類問題可以嘗試在智慧小車上引入車聯網的概念，不但能夠使智慧小車的功能更加豐富，而且也能賦予智慧小車更好的行駛效果。詳情可參見 6.4.2 節相關內容。

6.4.2 智慧小車系統升級最佳化

在業界真實自動駕駛系統中有一些常見的方法，同樣可用於提升和最佳化智慧小車系統。本節將為讀者介紹一些可行的改進方案。

1. 多重感測器的配置實現

1）多重感測器運作模式簡介

自動駕駛需要使用高精度感測器作為硬體設備，例如根據特斯拉官網的介紹，如圖 6.10 所示，特斯拉配備的感測器中，採用了 8 個攝影機，提供車距為 8～250m、360°環繞的視野，同時使用了 12 個超音波感測器，使車輛能夠即時檢測到自動駕駛所需感知 2 倍以上距離的各種障礙物。

在演算法層面上，工程師將感測器蒐集到的不同資料進行整合，編寫多套演算法邏輯應對不同駕駛情境下的需求。針對如圖 6.11 和圖 6.12

第 6 章　玩車：智慧小車部署與系統驗證

所示的自動駕駛智慧變道和自動停車功能，分布在車體不同部位的多重感測器保障了自動駕駛決策的可靠性。

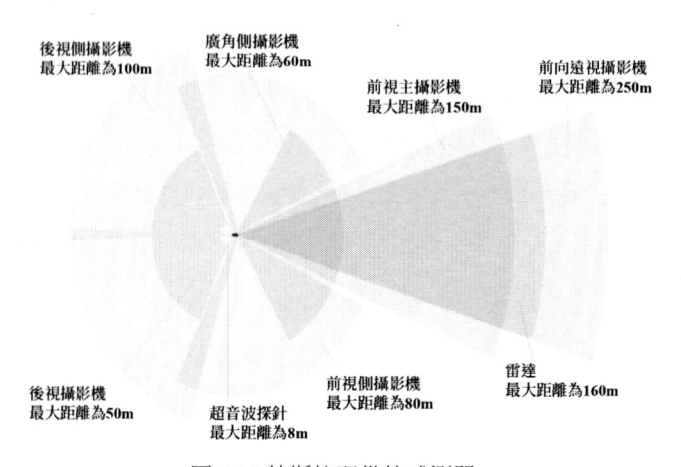

圖 6.10 特斯拉配備的感測器
（原始資料來源：https://www.tesla.com/en_CA/autopilot）

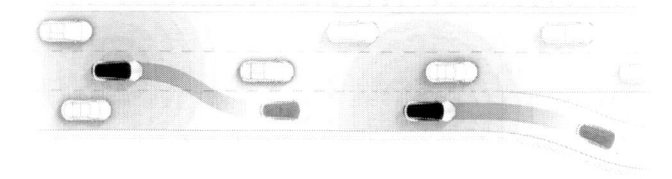

圖 6.11 自動駕駛 —— 智慧變道
（圖片來源：https://www.tesla.com/tesla_theme/assets/img/features/
autopilot/section-intelligent_lane_change.jpg?20161101）

2）多重感測器在智慧小車上的實現

基礎版的智慧小車僅採用攝影機作為蒐集路況資訊的來源，對於簡單的車道沙盤道路環境，單一攝影機採集的資料就能滿足大多數情況的需求。但為了達到更好的效果，可以仿照真實的自動駕駛環境，在智慧小車上新增更多的感測器，使智慧小車有更多的資訊來源，為決策提供依據。本節透過兩個實例，讓智慧小車在原始的決策邏輯路線外，透過新增感測器，為自身提供額外的避障機制。讀者可以嘗試仿效，也可嘗試更多不同的感測器，自行修改智慧小車的演算法邏輯，並最佳化行駛效果。

【例 6-1】 用深度攝影機替換智慧小車的普通攝影機。

深度攝影機採用雙鏡頭或結構光方式，在提供傳統 RGB 圖片的同時，還能提供圖片中每個畫素點的距離資訊。通常這種攝影機的售價較昂貴。本例嘗試用深度攝影機替換智慧小車的普通攝影機，能夠得到傳統 RGB 圖片和對應的深度資訊，這相當於同時使用多個感測器為智慧小車蒐集資訊。

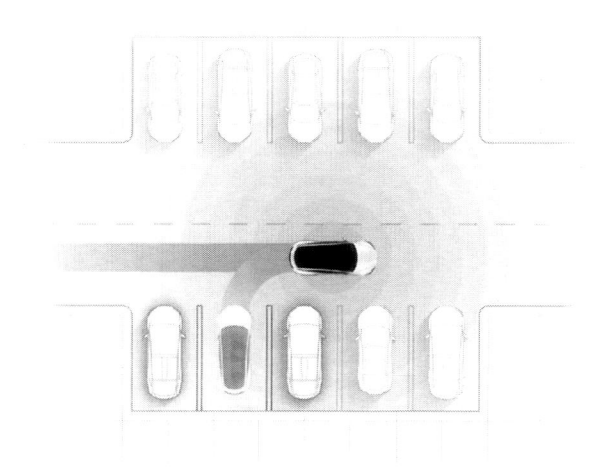

圖 6.12 自動駕駛 —— 自動停車
（圖片來源：https://www.tesla.com/tesla_theme/assets/img/features/autopilot/section-parking_space_finder.jpg?2090825989）

使用這兩組資料需要對智慧小車原有的程式碼進行修改：如圖 6.13 所示，透過檢測圖片中與攝影機距離最近的一叢集點的距離（單個畫素點距離存在雜訊擾動，取一叢集點檢測的穩定性更好）與人為設定的閾值（例如 20cm）進行比較，當檢測到一叢集點（代表障礙物）與深度攝影機（智慧小車）的距離小於閾值時，則直接強制智慧小車的執行器（步進馬達）進行後退操作，同時結束本輪操作指令的執行，並等待進入下一輪循環；若距離大於閾值，則按原先流程正常自動駕駛。

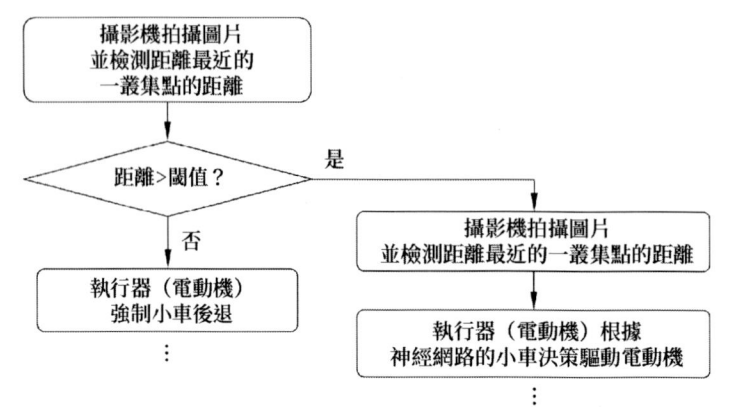

第 6 章　玩車：智慧小車部署與系統驗證

圖 6.13 使用深度攝影機的智慧小車決策邏輯

從圖 6.13 可以看到，這兩條分支中，左側分支沒有用神經網路模組，而是直接控制步進馬達強制小車後退。這是因為神經網路模組的運算需要消耗較長的時間（通常為 50～200ms），在一些極端情況下（例如智慧小車距離障礙物太近），在神經網路做出正確避障決策前，智慧小車可能已經撞上障礙物了。這裡得益於深度資訊，為智慧小車在極端情況下節省了運算時間，減少了智慧小車意外碰撞的機率。

【例 6-2】在智慧小車上使用雷射感測器。

雷射感測器的作用和深度攝影機的作用類似，本質上也是對距離資訊進行檢測。如圖 6.14 所示，智慧小車的核心邏輯（軟體／演算法層面）執行在上層的核心控制器中［圖 6.14 左側代表軟體／演算法和上層硬體］，演算法層面需要用到的感測器都連接於此。智慧小車下層還有一塊輔助處理器［圖 6.14 右側代表底層 PCB］，負責智慧小車步進馬達、電池等一系列底層功能。在智慧小車的執行流程中，上層的決策會被傳遞至下層，由輔助處理器真正完成車輛的驅動。在智慧小車的提升方案中，雷射感測器也連接在輔助處理器上，作為一個車載元件。雷射感測器會即時檢測前面障礙物的距離，輔助處理器根據所檢測到的最近障礙物的距離，判斷是執行上層的決策指令，或是強制小車後退／停止。

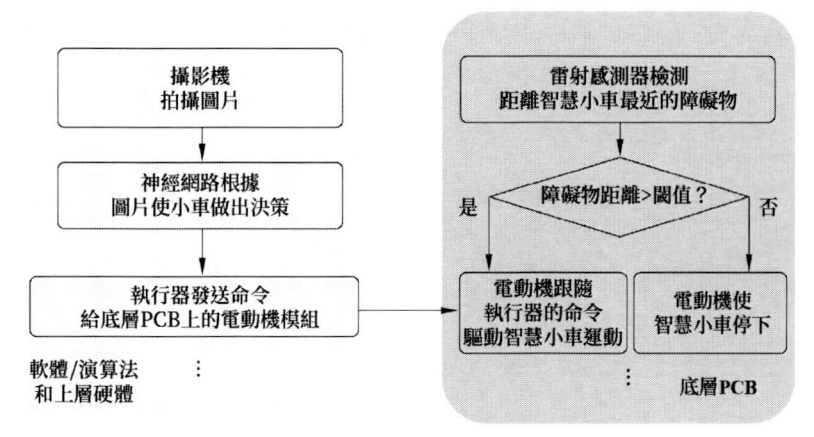

6.4 智慧小車系統問題偵錯與升級最佳化

圖 6.14 使用雷射感測器的智慧小車決策邏輯

例 6-2 採用了不同的感測器，實現了和例 6-1 類似的效果，為智慧小車提供一種額外的避障機制。

2・車聯網的配置與實現

1）車聯網介紹

在自動駕駛技術發展的初期，所有的運算依賴並執行於車輛本身。在自動駕駛車輛的「認知」中，只有自身是智慧的，是可依賴的，而自身周圍的一切事務，都是「冰冷」且不可溝通的。自動駕駛車輛的資訊來源單一、運算能力有限，在複雜環境中往往無法保障行駛的安全。在這種條件下，車聯網（V2X，Vehicle-To-Everything）的概念應運而生，V2X顧名思義就是車與外界的互聯，而車聯網恰恰是未來智慧汽車、自動駕駛、智慧交通運輸系統的基礎和關鍵技術。

車聯網 V2X 包括下面四部分。

（1）V2N（Vehicle-To-Network，表示車 —— 網路的互聯）：是目前應用最廣泛的車聯網形式，其主要功能是使車輛透過行動網路，連接到雲端伺服器，使用雲端伺服器提供的導航、娛樂、防盜等應用功能。

317

(2) V2V（Vehicle-To-Vehicle，表示車 —— 車的互聯）：用於車輛間資訊的互動和提醒，最典型的應用是車輛間防碰撞的安全系統。

(3) V2I（Vehicle-To-Infrastructure，表示車 —— 基礎設施的互聯）：車輛可以與道路、甚至其他基礎設施，例如紅綠燈、路障等通訊，獲取交通號誌訊號時序等道路管理資訊。

(4) V2P（Vehicle-To-Pedestrian，表示車 —— 行人的互聯）：用於為道路上行人或非機動車發出安全警告。

V2X 技術在實際自動駕駛中能夠發揮很大的作用。例如：若自動駕駛車輛行駛在一個蜿蜒山路上，由於蜿蜒山路的視覺距離較短，車輛的攝影機可能只能看見前方 50m 內的情況。倘若對面有一輛車迎面駛來，只有當車輛交會、距離很近的時候，車輛的感測器才能感知到對面車輛的存在。此時留給車輛做出決策判斷的時間非常有限，這無形中增加了發生事故的隱患。而假使在這個情境中存在 V2X 技術，智慧的不僅僅是車輛自身，對面駛來的車輛、甚至路邊的邊緣運算節點，都有資訊收發、運算的能力，則整個會車的流程將會順利得多：

(1)當兩輛車駛近路邊的邊緣運算節點所在區域，分別向節點發出訊號，告知自己進入。

(2)邊緣運算節點對車輛發來的訊號進行綜合匯總並分析判斷，然後將判斷的資訊返回給車輛。

(3)車輛在得到邊緣節點發來的資訊後，可做出駕駛的操作判斷：提前減速或停止，減輕迎面車輛進入視覺範圍時的避讓壓力。

這個範例主要運用了 V2I 的概念：透過邊緣運算節點蒐集車輛資訊，進行匯總處理，從更高的層面為車輛回饋全局資訊，幫助車輛做出行駛決策。這套流程對網路延遲的要求相當高，數據資訊必須即時地在車輛和邊緣節點間進行傳輸。

2) 車聯網在智慧小車上的實現

在如圖 6.15 所示的結構中，智慧小車旁邊還可以安排邊緣伺服器作為運算節點，這個運算節點仿照車聯網的形式與智慧小車進行通訊互聯。相比於智慧小車，高配置的運算節點擁有更強的運算能力，能更快速地完成相同的運算任務，大幅縮短任務的執行時間。在執行智慧小車 vehicle 列表（圖 6.15 左側部分）的攝影機模組時，路況圖片將被直接發送給運算節點，在運算節點上執行一個完整的高精度自動駕駛演算法模型，該模型將輸出準確度較高的決策；而在智慧小車上，只需要部署一個輕量化的自動駕駛演算法模型（犧牲運算精度），該模型經過簡化，也能在智慧小車的算力條件下較快地完成推理過程，但其輸出的決策準確度較低。兩者的決策結果將會匯總至決策整合模組，該模組透過特定的邏輯條件判斷整合（例如優先使用運算節點的決策，若未接收到，則採納智慧小車輕量模型的決策），形成最終的決策結論，驅動智慧小車獲得最佳的行駛效果。這種結構的困難點在於，需要使用低延遲網路和同步訊號技術，該技術目前在 5G 通訊領域中尚屬尖端技術。

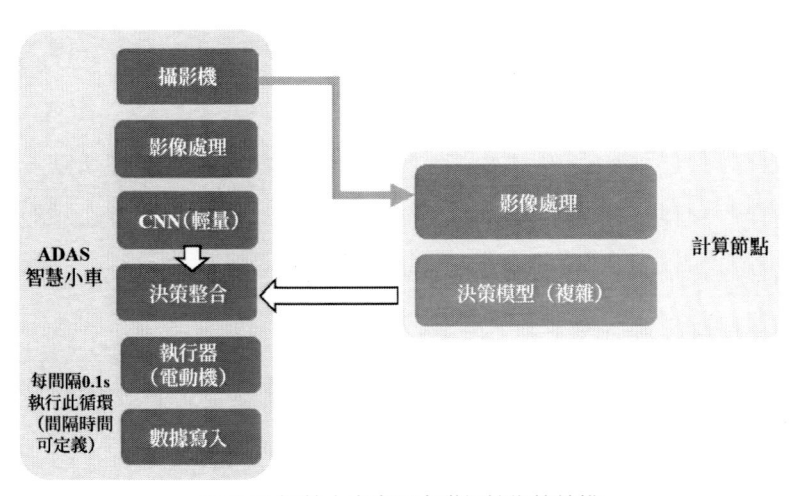

圖 6.15 智慧小車應用車聯網技術的結構

6.5 開放性思考

根據此前所介紹的內容，本節提出了一些智慧小車開發的可行方案。讀者可嘗試透過查閱資料、修改程式碼、重構框架思考和實踐這些方案。

（1）嘗試修改智慧小車框架內自帶的預設神經網路結構，或使用業界公認的成熟網路結構訓練模型。比較不同模型訓練後的測試準確度及智慧小車實際啟動後的行駛效果，分析新建構的神經網路模型是否提升了效果，是否碰到了本章所提到的最佳化問題。

（2）嘗試將車聯網的概念實現到方案中。根據 6.4.2 節提供的思路，修改模組以及主邏輯的程式碼，同時訓練兩個複雜程度不一的神經網路模型，分別部署到智慧小車和運算節點上，偵錯並觀察是否對智慧小車的表現有所提升。

（3）嘗試使用 ROS（robot operating system，機器人作業系統）替代智慧小車本身自帶的系統。智慧小車自帶的系統透過使用 vehicle 列表的模式，將各個元件強耦合在一起。雖然智慧小車系統框架的設計理念可以被別的工程借鑑，但其本身是針對智慧小車設計的，從工程角度上，其框架程式碼並不具有通用性和可移植性。ROS 是專為機器人軟體開發所設計的一套架構。它是一個開源的元級作業系統，提供類似於作業系統的服務，包括硬體抽象描述、底層驅動程式管理、共用功能的執行、程式間訊息傳遞、程式發行套件管理，它也提供一些工具和庫，用於獲取、建立、編寫和執行多機融合的程式。它採用了分散式的處理框架（Nodes），使模組能被單獨設計、測試，同時在執行時為鬆耦合。ROS 現今被廣泛地用於各種機器人軟體應用的開發中，透過嘗試智慧小車專案的程式碼移植，讀者也可熟悉並掌握 ROS 系統的應用。

6.6 本章小結

本章以 ADAS 智慧小車為例，介紹了自動駕駛系統在智慧小車內的部署，以及智慧小車整體系統的偵錯和最佳化。

如圖 6.16 所示，將自動駕駛人工智慧分為看車、造車、開車、寫車、算車和玩車等六個環節，對應書中 6 章內容，全部以車為主線，希望讀者在學習過程中，不但能夠了解和初步掌握自動駕駛相關的人工智慧理論，而且還能利用智慧小車親自體驗人工智慧實踐的全過程。透過動手操作這輛車，修改或重新編寫相應的程式碼，讓這輛車在自己手中完成自動駕駛的任務，感受人工智慧的魅力。

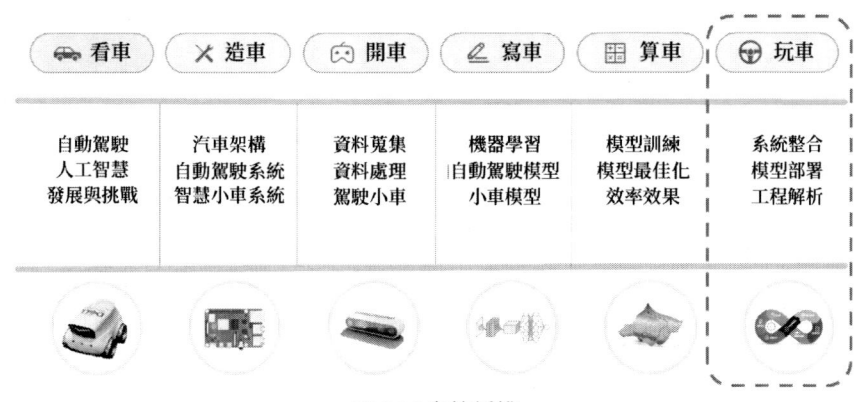

圖 6.16 章節編排

使用這款桌面級的自動駕駛智慧小車系統，不但有助於智慧科學與技術、人工智慧相關科系的學生了解人工智慧理論和演算法在自動駕駛情境中的應用情況，還能夠為教學團隊最大程度地降低動手操作的實踐教學成本。

第 6 章　玩車：智慧小車部署與系統驗證

參考文獻

[1] 億歐智庫·軟體定義，數據驅動，2021 智慧駕駛核心軟體產業研究報告[R/OL]·(2021-07-14)[2022-11-10]. https://www.iyiou.com/research.

[2] 蔡莉，王淑婷，劉俊暉，等·數據標注研究綜述[J]·軟體學報，2020，31（2）：302-320·

[3] 國家工業資訊安全發展研究中心·自動駕駛數據安全白皮書[Z]，2020·

[4] Laflamme CÉ, Pomerleau F, Giguere P. Driving datasets literature review[EB/OL]. (2019-10-26) [2022-11-10]. https://arxiv.org/abs/1910.11968.

[5] Sun P, Kretzschmar H, Dotiwalla X, et al. Scalability in Perception for Autonomous Driving：Waymo Open Dataset[EB/OL]. (2020-05-12) [2022-11-10]. https://arxiv.org/abs/1912.04838.

[6] Barnes D, Gadd M, Murcutt P, et al. The Oxford Radar RobotCar Dataset：A Radar Extension to the Oxford RobotCar Dataset[EB/OL]. (2020-02-26) [2022-11-10]. https://arxiv.org/abs/1909.01300.

[7] 周志華·機器學習[M]·北京：清華大學出版社，2016·

[8] 邱錫鵬·神經網路與深度學習[M]·北京：機械工業出版社，2020·

[9] Cui Y, Chen R, Chu W, et al. Deep learning for image and point cloud fusion in autonomous driving：A review[J]. IEEE Transactions on Intelligent Transportation Systems, 2021：102-120.

參考文獻

[10] Feng D, Haase-Schütz C, Rosenbaum L, et al. Deep multi-modal object detection and semantic segmentation for autonomous driving：Datasets, methods, and challenges[J]. IEEE Transactions on Intelligent Transportation Systems, 2020, 22 (3)：1341-1360.

[11] Wang Y, Mao Q, Zhu H, et al. Multi-modal 3d object detection in autonomous driving：a survey[EB/OL]. (2021-06-25) [2022-11-10]. https://arxiv.org/abs/2106.12735.

[12] Bojarski M, Del Testa D, Dworakowski D, et al. End to end learning for self-driving cars[EB/OL]. (2016-04-25) [2022-11-10]. https://arxiv.org/abs/1604.07316.

[13] Goodfellow I, Bengio Y, Courville A. Deep Learning[M]. Massachusetts, Cambridge：MIT Press, 2016.

[14] Saif M Khan. AI Chips：What They Are and Why They Matter[EB/OL]. (2020-04) [2022-11-10]. https://cset.georgetown.edu/publication/ai-chips-what-they-are-and-why-they-matter/.

[15] GörkemGençer. Top 10 AI Chip-makers of 2022：In-depth Guide[EB/OL]. (2022-10-25) [2022-11-10]. https://research.aimultiple.com/ai-chip-makers/.

[16] Shan Tang. AI Chip (ICs and IPs) [EB/OL]. (2022-11-10) [2022-11-10]. https://github.com/basicmi/AI-Chip.

AI 驅動的「自動駕駛」——人工智慧理論與實踐：

從雲端演算到產業實踐，深入探討自動駕駛技術的感測、決策、控制與全面部署之道

主　　編：	胡波
副 主 編：	林青，陳強
發 行 人：	黃振庭
出 版 者：	崧燁文化事業有限公司
發 行 者：	崧燁文化事業有限公司
E - m a i l：	sonbookservice@gmail.com
粉 絲 頁：	https://www.facebook.com/sonbookss
網　　址：	https://sonbook.net/
地　　址：	台北市中正區重慶南路一段 61 號 8 樓 8F., No.61, Sec. 1, Chongqing S. Rd., Zhongzheng Dist., Taipei City 100, Taiwan
電　　話：	(02)2370-3310
傳　　真：	(02)2388-1990
印　　刷：	京峯數位服務有限公司
律師顧問：	廣華律師事務所 張珮琦律師

版權聲明

原著書名《自动驾驶——人工智能理论与实践》。本作品中文繁體字版由清華大學出版社有限公司授權台灣崧燁文化事業有限公司出版發行。
未經書面許可，不得複製、發行。

定　　價：450 元
發行日期：2025 年 09 月第一版
◎本書以 POD 印製

國家圖書館出版品預行編目資料

AI 驅動的「自動駕駛」——人工智慧理論與實踐：從雲端演算到產業實踐，深入探討自動駕駛技術的感測、決策、控制與全面部署之道 / 胡波 主編，林青，陳強 副主編 . -- 第一版 . -- 臺北市：崧燁文化事業有限公司 , 2025.09
面；　公分
POD 版
ISBN 978-626-416-754-3(平裝)
1.CST: 汽車駕駛 2.CST: 自動控制
447.1　　　　　　114012374

電子書購買

爽讀 APP　　　臉書